Maria Montessoris pädagogisches Konzept

Anfänge der Realisierung in Österreich

Maria Montessori (1870–1952)

Franz Hammerer

Maria Montessoris pädagogisches Konzept

Anfänge der Realisierung in Österreich

Verlag Jugend & Volk

Bildnachweis:

Das Bildmaterial wurde dankenswerterweise von Emma Plank, Lisl Braun Barnett, Hilde Uhlir, Anni Hermann, Emmi Radanowicz-Vischer, Traute Hermann, Karl Skalla und Elisabeth Pardeller zur Verfügung gestellt.

Abb. 34–39 aus: Schuster, F.: Ein „Haus der Kinder“. In: Moderne Bauformen. Monatshefte für Architektur und Raumkunst. Stuttgart 1935

ISBN 3-7100-0255-9

Satz: Verlag Jugend & Volk, Wien

Druck: M. Theiss, Wolfsberg

Inhaltsverzeichnis

Vorwort

Franz Hammerer hat mich um ein Vorwort zu diesem Buch gebeten, mit dem seine Dissertation in den Druck geht. Ich komme dieser Bitte gerne nach, da mich mit ihm seit dem Ende der siebziger Jahre ein reger Gesprächs- und Arbeitskontakt verbindet. Aus ihm gingen die Vorarlberger Montessori-Seminare von 1985 und 1990 hervor. Franz Hammerer begann in seiner Vorarlberger Zeit mit der freien Arbeitswahl in der Schule, die dann mit seinem Überwechseln nach Wien zur Gründung der „Arbeitsgruppe Freie Lernphasen" führte, die heute der Träger der Ausbildung von Montessori-Pädagogen in Wien ist.

Die Kooperation mit Franz Hammerer ermöglichte es mir, an der Entstehung einer Montessori-Renaissance in Österreich Anteil zu nehmen. Aufgrund eigener Studien in österreichischen Archiven, insbesondere in der Nationalbibliothek in Wien (Stand 1990), gewann ich den Eindruck, dass die frühe und genuin österreichische Entstehung und Entwicklung der Montessori-Pädagogik im Hinblick auf ihre Bedeutung unangemessen dürftig aufgearbeitet war. Durch diese Arbeit wird die Forschungslücke nun geschlossen.

Bemerkenswert an der vorliegenden Arbeit ist die profunde und umfassende Aufarbeitung einerseits sowie andererseits die methodisch-systematische Erstellung von Portraits der frühen Montessori-Einrichtungen in Österreich, speziell in Wien. Dies bringt den aktuellen Gewinn, dass die erarbeiteten und belegten historischen Befunde Gegenwartsgeltung für die schul- und unterrichtsstrukturelle Gestaltung heutiger Montessori-Einrichtungen haben können.

Montessori hatte 1942 in einem Kursus in Indien exemplarisch auf die pädagogisch-architektonische Gestaltung von Montessori-Einrichtungen u. a. auch in Wien verwiesen, die sie persönlich kannte. Diese Bedeutung wird in dem vorliegenden Buch herausgestellt, insbesondere die architektonische Gestaltung u. a. für die Ermöglichung von Beobachtungen, die, wie dargelegt, im Wiener Montessori-Pädagogen-Kreis einen hohen Stellenwert hatten.

Ein anderer beachtenswerter Aspekt wäre die in der Arbeit dargestellte, an Montessori orientierte didaktische Arbeit im musischen Bereich (vgl. 5.6.5–5.6.7 und 6.6.5–6.6.7). Interessant ist die dokumentarisch belegte Tatsache, dass Montessori selbst diese Arbeit kannte und auch anerkannte, indem sie sie in ihre eigene Kursarbeit einbezog.

Es scheint mir ein Verdienst Hammerers zu sein, mit seiner Aufarbeitung dieser historischen Forschungslücke in Österreich gleichzeitig eine pädagogische Reformquelle im eigenen Lande und Volk wiedererschlossen zu haben. Die historische Forschung wird in einer Weise vollzogen, in der gleichzeitig die pädagogisch-didaktischen wie schulpädagogischen Grundprinzipien herausgearbeitet werden, nach denen die Gestaltung heutiger Montessori-Einrichtungen sich orientieren kann. Die Erhellung der – wohl in Kooperation mit Montessori erfolgten – historischen pädagogischen Reformarbeit könnte einen Beitrag zur gegenwärtigen Klärung der österreichischen Problematik leisten – der Orientierung der Montessori-Pädagogik an den internationalen Standards, und zwar auf dem Wege über die verborgenen pädagogischen Quellen im eigenen Lande.

Havixbeck/Münster, Jänner 1997

Hildegard Holtstiege

1. Einleitung

Das „Jahrhundert des Kindes"[1], welches Ellen Key um 1900 proklamierte, geht dem Ende entgegen und es deutet manches darauf hin, dass die Grundanliegen der reformpädagogischen Bewegung, die in den ersten Jahrzehnten dieses Jahrhunderts in unterschiedlicher Ausprägung das Kind und seine Erziehung zur Freiheit ins Zentrum aller pädagogisch-didaktischen Überlegungen stellte, neue Aktualität erlangen.

Bei einem Blick in die österreichische Grundschullandschaft ist eine gewisse Renaissance reformpädagogischer Ansätze unübersehbar. Die Impulse dafür wurden in den letzten zwei Jahrzehnten vorwiegend im Rahmen der Lehrerfortbildung gesetzt.

In vielen Klassen ist der Morgenkreis, in dem unter anderem der Tages- oder Wochenplan mit den darin vorgesehenen (individuellen) Aufgaben besprochen wird, ein festes Element geworden. Der Kreis als pädagogische Situation und die Wochenplanarbeit sind Kernstücke der Unterrichtsarbeit in den Jenaplan-Schulen von Peter Petersen.[2]

Im Zuge von Neuansätzen im Erstlese- und Schreibunterricht („Lesen durch Schreiben") oder im Bereich „Verfassen von Texten" (Gestaltung freier Texte, Schülerzeitungen) wird auf die Freinet-Pädagogik zurückgegriffen, welche die „konstruktive Aktivität des Kindes"[3] in besonderem Maße berücksichtigt. Einen Schwerpunkt stellt die individuelle Textgestaltung – Freinet misst dem Wort und dem Text als Grundlage aller geistigen Bildung größte Bedeutung zu – in der Schreibwerkstatt dar.

Einen besonderen Aufschwung hat in den letzten zehn Jahren die Montessori-Pädagogik erlebt.

Zwar gab es schon 1951 mit einem internationalen Montessori-Ausbildungslehrgang in Innsbruck, den Maria Montessori persönlich eröffnete, den Versuch einer Neubelebung der Montessori-Pädagogik in Österreich, aber von diesem Kurs gingen nicht jene anhaltenden Impulse aus, die erwartet wurden.

Erst Ende der siebziger Jahre, als in Salzburg und Vorarlberg wieder Initiativen gesetzt wurden, kam eine Entwicklung in Gang, die sich heute in ganz Österreich als beachtliche Montessori-Bewegung präsentiert. In allen Bundesländern gibt es Montessori-Vereinigungen – die meisten haben sich im Österreichischen Bundesverband für Montessori-Pädagogik, mit Sitz in Salzburg, Erzabt Klotz-Str. 11, zusammengeschlossen –, die bestrebt sind, Kindergärten und Schulen nach den Prinzipien der Montessori-Pädagogik zu führen bzw. manche dieser Grundanliegen im Unterricht an öffentlichen Schulen zu integrieren.

Mit der Zunahme an Initiativen und Ausbildungen hat auch die Vielfalt an Ausprägungen der Montessori-Pädagogik in Österreich zugenommen. Die Ausprägungen führen so weit, dass an manchen Schulen Klassen als Montessori-Klasse bezeichnet werden, obwohl nur Teilaspekte des pädagogischen Gesamtkonzepts realisiert werden.

Wenn die Montessori-Pädagogik in Österreich über eine pädagogische Modewelle hinausreichen soll, ist es notwendig, in einer theorieorientierten Auseinandersetzung immer wieder nach den pädagogischen Grundprinzipien Montessoris zu fragen und Orientierungsmaßstäbe für die Bezeichnung von Montessori-Einrichtungen zu formulieren.

Die vorliegende Arbeit soll dazu einen Beitrag leisten. Im ersten Abschnitt werden die wesentlichen pädagogischen Grundintentionen der Montessori-Pädagogik zusammengefasst und jene Merkmale herausgearbeitet, die eine Montessori-Einrichtung bzw. die Arbeit in dieser kennzeichnen. Die Ziele und Merkmale der Pädagogik Maria Montessoris sind schon in vielen Arbeiten vorgestellt und diskutiert worden, trotzdem findet man bei entsprechender Vertiefung in die Primärliteratur immer wieder Gedanken und Impulse, die einer besonderen Beachtung und Hervorhebung wert sind.

So ist beispielsweise das schulstrukturelle Konzept Montessoris, welches vorschulische und schulische Einrichtungen womöglich in einem Gebäude vereinigt, ein ebenso aktuelles und diskussionswürdiges Thema wie ihre Forderung nach Auflösung der Jahrgangsklassen, von denen sie meint, dass sie das soziale Zusammenleben mehr behindern als fördern. Auch ihre bis ins Detail durchdachten Vorschläge zu einer Schularchitektur, in der sich kindliches Leben äußern und entfalten kann, harren noch einer Verwirklichung – besonders in öffentlichen Schulen.

In Österreich gibt es nicht wie in anderen Ländern modellhafte Montessori-Schulen mit einer jahrzehntelangen Tradition, aber ein Blick in die reformpädagogische Bewegung der ersten Jahrzehnte dieses Jahrhunderts zeigt, dass die Montessori-Bewegung auch in unserem Land eine beachtenswerte Entwicklung erlebte, an die heute zwar nicht unmittelbar angeknüpft werden kann, die der heutigen Bewegung aber zweifellos in mancherlei Hinsicht Orientierung geben kann.

Besonders in Wien erlebte die Montessori-Pädagogik in den zwanziger Jahren eine Hochblüte. Aus dieser Zeit sollen in der vorliegenden Arbeit drei Einrichtungen modellhaft vorgestellt werden. Da sich die Montessori-Initiativen vor dem Zweiten Weltkrieg weitgehend auf Wien beschränkten, gibt die ausführliche Darstellung dieser Einrichtungen zugleich einen Einblick in die Anfänge der Montessori-Pädagogik in Österreich.

Gleichzeitig werden der pädagogische Weg und das Schicksal einer Gruppe junger Frauen beschrieben, die sich über viele Jahre mit größtem Engagement der Montessori-Pädagogik widmeten. Einigen von ihnen wird die Leserin/der Leser auf den folgenden Seiten immer wieder, aufgrund deren Heirat jedoch unter verschiedenen Namen, begegnen. Um Unklarheiten zu vermeiden, werden diese hier mit ihrem Mädchennamen und dem Namen, den sie nach der Heirat trugen, erwähnt:

Lili Roubiczek, ab 1933 Lili E. Peller-Roubiczek,
Emma Nuschi Spira, ab 1932 Emma N. Plank,
Lisl Herbatschek, ab 1930 Lisl Braun, ab 1960 Elise Braun Barnett,
Hilde Fischer, ab 1936 Hilde Uhlir.

Lili Roubiczek, die Leiterin der ersten Wiener Montessori-Schule und zweifellos eine Pionierin der Montessori-Pädagogik in Österreich, suchte die Zusammenarbeit mit Fachleuten aus anderen Bereichen (Psychoanalytische Pädagogik, Rhythmik, Kunsterziehung) und versuchte, die Montessori-Pädagogik auf eine Weise zu ergänzen, die es wert ist, in die heutige Diskussion um Möglichkeiten einer Ausweitung dieses pädagogischen Konzepts einzubeziehen.

Anmerkungen

1 Key, E.: Das Jahrhundert des Kindes. Berlin 1905
2 Siehe Petersen, P.: Führungslehre des Unterrichts. Braunschweig 1963
3 Freinet, C.: Die moderne französische Schule. Paderborn ^{2}1979, S. 17

2. Selbsttätigkeit, Selbstbestimmung und Solidarisierung – die zentralen Bildungs- und Erziehungsziele in der Pädagogik Maria Montessoris

Montessoris pädagogisches Sehen und Denken kreist um die große und entscheidende Frage: In welcher Weise kann und muss der Erwachsene dem Kind bei seiner Entwicklung beistehen, damit sich „das Leben“ in ihm entfalten kann?

Sie geht von der anthropologischen Grundannahme aus, dass es die Aufgabe, der Daseinsauftrag des Kindes ist, in Prozessen eines schöpferischen Selbstaufbaus „Meister seiner selbst“[1] zu werden. Dies ist ihrer Meinung nach nur auf dem Weg der Selbsttätigkeit und Selbstbestimmung in Freiheit möglich. Als pädagogisch-didaktische Konsequenz stellt die „Freiarbeit“ den Kern der Arbeit in Montessori-Einrichtungen dar. Es ist dies eine Unterrichtsform, die es dem Kind ermöglicht, sich in einer anregungsreichen Lernumgebung selbständig Aufgaben zuzuwenden, diese in individuellem Tempo und auf eigenen Wegen zu bearbeiten sowie die Ergebnisse selbst zu kontrollieren.

Gelegentlich wird Montessori vorgeworfen, diese Arbeitsform fördere einen Individualismus und führe nicht zur Verantwortung für die Gemeinschaft.

Dieser Einschätzung liegt jedoch ein verkürztes Verständnis der Montessori-Pädagogik zugrunde. Besonders Holtstiege und Schulz-Benesch arbeiten in jüngster Zeit deutlich heraus, dass „Soziale Humanität“[2] und „Solidarisierung“[3] unter dem Aspekt der kosmischen Erziehung zu den zentralen Zielen dieser Pädagogik gehören. Echte Kooperationsbereitschaft, Rücksichtnahme und die im Sinne einer kosmischen Erziehung notwendige Einsicht, dass „jeder Mensch abhängig ist von anderen Menschen und jeder zur Existenz aller beitragen muss“[4], kommen nicht durch einen Unterricht zustande, in dem die Lehrperson das Zusammenleben durch Anordnungen reguliert und reglementiert, sondern erfordern die Entscheidungsfreiheit des Einzelnen. Es ist ein in Montessori-Schulen häufig beobachtetes Phänomen, dass sich Kinder nach einer individuellen, mit großer Konzentration und Anstrengung bewältigten Arbeit in besonderem Maße den Anderen öffnen und gerne Aufgaben für die Gemeinschaft übernehmen. Die Stärkung des Selbstwertgefühls durch frei gewählte und mit eigener Kraft bewältigte Aufgaben scheint ein Weg zu sich selbst und zum anderen zu sein.

2.1 Selbstaufbau und Selbstbestimmung durch Tätigkeit

Wenn Montessori ein Buch mit dem Titel „Kinder sind anders“ schreibt, so will sie damit in erster Linie ausdrücken, dass Kinder sich anders entwickeln, als Erwachsene üblicherweise annehmen.

Die Erwachsenen fühlen sich in der Regel als die „Baumeister“ ihrer Kinder, sie wollen etwas aus ihnen machen. Darin sieht Montessori eine grundlegende Fehlhaltung und die Ursache, dass sich so viele Menschen im Leben nur „mit Krücken aufrechterhalten“[5].

Entgegen dieser verbreiteten Sicht der kindlichen Entwicklung geht Montessori von der Grundannahme aus, dass das Kind „Baumeister seiner selbst“[6] ist, sich durch die aktive Auseinandersetzung mit seiner Um- und Mitwelt selbst konstruiert und verwirklicht.

Ein erstes Schlüsselerlebnis für diese Annahme war eine Begebenheit in einer Anstalt für behinderte Kinder. Montessori hatte dort als Assistenzärztin der Psychiatrischen Universitätsklinik in Rom die Aufgabe, Kinder für eine eventuelle Therapie auszuwählen. Als sie einen Saal betrat, der überfüllt war mit Kindern in den Gitterbetten, schilderte ihr eine Helferin mit Unmut, dass sie die Kinder immer wieder dabei ertappe, dass diese das Brot, das man ihnen zu essen gebe, nicht in den Mund geben, sondern es mit ihren Händen kneten und formen. Montessori sah, dass diese Kinder in

ihren Betten keine Dinge für aktive Tätigkeiten hatten, und schloss daraus, dass sie das Brot als „Nahrung für den Geist" notwendiger brauchten als für den körperlichen Hunger.
Wer Kinder aufmerksam beobachtet, sieht, dass sie die Welt aktiv und häufig mit den Händen „erobern". Sie fassen alles an, ertasten und be-greifen die Dinge. Diese gespürte Erfahrung erlaubt es dem Kind, mit seiner Umwelt vertraut zu werden. Die aktive Aneignungstätigkeit ist eine unverzichtbare Voraussetzung für die Entwicklung, von der Montessori schreibt: „Die Entwicklung ist aktiv, sie ist Aufbau der Personalität, die durch die Mühe und die eigene Erfahrung erreicht wird; sie ist die große Arbeit, die jedes Kind vollziehen muss, um sich selbst zu entwickeln."[7]

Keiner kann für das Kind wachsen, niemand kann für das Kind lernen, keiner kann für das Kind begreifen oder entscheiden. Nur wenn die Erwachsenen dem Tätigkeitsdrang des Kindes Raum verschaffen, hat es die Möglichkeit der Selbstentwicklung und Selbstentfaltung.

Aus entwicklungspsychologischer Sicht wird ebenfalls auf die Bedeutung der Selbsttätigkeit hingewiesen. So schreibt beispielsweise Erik Erikson: „Das Kind findet sein Ich-Bewusstsein, das Gefühl, sich selbst vertrauen zu können, nur aus der Leistung im Werk, das auf eigene Initiative zustande gekommen ist."[8]

Auch Erkenntnisse der Neurophysiologie zeigen deutlich, dass die Entwicklung des Gehirns, „der Prozess der Dentritenaussprossung und synaptischen Verdrahtung", die Bildung von „funktionellen Hirnorganen" als „Schaltungsschablonen", nur über eine aktive Aneignungstätigkeit optimal erfolgen kann.[9]

Bei dieser Aneignungstätigkeit kommt den Händen – schon Kant spricht von der Hand als dem äußeren Gehirn des Menschen – eine besondere Bedeutung zu. Das Gehirn reagiert auf die Anstrengungen der Hände, d.h. die Hände verändern nicht nur die Umwelt, sondern das Gehirn selbst. Mit Montessoris Worten heißt das, „das Kind entwickelt seine Intelligenz durch die Bewegung"[10], „die Hände sind Werkzeug der menschlichen Intelligenz"[11].

Wer den schöpferischen Selbstaufbau des Kindes fördern will, muss die freie Entfaltung kindlicher Aktivität ermöglichen, denn die spontane zielgerichtete Aktivität – Selbsttätigkeit – ist Grundvoraussetzung, dass das Kind Meister seiner selbst werden, seine Freiheit durch Selbstbestimmung erlangen kann.

Montessoris Erziehungsmethode gründet auf der Vorstellung, dass das Kind die Freiheit selbst aufbauen muss, dies aber nur kann, wenn es sich von jenen Bindungen lösen kann, die seine spontanen Äußerungen einschränken.

Da sich Freiheit und Unabhängigkeit beim Kind über die Tätigkeit konkretisieren, kommt Montessori zu der pointierten Aussage: „Freiheit ist Tätigkeit"[12]. Wer Kinder bedient, ihnen unnötig hilft, verhindert ihre Unabhängigkeit und Selbstbestimmung. Der große Appell an den Erzieher lautet daher: „Hilf dem Kind, es selbst zu tun."

2.1.1 Die Kraft eines schöpferischen Antriebs

Wenn Montessori der spontanen Aktivität des Kindes in einer vorbereiteten Umgebung die oben genannten Wirkungen zutraut, muss dieses Vertrauen eine konkrete Basis haben. Montessori geht, wie Holtstiege ausführlich beschreibt, davon aus, dass beim Kind eine Dynamik, eine innere Energie, vorhanden ist, die auf Aktivitäten, Wirken und damit auf Entwicklung (in Gang setzende und in Gang haltende) drängt.[13] Das komplexe Verständnis der spezifisch menschlichen Antriebsstruktur bringt Montessori mit der Verwendung des griechischen Begriffs „horme" zum Ausdruck. „Im Individuum ist eine vitale Kraft, die es zu seiner Entfaltung führt."[14] Holtstiege bezeichnet diesen Antrieb als „konative (d. h. strebehaltige) Dispositionen bzw. Tendenzen"[15]. Aus der Antriebsstruktur allein können sich aber noch keine Fähigkeiten und Fertigkeiten entwickeln, sie bedürfen, wie Oswald betont, einer „von außen kommenden kulturellen Ansprache"[16]. Die Antriebsstrukturen bedürfen also einer Anregungsumwelt, einer vorbereiteten Umgebung, in der sie sich entfalten und ausdifferenzieren können.

2.1.2 Polarisation der Aufmerksamkeit – der Kristallisationspunkt im Bildungsprozess

Der innere Antrieb des Kindes und die zu aktivem Tun auffordernde Lernumgebung garantieren noch keinen Bildungsprozess. Nicht jedes beliebige Tun hat aufbauenden, persönlichkeitsformenden Charakter. Nur wenn es dem Kind gelingt, sich ganz in die Gesetzmäßigkeit einer Sache zu vertiefen, in konzentrierten, selbstgesteuerten Vorgängen der Sache auf den Grund zu gehen, zum Wesen der Dinge vorzudringen und dann gestärkt aus diesem Prozess hervorzugehen, kann man von Bildungsprozessen sprechen.

Montessori bezeichnet das bei vielen Kindern beobachtete Phänomen der Polarisation der Aufmerksamkeit als „Schlüssel der ganzen Pädagogik".[17] Sie entdeckte die erstaunliche Tatsache, dass Kinder fähig sind, ihre ganze Aufmerksamkeit einer Sache zuzuwenden, sich so in eine Sache zu vertiefen, dass sie nicht mehr merken, was um sie herum geschieht, bei einem etwa dreijährigen Mädchen in einem Kinderhaus in Rom. Das Mädchen wandte sich in freier Entscheidung den Einsatzzylindern zu. Montessori konnte beobachten, wie es aufmerksam die Zylinder abgestufter Größe in die richtigen Löcher der Blöcke steckte, sie wieder herausnahm, vermischte und den Vorgang sofort von neuem begann. Die Kleine wiederholte die Tätigkeit immer wieder; sie schien völlig versunken zu sein und nichts von dem zu bemerken, was um sie herum vorging. Sie war so gesammelt, dass sie trotz Störversuchen die Tätigkeit vierundvierzigmal wiederholte.[18]

Ein Kind kann in einem so hohen Maße eins mit seiner Tätigkeit werden, dass es sich an die Dinge, an seine Arbeit ganz hingibt, ganz verliert. Zeit und Umgebung scheinen vergessen. Kind, Sache und Umgebung verschmelzen zu einer Einheit. In diesem Prozess ist das Kind gleichermaßen aktiv und meditativ, es handelt und verweilt, es besinnt sich und erwägt.

Es war für Montessori wie eine Offenbarung, diese kostbaren Augenblicke der Konzentration zu sehen, das Aufgehen des Kindes in einer frei gewählten Arbeit zu beobachten.

Das eigentlich Erstaunliche waren für Montessori die nach dieser Polarisation der Aufmerksamkeit sichtbaren Wirkungen. Als das Mädchen die Arbeit beendet hatte, hielt es inne, als erwache es aus einem Traum, und lächelte glücklich. Es schien verändert, geradezu lebendiger und gestärkt. Montessori beschreibt die beobachteten Wirkungen von konzentrierten Tätigkeiten: „Jedes Mal, wenn eine solche Polarisation der Aufmerksamkeit zustande kam, fing das Kind an, sich vollständig zu verändern, ruhiger, man könnte fast sagen, intelligenter und mitteilsamer zu werden; es zeigte außerordentliche innere Eigenschaften, die an die höchsten Seelenphänomene erinnerten. Es war, wie wenn in einer gesättigten Lösung sich ein Kristallisationspunkt bildet, um den sich dann die ganze chaotische Masse zu einem Kristall von wunderschönen Formen vereinigt."[19]

Hier drückt Montessori in der ihr eigenen Sprache aus, dass vom aktiven Kontakt zwischen Kind und Gegenstand und von der Bindung der kindlichen Aufmerksamkeit an den Gegenstand die eigentlich formenden Wirkungen ausgehen. Friedrich Copei nennt diese Phasen „die fruchtbaren Momente im Bildungsprozess" und schreibt: „Der fruchtbare Moment in allen seinen Formen ist der Punkt tiefster und lebendigster Sinnerfassung und Sinngestaltung. Von ihm als dem Punkt höchster Lebendigkeit, Fülle und Schöpferkraft gehen die eigentlich umformenden Wirkungen aus."[20] Es scheint, dass das Kind in solchen Phasen des Staunens, des „All-eins-Seins", zur eigenen Mitte findet und zu einer neuen erwachseneren Persönlichkeit wächst.

Nach Holtstiege zeigen sich die Bildungswirkungen der Polarisation der Aufmerksamkeit auf mehreren Ebenen:[21]

- **Erwerbungen intellektueller Art**: z. B. Erwerb einer klaren und geordneten Erkenntnis der Dinge und ihrer Beziehungen untereinander.
- **Errungenschaften motivationaler Art:** Das Erlebnis gelungener und zu Ende geführter Aktivitäten motiviert, baut eine Erwartungshaltung auf und spornt an, Neues interessiert aufzunehmen.
- **Wirkungen sozialer Art:** Nach einem beendeten Arbeitszyklus können häufig soziale Gefühle der Hilfe und des Verständnisses bzw. der Drang, mit anderen Kindern oder mit Erziehern Kontakt aufzunehmen, beobachtet werden.

- **„Normalisierung“ als personale Reorganisation:** Konzentrierte Arbeitsverläufe fördern das innere „Sich-Ordnen“ des Kindes, sie haben bei zerstreuten, leicht ablenkbaren oder verhaltensschwierigen Kindern „normalisierende“ d. h. reorganisierende (auch therapeutische) Wirkung.

2.2 Soziale Erziehung – Solidarisierung

„Bei der Erziehung beschäftigt uns heute weniger die Wissenschaft als das Interesse an der Menschheit und der Kultur, für die es nur ein einziges Vaterland gibt: die Welt.“[22] Mit dieser Aussage bringt Montessori bereits 1909 mit großer Deutlichkeit zum Ausdruck, dass sie ihren Blick nicht isoliert auf das Individuum richtet, sondern die Entfaltung des Einzelnen in einen großen Zusammenhang stellt.

Die „neue Menschheit“[23], die sich als eine Union fühlt und entsprechend handelt, ist das Ziel, auf das hin pädagogisches Handeln im Sinne Montessoris orientiert sein muss. Der Mensch als Teil der Schöpfung, der Mensch in seiner Sonderstellung als Schöpfungs-Mitarbeiter soll dazu befähigt werden, das von ihm selbst ins Wanken gebrachte ökologische Gleichgewicht wieder herzustellen, ein ökologisches Umfeld zu schaffen, in dem alle Menschen dieser einen Welt friedlich zusammenleben können.

Diese universale Aufgabe kann nur gelöst werden, wenn der Einzelne als Mensch gestärkt wird und wenn durch Erziehung die Überzeugung entsteht, „dass wechselseitige Hilfe unter den Menschen die direkteste Form universalen Schutzes ist“[24]. Da in einem System die Not des Einzelnen immer Auswirkungen auf das Ganze hat, fordert Montessori eine Erziehung, die „den Menschen aus dem Zustand der Unterlegenheit emporhebt“[25].

Kosmische Erziehung muss im Sinne Montessoris als eine universale Erziehung verstanden werden, die den „neuen Menschen“ und die „neue Menschheit“ im Auge hat.

Mit Blick auf dieses Ziel schafft Montessori institutionelle und (lern)organisatorische Rahmenbedingungen, in denen sich ein Leben in sozialen Bezügen entfalten kann. Besonders durch die Freiarbeit als zentrale Unterrichts- und Lernform kann ein Gewebe von Partnerschaften und Gruppen entstehen; hier arbeiten die Kinder unter Berücksichtigung der Bedürfnisse der ganzen Gemeinschaft allein, zu zweit oder in Kleingruppen an selbst gewählten Aufgaben und organisieren ihre Arbeit von den ersten Überlegungen bis zum Abschluss selbständig.

Durch die Möglichkeit der freien zielgerichteten Tätigkeit – die Kinder wählen die Aufgabe, den Arbeitsplatz, die Sozialform und das Zeitausmaß – entwickelt sich in vielen Montessori-Klassen „ein großartiges Gemeinschaftsleben voller Energie und lebhafter Aktivität“[26]. Dies kann von vielen anderen Schulklassen nicht behauptet werden. Immer wieder hören die Kinder „Sei still, sprich nicht mit dem Nachbarn!“, „Schau nicht ab!“, „Sag nicht ein!“. Damit wird ein natürliches Gemeinschaftsleben systematisch behindert.

In Montessori-Klassen gehört das Kooperieren, das Helfen und Sich-helfen-Lassen zu unverzichtbaren Fähigkeiten im Zusammenleben von Kindern unterschiedlichen Alters. Bewusst löst Montessori die Jahrgangsklassen auf, sie hält sie für eine „künstliche Absonderung, ... in der sich der soziale Sinn nicht entwickeln kann“[27].

Die Tatsache, dass heute immer mehr Kinder mit einem Defizit an Erfahrungen mit Kindern ähnlichen Alters in die Schule kommen, macht für viele die Klassensituation zu einer Kampfsituation um den sozialen Rang. Wenn im Unterricht zudem noch Wettstreit als angeblicher Ansporn für Leistung vorherrscht, kann es zu keinem Miteinander, zu keiner Solidarisierung kommen.

Montessori ist überzeugt, dass sich durch die Mischung der Lebensalter und durch die Ermöglichung der freien Tätigkeit wirkliche Anteilnahme an dem, was in der Gemeinschaft vor sich geht, Ehrfurcht vor dem Menschen und seiner Arbeit und Solidarität mit jedem entfalten kann.

„Unsere Kinder leben und handeln frei und selbständig in der Gemeinschaft mit anderen Kindern und werden so zu willensstarken sozialen Wesen.“[28]

Anmerkungen

1 Montessori, M.: Grundlagen meiner Pädagogik. Heidelberg [7]1988, S. 23
2 Holtstiege, H.: Montessori-Pädagogik und soziale Humanität. Freiburg 1994
3 Schulz-Benesch, G.: Zu Geschichte und Aktualität der Montessori-Pädagogik. In: Hellmich, A./Teigeler, P. (Hg.): Montessori-, Freinet-, Waldorfpädagogik. Weinheim [2]1994, S. 67 ff.
4 Montessori, M.: Kosmische Erziehung. Freiburg 1988, S. 27
5 Montessori, M.: Das kreative Kind. Freiburg [9]1992, S. 191
6 Vgl. ebd., S. 13
7 Ebd., S. 184
8 Erikson, E.: Kindheit und Gesellschaft. Stuttgart 1974, S. 149
9 Vgl. Spiel, W./Spiel, G.: Kompendium der Kinder- und Jugendneuropsychiatrie. München 1987, S. 12 ff.
10 Montessori, M.: Das kreative Kind, a. a. O., S. 129
11 Ebd., S. 137
12 Montessori, M.: Grundgedanken der Montessori-Pädagogik. Freiburg 1987, S. 80.
13 Vgl. Holtstiege, H.: Modell Montessori. Grundsätze und aktuelle Geltung der Montessori-Pädagogik. Freiburg [7]1994, S. 17 ff.
14 Montessori, M.: Das kreative Kind, a. a. O., S. 77
15 Holtstiege, H.: Modell Montessori, a. a. O., S. 20
16 Oswald, P.: Der anthropologische Ansatz der Erziehungskonzeption Montessoris. In: Montessori Werkbrief. Organ der Montessori-Vereinigung eV. Sitz Aachen. 29. Jg., 1991, H. 1, S. 9
17 Montessori, M.: Dem Leben helfen. Freiburg 1992, S. 45
18 Vgl. Montessori, M.: Kinder sind anders. Stuttgart 1980
19 Montessori, M.: Selbsttätige Erziehung im frühen Kindesalter. Stuttgart 1926, S. 214
20 Copei, F.: Der fruchtbare Moment im Bildungsprozess. Heidelberg [8]1966, S. 101
21 Siehe Holtstiege, H.: Modell Montessori, a. a. O., S. 186 ff.
22 Montessori, M.: Die Entdeckung des Kindes. Freiburg [10]1991, S. 6
23 Montessori, M.: Kosmische Erziehung, a. a. O., S. 12
24 Ebd., S. 29
25 Ebd., S. 29
26 Montessori, M.: Die Entdeckung des Kindes, a. a. O., S. 73
27 Montessori, M. zit. nach Schulz-Benesch, G.: Zu Geschichte und Aktualität der Montessori-Pädagogik. In: Hellmich, A./Teigeler, P. (Hrsg.): Montessori-, Freinet-, Waldorfpädagogik. Weinheim [2]1994
28 Montessori, M.: Grundlagen meiner Pädagogik, a. a. O., S. 27

3. Bedingungen zur Realisierung der Bildungs- und Erziehungsziele

3.1 Das schulstrukturelle Konzept – ein „einheitlicher Bildungsweg“

Montessori geht bei den Überlegungen zur Gestaltung des Bildungsweges der Kinder und Jugendlichen nicht vorrangig von bestehenden Institutionen oder schulpolitischen Ideen aus, ihr Grundriss für einen institutionell organisierten Bildungsweg orientiert sich am Kind und seiner Entwicklung. Sie schreibt dazu: „Unsere Methode folgte einer geraden Linie ohne Schwanken nach links oder rechts, folgte getreu dem Pfad des Kindes und dem, was es uns gegeben hat.“[1] Aus der Beobachtung von Kindern, die sich in freier Entscheidung einer Aufgabe zuwandten und äußerst konzentriert und ausdauernd daran arbeiteten, sodass sich deutliche Bildungswirkungen zeigten, formuliert Montessori das Prinzip der grundsätzlichen Möglichkeit der Selbsttätigkeit, Selbstunterrichtung und Selbstbildung. So legt sie ihrer Schule ein anthropologisches Organisationsprinzip zugrunde, das im Dienste des Kindes steht und sich nicht in erster Linie an den Leistungserwartungen der Gesellschaft orientiert.

Für Montessori muss Schule ein Ort sein, an dem das Kind „in seiner Freiheit leben kann“, ein Ort, an dem „das Kind seine Unabhängigkeit erobern“ und der soziale Sinn sich im heiteren Zusammenleben und Arbeiten entwickeln kann.[2]

Dieser Prozess erfordert ein Lernen ohne institutionelle Unterbrechung – einen einheitlichen Bildungsweg, der darauf gründet, dass „die menschliche Personalität in den verschiedenen Entwicklungsstufen eine Einheit ist“[3]. Die anthropologische Annahme, dass die menschliche Person immer eine ist – wobei sie sich durchaus wandeln kann –, macht auch die Kontinuität pädagogischer Hilfe zu einer Notwendigkeit und mündet schulstrukturell in einer Gesamtschule besonderer Art.

3.1.1 Montessoris Gesamtschulkonzept

Ein einheitlicher Bildungsweg, die Kontinuität kindlicher Arbeit, erfordert, dass die Grenzen von getrennten Institutionen aufgelöst werden. „Bei unserer Methode lässt sich die ‚vorschulische‘ Periode von der schulischen nicht unterscheiden“, sagt Montessori und fordert eine bauliche Einheit von Kinderhaus und Schule, denn „das ‚Kinderhaus‘ ist keine ‚Vorbereitung‘ auf die Grundschule, sondern ein Beginn des Unterrichts, der ohne Unterbrechung fortgeführt wird.“[4]

Diese „andere Gesamtschule“[5] bedeutet idealtypisch, dass es weder eine Unterbrechung zwischen Vorschulbereich (Kinderhaus) und Grundschulbereich, noch zwischen Grundschule und weiterführendem Bereich gibt. Kinderhaus und Schule befinden sich in einem Gebäude, wobei es die „freie Zirkulation“ zwischen diesen Bereichen und den einzelnen Gruppen, in denen jeweils drei Altersstufen zusammengefasst sind, gibt. In dieser Verbindung der einzelnen Bereiche gibt es konsequenterweise kein Einschulungsverfahren und kein Sitzenbleiben. Ein Kind aus dem Kinderhaus kommt dann in die Gruppe der Schulkinder, wenn es die Lernanregungen im Kinderhaus ausgeschöpft hat und die Bereitschaft vorhanden ist, sich mit den Erfahrungsmaterialen der Schule zu beschäftigen.

Die Verbindung von Kinderhaus und Grundschule in einem Gebäude, mit Möglichkeiten des „freien Verkehrs“, wurde von 1924 bis 1929 in der Wiener Montessori-Schule realisiert.

Für den Bildungsweg des Kindes und Jugendlichen sieht Montessori drei Einrichtungen vor, von denen sich Kinderhaus und Schule mit den öffentlichen Systemen Kindergarten und Grundschule decken. Die „Erfahrungsschule des sozialen Lebens“, die sie als weiterführenden Bereich konzipierte, wurde von ihr nicht realisiert. Es handelt sich dabei um eine Art College, ein auf dem Lande organisiertes und gestaltetes Studien- und Arbeitszentrum, in dem die Heranwachsenden fern vom gewohnten Milieu und dem Elternhaus leben sollten. „Der Gedanke der Arbeit, wirtschaftlicher Unabhängigkeit, die Einführung in den sozialen Mechanismus der Produktion (ein Bauernhof, der die Grundlage für Produktion und Tausch bildet) und des Warenaustausches (ein Geschäft im Sinne eines sozialen Hauses) sowie die Selbstorganisation und -gestaltung einer sozialen Arbeits-, Studien- und Lebensgemeinschaft (in einem Gasthaus im Sinne eines Wohnhotels für Arbeit und Verwaltung) haben in diesem Plan zentrale Bedeutung."[6]

Wenn auch dieses Modell nicht realisiert wurde, so entstanden doch, orientiert am jeweiligen Schulsystem und dessen Rahmenbedingungen, z. B. in Holland (Delft: Kinderhaus – Grundschule – Sekundarstufe) und Deutschland (Frankfurt: Montessori-Kinderhaus, -Grundschule und -Gymnasium[7]) Strukturmodelle, in denen neben Kinderhaus und Grundschule auch der Sekundarbereich in einem Gebäude untergebracht ist. Diese Einrichtungen müssen nach Montessori von folgenden Organisationsprinzipien durchdrungen sein:

- Prinzip der Mischung der Lebensalter und der Kooperation;
- Prinzip der „offenen Tür" und der „freien Zirkulation" bzw. Kommunikation.

3.1.1.1 Eine Kindergesellschaft aus verschiedenen Altersgruppen

Sowohl im Kinderhaus als auch in der Grundschule hält Montessori das Zusammenleben von Kindern mehrerer Altersstufen für notwendig, denn die „größte Vervollkommnung der Kinder wird durch die sozialen Erfahrungen erreicht"[8], die in vertikal gegliederten Gruppen gemacht werden können. „Die Hauptsache ist, dass die Gruppen verschiedene Altersstufen umfassen, weil das großen Einfluss auf die Bildungsentwicklung des Kindes hat. ... Sie können sich kaum vorstellen, wie gut ein kleines Kind von einem älteren Kind lernt; wie geduldig das ältere Kind mit den Schwierigkeiten des jüngeren ist."[9]

Montessori orientiert sich mit der Mischung der Altersstufen an der Realität des Lebens. In nahezu allen Lebensbereichen arbeiten Menschen unterschiedlichen Alters zusammen und profitieren von diesen Unterschieden – z. B. in einer Familie. Als Negativbeispiel führt Montessori Altersheime an und meint: „Es ist unmenschlich und grausam, Menschen gleichen Alters zusammenzutun." Man nehme den Menschen die soziale Nahrung, wenn man sie nach Alter trenne.
Montessori hält für Kinderhaus und Schule das Zusammenlegen von drei Jahrgangsstufen für ideal.

- Kinderhaus: 3 bis 6 Jahre;
- Schule: 7 bis 9 Jahre, 10 bis 12 Jahre, 13 bis 15 Jahre (die Einteilung ist von der Anzahl der Pflichtschuljahre abhängig).

Kinder unterschiedlichen Alters regen sich gegenseitig an und helfen einander. Es ist nach Montessori keineswegs vergeudete Zeit, wenn ein älteres Kind sich mit einem jüngeren beschäftigt. „Durch nichts lernen sie mehr als durch das Lehren anderer, besonders wenn sie den Gegenstand nicht sehr gut beherrschen. Das Kind, das lehrt, muss seinen kleinen Wissensschatz analysieren und umarbeiten, will es ihn an andere weitergeben. Dadurch sieht es die Dinge klarer und wird für den Austausch entschädigt."[10]

Die Kooperation der Kinder hat positive Wirkungen auf das Zusammenleben. „Es besteht Liebe, Bewunderung und eine wirkliche Brüderlichkeit unter ihnen"[11], stellt Montessori fest und führt dies auf eine Zusammenarbeit der Kinder ohne Konkurrenz zurück, denn „Wettstreit und Konkurrenz führen zu Neid, Hass und Demütigung, was bedrückende und antisoziale Gefühle sind"[12].

Innerhalb einer Altersstufe führen unterschiedliche Niveaus zu Wettkampfsituationen und häufig auch dazu, dass intelligentere Kinder eitel und überheblich werden. In einer Klasse mit mehreren Jahrgangsstufen ist einerseits eigeninitiiertes Lernen auf dem jeweils individuellen Niveau möglich und andererseits wird das soziale Leben durch Helfen und Sich-helfen-Lassen kultiviert.

Ob in dieser Kindergesellschaft wirklich eine Lernatmosphäre und eine Atmosphäre gegenseitiger Achtung entstehen, ist nicht zuletzt von der Anzahl der Kinder abhängig. Montessori hält eine größere Gruppe für günstiger als Klassen mit niedrigen Schülerzahlen. „Wenn weniger als 25 Kinder vorhanden sind, senkt sich das Niveau, und in einer Klasse von 8 Kindern ist es schwierig, gute Resultate zu erreichen. Die wirklich guten Ergebnisse stellen sich ein, wenn die Zahl der Kinder wächst; 25 ist eine ausreichende Zahl, und 40 haben wir als die beste Zahl gefunden."[13]

3.1.1.2 „Offene Türen" und „freie Zirkulation"

Nicht nur die Kinder innerhalb einer Gruppe arbeiten zusammen und geben sich Anregungen, auch zwischen den Gruppen besteht in einer Montessori-Einrichtung die Möglichkeit der Kommunikation.

„Wo immer unsere Methode angewendet worden ist, gab es stets eine Verbindung zwischen der vorschulischen und der Grundschulerziehung. Eines der Geheimnisse ist das der ‚offenen Türen'. (...) Die offene Tür zu den anderen Räumen erlaubt eine Freiheit des Verkehrs zwischen den verschiedenen Stufen, und diese Zirkulation ist von äußerster Wichtigkeit für die Entwicklung der Bildung."[14]

Die Freiheit des Verkehrs stellt sich in der Realität so dar, dass zum Beispiel ein vierjähriges Kind aus dem Kinderhaus in die Schulklasse der sieben- bis neunjährigen Kinder gehen kann und sich dort von einem Freund aus einem Buch etwas vorlesen lässt.

Montessori spricht von „geistigen Spaziergängen" und erwartet sich davon Lernanregungen. „So sahen wir, wie Kinder von acht oder neun Jahren das Quadratwurzelziehen verstanden, indem sie die Arbeit der zwölf- bis vierzehnjährigen Kinder verfolgten; auf diese Weise wurde uns klar, dass sich die achtjährigen Kinder für Algebra interessieren konnten." Die „Freiheit, sich umzuschauen" und in anderen Klassen „Dinge von weiterführendem Interesse"[15] zu entdecken (was durch die Architektur gefördert oder behindert werden kann), stellt ein wesentliches Element einer anregungsreichen Lernumgebung dar.

Dort, wo Kindern die freie Zirkulation ermöglicht wird, kann beobachtet werden, dass sie einerseits die Bewegungs- und Kommunikationsfreiheit brauchen und in Anspruch nehmen, andererseits aber auch eine starke Tendenz zu einem festen Platz haben. Die Kinder zeigen ein großes Bedürfnis nach einem Platz, den sie ihren eigenen nennen können. Es ist jedoch nicht notwendig, dass jedes Kind seinen eigenen Tisch und Stuhl hat; in den Montessori-Einrichtungen gibt es in jeder Klasse Schränke, in denen jedes Kind seine Lade hat, wo es seine Habseligkeiten aufbewahren und jederzeit wieder finden kann.

3.2 Gestaltungsformen des Unterrichts

3.2.1 Die Freiarbeit – zentrale Organisations- und Lernform

Der Ansatzpunkt für die Einführung der „freien Wahl der Arbeit" war Montessoris Beobachtung, dass von der Polarisation der Aufmerksamkeit auf einen frei gewählten Gegenstand die eigentlich bildenden Wirkungen ausgehen. Für das Zustandekommen der Polarisation der Aufmerksamkeit als Angelpunkt der Intelligenz- und Persönlichkeitsentwicklung ist daher sowohl im Kinderhaus als auch in der Montessori-Schule die freie Wahl der Tätigkeit eine Grundbedingung. „Niemand kann uns helfen, jene innere Abgeschlossenheit zu erreichen, die uns unsere verborgenste, tiefste und ebenso geheimnisvolle wie reiche und volle Welt zugänglich macht. Die Sammlung, die man durch die Loslösung von der äußeren Welt gewinnt, muss von unserer Seele selbst ausgehen, und die Umgebung kann nur durch Ruhe und Ordnung einen günstigen Einfluss ausüben."[16]

Die innere Sammlung und die Betrachtung des Gegenstandes erfordern die freie Hingabe an eine Aufgabe. Folge der freien Aktivität in einer an sensiblen Phasen – Perioden mit besonderer Zuwendungsbereitschaft für bestimmte Dinge – des Kindes orientierten und pädagogisch-didaktisch „vorbereiteten Umgebung" ist der Aufbau bzw. das Wachstum des Menschen. „Überall, wo unsere normalisierten Kinder freie Wahl hatten, geschah das gleiche; (...) sie wählen die Gegenstände aus, die ihnen beim Aufbau ihrer selbst helfen."[17]

Freie Arbeit ist also Voraussetzung und Weg, um „Meister seiner selbst“[18] werden zu können. Montessori betont dies 1951, ein Jahr vor ihrem Tod, noch einmal mit Vehemenz:

„Während meines ganzen Lebens habe ich die Notwendigkeit der Freiheit der Wahl, der Selbständigkeit des Denkens und der menschlichen Würde proklamiert. Jedenfalls bin ich der Meinung, dass eine wahre und innere Freiheit nicht gegeben werden kann; sie kann nicht einmal erobert werden; sie kann jeder nur in sich selbst aufbauen als Teil der Persönlichkeit, und sie kann deshalb nicht verloren werden. Seit den ersten Anfängen meiner Erzieherlaufbahn habe ich Bedingungen der Freiheit für die Kinder empfohlen und eingerichtet. Die freie Wahl war das erste der Vorrechte in meinem Erziehungskonzept. (...) Die Freiheit der Wahl führt zur Würde des Menschen. (...) Solange die Erziehung fortfährt, den Leitlinien einer erzwungenen Unterwerfung zu folgen, werden die gegenwärtigen Bedingungen bestehen bleiben: Die Menschheit wird sich weiterhin aus vielen Menschen zusammensetzen, die von Freiheit sprechen, aber aus sehr wenigen freien Menschen!“[19]

Das Bedingungsgefüge zur Realisierung von Freiheit im Kinderhaus und in der Schule ist die „Freiarbeit“. Der Begriff „Freiarbeit“ als zentrale Organisations- und Lernform der Montessori-Pädagogik wurde im deutschsprachigen Raum Anfang der fünfziger Jahre vom „Düsseldorfer Kreis“ eingeführt und in steigendem Maße auch literarisch fixiert.[20] Freiarbeit hat in der Montessori-Pädagogik im Gegensatz zu anderen reformpädagogischen Modellen keinen Eckstundencharakter, sie wird nicht als Ergänzung zu anderen Lernformen gesehen, sondern ist das „Herzstück des Unterrichts“[21].

Montessori selber gibt für die freie Tätigkeit der Kinder, welche den Kern der täglichen Unterrichtsarbeit darstellt, keine fest fixierte Bezeichnung. Sie verwendet unter anderem die Termini „freie Wahl der Arbeit“, „freie Arbeit“, „indirekte Methode“ oder „freie intellektuelle Arbeit“. Während der Freiarbeit – sie umfasst in den meisten Montessori-Einrichtungen die ersten zwei bis drei Unterrichtsstunden – entscheidet jedes Kind selber:

- mit welchem Lerngegenstand es sich auseinander setzen will – Freigabe des Interesses des Kindes;
- wo es arbeiten möchte – Freigabe der Bewegung bzw. der Neigung des Kindes, sich an einen festen Platz zu binden;
- ob es eine Aufgabe allein, mit einem Partner oder in einer Kleingruppe bearbeiten will – Freigabe der Kooperation und Kommunikation;
- wie oft und wie lange es sich mit einem Gegenstand beschäftigen möchte – Freigabe der Zeit.

Dieses Bedingungsgefüge für Freiheit bietet nach Steenberg den Freiraum für spontane Aktivität mit zunehmender Selbstverantwortung; es wird der verantwortungsvolle Umgang mit den Dingen gelehrt und die Würde und Eigengesetzlichkeit der Umwelt erfahrbar gemacht; die Gestaltung des Miteinanders durch die Kinder und Jugendlichen führt zum selbstverantworteten Leben in Freiheit.[22]

3.2.1.1 Freiarbeit konkret

Esser/Wilde[23] berichten von einer Freiarbeitssitutation in einer Montessori-Klasse, die vier Jahrgänge umfasst. Im Klassenzimmer stehen die Tische in Gruppen für jeweils vier oder sechs Kinder. An zwei Wänden befinden sich Regale, in denen Material bereitliegt. Das Lehrerpult steht unauffällig an einer Seite. Vorne, vor der Tafel, ist freier Raum für Arbeiten, die Kinder auf dem Boden verrichten.

Bereits vor offiziellem Unterrichtsbeginn treffen die ersten Kinder ein und beginnen mit einer Arbeit oder sprechen mit der Lehrerin. „Zwei Kinder stehen vor den Regalen mit Material, ein anderes sitzt bereits an seinem Tisch und rechnet mit Perlenstäben. In der Leseecke, einer gemütlichen, mit Matratzen ausgelegten und von Regalen abgeschirmten Ecke, liegt ein Junge und liest in einem Buch über die Steinzeit.“

Bis 8.15 Uhr treffen dann auch die anderen Kinder einzeln oder in kleinen Gruppen ein. „Manche müssen erst Kontakt zu ihren Freunden aufnehmen, ihnen das Wichtigste des vergangenen Nachmittags berichten. Andere fangen sofort an ihrem Platz mit einer Arbeit an.“ Es dauert etwa bis ca. 8.30 Uhr, bis alle Kinder eine Beschäftigung haben.

„Es ist jetzt ziemlich ruhig in der Klasse. Der überwiegende Teil der Schüler arbeitet allein, einige zu zweit oder dritt, wobei sie sich flüsternd verständigen. Zwischendurch stehen immer wieder Kinder auf, bringen ihre fertigen Arbeiten in ein Ablagekörbchen auf dem Lehrerpult. Manche gehen an den Regalen entlang und suchen offensichtlich eine neue Arbeit. Einigen Kindern macht die Lehrerin Vorschläge, was sie tun könnten. Sie setzt sich dann zu einem Kind und erklärt ihm die Arbeitsweise mit einem neuen Material.“

Gegen 9 Uhr wird es dadurch, dass mehrere Kinder eine Arbeit beendet haben und sie der Lehrerin zeigen wollen, etwas unruhiger. Die Lehrerin klingelt mit einem Glöckchen und macht damit die Kinder auf die Unruhe aufmerksam.

Manche Kinder arbeiten auf dem Flur auf Teppichen. Die „offenen Türen“ der Montessori-Klassen ermöglichen dies. Durch die Jahrgangsmischung arbeiten die Kinder an sehr unterschiedlichen Gegenständen und natürlich auch auf unterschiedlichen Niveaus.

„Manche Kinder rechnen mit roten, grünen, goldenen Perlen oder verschiedenfarbigen Perlenketten, andere schreiben Texte ab, erfinden eigene kleine Geschichten, legen oder kleben farbige Symbole, die für die verschiedenen Wortarten stehen, über Satzstreifen. Ein Junge nimmt sich ein Lesekörbchen. Er stellt verschiedene Gegenstände, die in dem Korb liegen, vor sich auf den Tisch: ein kleines Plastikkamel, einen Nagel, eine Feder, insgesamt zwölf Gegenstände. Seine Lippen bewegen sich. Er versucht leise, die Namen auf den kleinen Kärtchen zu lesen, die zu den Gegenständen gehören und sie richtig hinzulegen.“ Als er fertig ist, meldet er sich, zeigt der Lehrerin sein Werk und liest ihr leise die Namen, die er sich durch mehrmaliges Wiederholen schon gut eingeprägt hat, vor. Dann will er gleich ein weiteres Körbchen, in dem sich für ihn neue Gegenstände und Wortkärtchen befinden, holen und die Wörter erlesen.

Die Kinder arbeiten mit unterschiedlicher Intensität. Manche sind sehr konzentriert und führen ausdauernd eine Arbeit zu Ende. Andere lassen sich leichter ablenken und benötigen immer wieder Ruhepausen.

Auch die Hilfe, die die Kinder in Anspruch nehmen, und der Kontakt, den sie zur Lehrerin suchen, ist unterschiedlich. Manche Kinder der ersten Klasse holen bei Schwierigkeiten, die bei der Arbeit auftreten, nicht gleich die Lehrerin, sondern bitten ältere Mitschüler um Unterstützung, andere wiederum sind mehr auf die Hilfe, Zustimmung und Aufmunterung der Lehrerin angewiesen. Während sich die Lehrerin einzelnen Kindern widmet oder teilnehmend beobachtet, arbeiten die anderen Kinder in individuellem Tempo an ihren selbst gewählten Aufgaben.

„Ein Mädchen hat Bilder von Obst- und Gemüsesorten ausgebreitet und sortiert sie unter die passenden Oberbegriffe. Neben ihr auf dem Teppich hat ein Junge eine Europakarte aus Holz vor sich liegen und steckt Fähnchen mit den Ländernamen an die richtigen Stellen.“ Eine Kontrollkarte, auf der alle Namen vermerkt sind, hilft ihm bei der Kontrolle der gesteckten Fähnchen und dient ihm als Informationsquelle bei Namen, die er sich noch nicht gemerkt hat.

„Ein Junge aus dem zweiten Schuljahr möchte draußen auf dem Flur die Tausenderkette auslegen. Er nimmt sie sich von einem Wandregal. Diese Kette besteht aus tausend Einzelperlen, die jeweils in Zehnerabschnitte unterteilt sind. Nachdem er sie auf dem Flur ausgelegt hat, holt er ein Döschen mit Plastikpfeilen, die er ebenfalls draußen auf ein rundes Tablett ausschüttet. In Zehnerschritten zählt er dann bis tausend und legt alle passenden Pfeile mit den Ziffern neben die Kette.“

Das Ende der Freiarbeit kündigt die Lehrerin um 10.10 Uhr wieder mit dem Glöckchen an. Sie bittet die Kinder, ihre Arbeiten langsam zu beenden und aufzuräumen. Es beginnt ein lebhaftes Treiben, die Kinder tragen ihre Materialien an die vorgesehenen Plätze zurück, ordnen die Bücher in der Bibliothek und erledigen auch Klassendienste: sie gießen Blumen, wischen die Tafel, stauben Regale ab. Diese Abschlussphase dauert etwa zehn Minuten. Dann sitzen die Kinder wieder an ihren Plätzen.

„Zwei Mädchen aus dem zweiten Schuljahr wollen noch eine Geschichte vorlesen, die sie heute zusammen geschrieben haben. Ein kleiner Junge aus dem ersten Schuljahr liest aus einem Leseheftchen vor. Alle drei ernten Applaus von der Klasse.“

Danach richten die Kinder den Tisch für die Jause her, essen diese und gehen dann, bevor gebundener Unterricht beginnt, für eine halbe Stunde in den Schulhof.

3.2.2 Lektionen – Einführungen in Materialien und Übungen

Man kann nur aus Dingen wählen, die man kennt, und deshalb „geht die Einführung in die betreffenden Arbeitsmaterialien der Wahl voraus, soweit das Kind nicht von selbst deutlich erkennt oder bei anderen Kindern sieht, was mit den Dingen zu tun ist."[24]

Am Anfang besteht eine vorrangige Aufgabe der Lehrerin darin, „dem Kind zu helfen, sich unter so vielen verschiedenen Dingen zurechtzufinden und ihren genauen Verwendungszweck zu erlernen; sie führt das Kind also in das geordnete und aktive Leben seiner Umwelt ein"[25]. Ein neues Material zeigt die Lehrerin einem Kind auch dann, wenn sie merkt, dass es alle möglichen Tätigkeiten mit dem zuvor benutzten erschöpft hat.

Die Lehrerin führt jedoch nicht irgendeinen Gegenstand ein. Sie muss aus der Beobachtung der Kinder erkennen, welcher Inhalte und Gegenstände sie bedürfen. Montessori sagt dazu: „Die Lehrerin muss verstehen, den geeigneten Gegenstand auszuwählen und ihn so anzubieten, dass er beim Kind auf Verständnis stößt und in ihm ein tiefes Interesse weckt."[26]

Das Anbieten des Materials – orientiert an den sensiblen Phasen des Kindes und dem systematischen Aufbau des Gegenstandes – „ist lediglich der erste Schritt zu dem Zweck, Bekanntschaft zu schließen, nichts weiter. Danach beginnen erst die wichtigen Handlungen. Aufgrund der unterschiedlichen Anziehungskraft wählt das Kind spontan eines unter den Dingen, mit denen man es bekannt gemacht hat und die ihm bereits vorgeführt wurden."[27]

Die genauen und umfassenden Lektionen, die dem einzelnen Kind – bei besonderen Materialien auch einer Kleingruppe – gegeben werden, „sind ein Angebot, das die Lehrerin an die Tiefe des kindlichen Geistes macht"[28]. Wird das Kind vom Gegenstand erfasst, muss die Lehrerin zurücktreten und darf nicht mehr eingreifen, auch dann nicht, wenn das Kind das Material „auf eine andere, von ihm selbst ausgedachte Art, allerdings mit Abänderungen, die auf Arbeit des Verstandes schließen lassen"[29], verwendet. Das Kind kann nun dieselbe Übung so oft wiederholen oder seine Bemühungen und Versuche so lange durchführen, wie es dies wünscht, ohne in seiner Tätigkeit unterbrochen zu werden.

3.2.2.1 Hinweise zur Durchführung von Lektionen

Die Einführung eines Materials erfolgt in zwei zeitlich getrennten Schritten. In einem ersten Schritt bringt die Lehrerin das Kind mit dem Material in Beziehung, sie führt es in seinen Gebrauch ein. In einem zweiten Schritt greift sie ein, um dem Kind, das mit seinen spontanen Übungen bereits erfolgreich war, dabei zu helfen, die Unterschiede zwischen den Dingen zu erkennen. Es handelt sich hier um eine weiterführende Lektion, die als Sprachlektion die Benennung von Gegenständen zum Ziel hat. Montessori bezeichnet sie auch als Dreistufenlektion.[30]

Im ersten Schritt geht es um die Benennung des Gegenstandes, um die Verbindung von Sinneswahrnehmung und Namen. In einem zweiten Schritt soll der Name des entsprechenden Gegenstandes wieder erkannt werden, und in einem dritten Schritt wird überprüft, ob sich das Kind an den dem Gegenstand entsprechenden Namen erinnern kann.

Bei der Einführung eines Materials, also bei der Einführungslektion, gilt es folgende Handlungskriterien zu beachten:

- **Isolierung des Gegenstandes:** Die Aufmerksamkeit des Kindes soll ganz auf die gewählte Sache gerichtet werden. Dazu wird der Arbeitsplatz für das bestimmte Material frei gemacht. Andere Gegenstände würden ablenken und die Klarheit des Vorgangs bei der Lektion behindern.
- **Exakte Ausführung:** Die Hilfe, die die Lehrerin dem Kind geben soll, besteht darin, den Umgang mit dem Material mit möglichst wenig verbalen Erklärungen so zu zeigen, dass das Kind die Bewegungs- und Handlungsabläufe beobachten und nachvollziehen kann.
  Die Lehrerin sorgt dafür, dass sie selbst und ihre Worte die Unmittelbarkeit des Kindes zur Sache nicht beeinträchtigen. Das Kind soll den Gegenstand und die Arbeitsmöglichkeit selbst sehen und darauf antworten.

- **Wecken der Aufmerksamkeit:** Eine Verbindung zwischen Kind und Material kann dadurch geschaffen werden, dass die Lehrerin im Umgang mit dem Kind und dem Material lebhaftes Interesse zeigt und dadurch die Aufmerksamkeit des Kindes weckt.
- **Verhinderung des falschen Gebrauchs:** Mit größter Sanftmut und Behutsamkeit soll die Lehrerin die zweckentfremdete Verwendung eines Gegenstandes verhindern, um dem Kind jenen Umgang zu erhalten, der ihm Gewinn bringt.
- **Richtiger Umgang mit dem Fehler:** Jene Fehler, die das Kind durch das Material selbst korrigieren kann, können weitgehend unbeachtet bleiben, denn sie verschwinden durch die mehrmalige Durchführung der Tätigkeit. Bei unsachgemäßem Umgang mit dem Material ist jedoch behutsam einzugreifen, denn dieser verhindert die Möglichkeit zu lernen.
- **Achtung vor der nützlichen Tätigkeit:** Sieht die Lehrerin, dass das Kind mit einem Material richtig und sinnvoll umgeht, greift sie in keiner Weise ein.
- **Guter Abschluss:** Beendet ein Kind seine Arbeit, weil sein Interesse nachlässt oder weil es eine Aufgabe gelöst hat, muss der Erzieher das Kind wenn nötig anhalten, das Material geordnet an seinen Platz zurückzulegen.[31]

3.2.3 Die Übung der Stille

Ein kennzeichnendes und tragendes Element der Montessori-Pädagogik ist die Stille, sie hat jedoch nichts gemeinsam mit jener durchschnittlichen Ruhe, die in vielen Schulklassen – häufig nur mit großem Energieaufwand und kurzfristiger Wirkung – vom Lehrer hergestellt wird, um ungestört unterrichten zu können.

Für Montessori ist die Stille nicht zweckorientiert, sondern eine „positive Eroberung", ein Zustand höheren Niveaus, der durch Hingabe, durch innere Sammlung, erreicht wird. Stille tritt in der Freiarbeit, in der frei gewählten, die Aufmerksamkeit polarisierenden Arbeit ein, wenn das Kind zeitweilig und zunehmend zu jenem schweigend-gesammelten Vertieftsein in eine Sache gelangt, das Montessori als „tätige Meditation" bezeichnet.

Wirkliche Vertiefung in eine Sache kann nicht über eine laute „Zugreif-Pädagogik" erfolgen, Vertiefung erfordert Empfangsbereitschaft, die Bereitschaft, sich einer Sache leise anzunähern, um die Stimme der Dinge wahrzunehmen. So meint Helming: „Der Gegenstand, der echtes Interesse erregt, wird nur da wirksam, wo nicht Lärm und Sensation herrschen."[32]

Ob eine Arbeit das Kind in seinem innersten Kern ergriffen hat, zeigt sich oft in der Haltung nach Abschluss der Tätigkeit. Helming schreibt dazu: „Den Schluss bildet ein gedankenvolles Ausruhen: das Kind arbeitet nicht mehr, betrachtet aber lange und ohne ein Wort zu reden die ausgeführte Arbeit, ehe es sich anschickt, alles aufzuräumen."[33] Die Kinder machen in solchen Phasen einen außerordentlich entspannten Eindruck, sie genießen den Zustand der Stille sichtlich.

Den Weg der Stille als Weg zu sich selbst, zur eigenen Mitte, will Montessori nicht nur über die frei gewählte Arbeit ermöglichen, sondern durch besondere Übungen aufbauen und unterstützen.

Manche Kinder, besonders jene, von denen wir sagen, dass sie ganz „außer sich" sind, tun sich schwer, mit sich selbst etwas anzufangen, Ruhe und Stille zu ertragen. Für sie sind unter anderem jene Übungen notwendig, die ihnen helfen, ihre Bewegungen zu koordinieren und kontrollieren (z. B. das Gehen auf der Linie mit verschiedenen Gegenständen), um allmählich die Fähigkeit der bewussten Einschränkung von Bewegungen zu erlangen.

3.2.3.1 Entstehung und methodischer Weg[34]

Ebenso wie das Phänomen der Polarisation der Aufmerksamkeit war auch die Entdeckung, dass Kinder zur Stille fähig sind und sie lieben, das Ergebnis einer Erfahrung Montessoris.

Das folgende Stilleerlebnis mit Kindern führte dazu, dass Montessori Übungen der Stille zu einem festen Bestandteil ihrer Methode machte. Eines Tages war eine Mutter mit einem vier Monate alten Baby im Kinderhaus. Montessori nahm das Kind in ihre Arme und war von der außerordentlichen Ruhe und Stille, die von diesem Säugling ausging, so beeindruckt, dass sie auch die Kinder, die im Raum waren, daran teilhaben lassen wollte.

„‚Es macht gar keinen Lärm', sagte ich, und scherzend fügte ich hinzu: ‚Niemand von euch könnte ebenso still sein.' Verblüfft beobachtete ich, wie sich der Kinder rings umher eine intensive Spannung bemächtigte. Es war, als hingen sie an meinen Lippen und fühlten aufs tiefste, was ich sagte. ‚Sein Atem geht ganz leise', fuhr ich fort. ‚Niemand von euch könnte so leise atmen.' Erstaunt und regungslos hielten die Kinder den Atem an. Eine eindrucksvolle Stille verbreitete sich in diesem Augenblick. Man hörte plötzlich das Ticktack der Uhr, das sonst nie vernehmbar war.

Es schien, als hätte der Säugling eine Atmosphäre der Stille in dieses Zimmer gebracht, wie sie im gewöhnlichen Leben sonst nie besteht. Niemand machte auch nur die leiseste wahrnehmbare Bewegung, und als ich die Kinder später aufforderte, diese Übung der Stille zu wiederholen, gingen sie sogleich darauf ein. ...

Was sich hier kundgab, war eine innere Übereinstimmung, geboren aus einem tiefinneren Wunsch. Die Kinder saßen still bis zur Regungslosigkeit, beherrschten sogar ihre Atemzüge und hatten dabei heiter-angespannte Züge, so als seien sie in Meditation versunken."[35]

Nach diesem Schlüsselerlebnis – Kinder sind zur Stille fähig und lieben sie – begann Montessori die Übungen der Stille regelmäßig mit den Kindern durchzuführen.

Bei der „Lektion der Stille" handelt es sich im Gegensatz zu den individuellen Tätigkeiten der Kinder während der Freiarbeit um eine kollektive, gemeinsame Übung, die wie folgt verlaufen kann:

- **Phase der Vorbereitung**

Stille als inneres Ereignis kann nicht verordnet werden, sie setzt die Bereitschaft und Zustimmung aller, die an der kollektiven Aktion teilnehmen, voraus.

In manchen Montessori-Klassen wird gegen Ende der Freiarbeitsphase das Wort „Stille" an die Tafel geschrieben. Dies ist für die Kinder der Hinweis, dass sie mit der Vorbereitung auf die Übung beginnen sollen. Sie räumen ihre Materialien in die vorgesehenen Regale zurück und bereiten ihren Platz für die Übung der Stille vor, d. h. sie machen ihn „leer".

Dann nehmen die Kinder eine Ruhehaltung ein. „Die Hauptbedingung ist hierbei das Auffinden einer bequemen Lage, d. h. einer Lage im Gleichgewicht. Da sie bei dieser Übung sitzen, müssen sie es sich auf ihren Stühlchen oder auf dem Boden bequem machen."[36] Das Kind soll also eine bequeme Lage, aber gleichzeitig eine Lage im Gleichgewicht auffinden. Dies schließt eine schlampige Haltung, bei der man seine Glieder beliebig von sich streckt, aus.

Den Kindern können verschiedene Ruhehaltungen angeboten werden.[37] Wichtig ist jedoch, dass die Lehrerin immer wieder vorbildhaft Ruhehaltungen demonstriert. Montessori sagt dazu deutlich: „Da beschränkt sich die Lehrerin nicht darauf zu sagen ‚sitz stille!', sondern sie macht es selbst vor und zeigt ihnen, wie man völlig still sitzt."[38]

- **Phase der Durchführung**

Nun lenkt die Lehrerin die Aufmerksamkeit auf sich, auf die stillen Füße, den stillen Rumpf, die stillen Arme und den Kopf, der ebenfalls ganz ruhig ist. Auch die Atembewegungen sollen möglichst geräuschlos durchgeführt werden. Die Kinder versuchen diese Haltung nachzuahmen und ihre eigenen Bewegungen zu kontrollieren. Das Bewusstsein soll dazu gebracht werden, „die geringsten Bewegungen zu beachten, das Tun in allen seinen Einzelheiten zu kontrollieren, um zur absoluten Unbeweglichkeit zu gelangen, die zur Stille führt."[39]

Dies ist für viele Kinder nicht leicht, sie gelangen nur schrittweise und durch oftmalige Wiederholung dieser Übungen zu wirklicher Stille.

„Nach und nach, wenn jedes Kind unter eigener Kontrolle immer stiller wird, vertieft sich das Schweigen, bis es vollkommen und fühlbar wird."[40]

In dieser Phase des In-sich-versunken-Seins werden plötzlich leise, vorher nicht wahrgenommene Geräusche vernommen: das Ticken der Uhr, das Zwitschern eines Vogels, die Geräusche von Blättern, die vom Wind bewegt werden. Gelingt es einem Kind, sich ganz in sich zu begeben, „wird der Geist frei" und es kann ein Zustand des „All-eins-Seins" eintreten. Montessori sagt, „sie scheinen sich einer Art von Zauber hinzugeben"[41].

Stille öffnet den Weg zu sich selbst, man erfährt sich in einer inneren Welt, manche vielleicht zum ersten Mal.

- **Abschluss der Übung**

Für die Abschlussphase können die Fenster verdunkelt werden oder die Kinder schließen die Augen. Dann geht die Lehrerin oder ein Kind in eine Ecke der Klasse oder in einen Nebenraum und „‚ruft' die bewegungslosen Kinder eins nach dem anderen beim Namen; der Ruf wird flüsternd, d. h. ohne vokalischen Klang ausgeführt."[42] Das aufgerufene Kind erhebt sich leise und versucht dabei den Sitz nicht zu bewegen. Dann kommt es möglichst leise zur Lehrerin.

Bei diesem abschließenden „Appell" an den Einzelnen ist äußerste Konzentration erforderlich, damit man seinen Namen hört. Und jene Kinder, die zuletzt drankommen, müssen sich in großer Geduld üben. Montessori meinte anfangs, das geduldige Warten der Kinder mit Süßigkeiten belohnen zu müssen, „doch die Kinder wiesen sie entweder ab oder steckten sie in ihre Schürzentaschen"[43].

3.2.3.2 Wirkungen der Stilleübung

Übungen der Stille sind schulische Möglichkeiten innerer Sammlung, Möglichkeiten, den Strom des alltäglichen Tuns anzuhalten, zu unterbrechen und innezuhalten. Stilleübungen können somit Tore zur inneren Welt sein.

Montessori machte die Erfahrung, dass Kinder die Stille, die auf sie wie ein Zauber wirkte, genießen. Diese Freude ist für Montessori Ausdruck dafür, „dass der Einzelne auf ein höheres Niveau gehoben wird, wo ihn nicht die Zweckmäßigkeit, sondern die Eroberung als solche anspricht"[44]. Wenn das Sich-Versenken gelingt, befindet man sich geradezu in einer verfeinerten, subtileren Welt. Stille begünstigt so auch Staunen und Ehrfurcht, die Intuition, das Erahnen und Erkennen des Wesentlichen.

3.2.3.3 Die Haltung der Lehrerin

Eine wesentliche Voraussetzung für das Gelingen von Stilleübungen ist die Stille der Lehrerin. Sie muss die Fähigkeit haben, tatsächlich schweigen, still sein zu können und das auch durch ihre Körperhaltung, durch ihre Stimme und Blicke auszudrücken. Sie muss sich außerdem bewusst sein, dass das Erleben von Stille nie erzwungen, sondern nur durch eine Atmosphäre der Stille ermöglicht bzw. erhofft werden kann.

Stilleübungen haben also nichts zu tun mit einer subtilen Disziplinierungstechnik oder gar einer suggestiven Konzentrationstechnik, die geeignet wäre, Kinder für einen anschließenden Informationsinput vorzubereiten.

3.2.4 Gebundene Lernsituationen

Zwar nimmt die Freiarbeit bei Montessori sowohl hinsichtlich der Bildungs- und Erziehungsziele als auch bezüglich des Zeitumfangs eine zentrale Stellung ein, es haben aber durchaus auch gebundene Lernsituationen ihre Bedeutung für die Gestaltung des Unterrichts. So gibt es neben der Freiarbeit selbstverständlich Phasen, in denen gemeinsam gesungen, geturnt, gezeichnet oder gebastelt wird. Auch gemeinsame Lehrausgänge in die Natur, anschauliche Erzählungen des Lehrers oder ein themenorientiertes Gespräch haben ihren Platz im Unterricht der Montessori-Schule.

3.2.4.1 Das Gespräch

In Montessoris „Entwurf eines Stundenplans für das Kinderheim" hat das tägliche gemeinsame Gespräch – besonders ausführlich an Montagen oder nach schulfreien Tagen – einen festen Platz. Sie nennt es „Morgenunterhaltung"[45] meint aber keineswegs bloßes Gerede oder Geschwätz. Im Gegenteil, die Lehrerin soll nicht zulassen, dass Kinder von „inneren Familienvorkommnissen, über Nachbarn u. dgl. sprechen"[46], sondern sie soll Themen bzw. Gegenstände wählen, „die für ein gutes Gespräch geeignet sind"[47].
Solche Themen können sein:

- Tätigkeiten der Kinder am Vortag;
- Realisierung von in der Schule Gelerntem im Alltag;
- Erlebnisse „mit der Familie außerhalb des Hauses"[48];
- „öffentliche Ereignisse"[49], die sich in der Umgebung des Kindes zutragen und das besondere Interesse der Kinder erwecken.

Die Gespräche werden von der Lehrerin – meist mit einer Frage – eingeleitet. Dann sollen die Kinder selbst zum Thema sprechen und sich dabei an Tatsachen orientieren. Montessori will in diesen Gesprächen den Kindern nahe bringen, „welches die Dinge sind, um die sie sich einmal im Leben in ihren Gesprächen kümmern sollen"[50]. Nicht über andere reden – z. B. „intime Familienangelegenheiten ausplaudern"[51] – , sondern sich selbst zu einer Sache äußern und seinen Beitrag in einem themenorientierten Gespräch leisten; darin sieht Montessori den „besonderen erzieherischen Wert"[52] dieser Unterrichtssituation. Natürlich dienen solche Übungen auch „der Entwicklung der Sprachfertigkeit"[53], aber das Erzieherische, der Aufbau einer Gesprächskultur, hat Vorrang.

In den Montessori-Klassen, die mir bekannt sind, beginnt der Tag in der Regel mit Freiarbeit, sodass gebundene Formen, wie das Gespräch, eher am Ende des Vormittags eingebaut werden.

3.2.4.2 Die Erzählung

In Zusammenhang mit der kosmischen Erziehung stößt man bei Montessori auf eine Unterrichtsform, der in ihrer Methode insgesamt keine große Bedeutung zukommt, in diesem Rahmen aber einen besonderen Stellenwert hat: der anschauliche Vortrag, die engagierte Erzählung.

Montessori machte die Erfahrung, dass Kinder im Alter von sechs bis zwölf Jahren besonders empfänglich sind für die „großen Dinge" dieser Welt, für das, was die Welt zusammenhält: den kosmischen Plan. Sie meint, dass man bei Kindern dieses Alters ein „universales Bewusstsein"[54] erwecken und ausbilden kann, das in der Erkenntnis gipfelt, dass „in dieser Union jeder Mensch abhängig ist von anderen Menschen und jeder zur Existenz aller beitragen muss"[55]. Der kosmische Plan soll dem Kind vorgestellt werden „als eine packende Geschichte der Erde, auf der wir leben"[56].

Im Gegensatz zu der heute noch in den Grundschulen praktizierten Didaktik der konzentrischen Kreise (vom Nahen zum Fernen, vom Kleinen zum Großen) will Montessori dem Kind zuerst eine Vorstellung vom Ganzen vermitteln, denn „Einzelheiten lehren, bedeutet Verwirrung stiften, die Beziehung unter den Dingen herstellen, bedeutet Erkenntnisse vermitteln"[57]. Erst wenn man eine Vorstellung vom Ganzen hat, kann auch im Detail das Ganze erfasst werden. „Die Sterne, die Erde, die Gesteine, alle Formen des Lebens bilden in enger Beziehung untereinander ein Ganzes; und so eng ist diese Beziehung, dass wir keinen Stein begreifen können, ohne etwas von der großen Sonne zu begreifen!"[58]

Anschauliche Vorstellungen der Entwicklungsgeschichte der Erde und des Menschen können nach Montessori z. B. in Form von „Mythen oder Märchen" dem Kind nahe gebracht werden, sofern dahinter nur reale Wahrheiten der Natur und Geschichte stehen und nicht völlig phantastische Erfindungen.[59]

Elsner, er hat sich in besonderem Maße um die Umsetzung dieser Vorstellungen bemüht, greift die Wirkung der Erzählkunst auf und meint: „Die kosmische Erziehung lebt davon, dass der Lehrer den

Schülern viel und gerne erzählt. Es ist eine Form, einfache und komplizierte Vorgänge in der Welt den Kindern mitzuteilen."[60]

Auch Steenberg betont die Bedeutung der Fähigkeit, in einem wohlvorbereiteten, anschaulichen Vortrag z. B. „die Geschichte eines Felsens bis hin zum Sandkörnchen zu erzählen, an einem Stein die Geschichte der Welt lebendig werden zu lassen, in einem Wassertropfen das Geheimnis des Lebens zu entdecken"[61]. Diese Erzählungen sind nicht selten Ausgangspunkt für **Projekte**, die Kinder spontan in Angriff nehmen oder von der Lehrperson dazu angeregt werden.

3.3 Vorbereitung eines anregungsreichen Lern- und Erfahrungsraumes

Das Leben der Kinder kann sich nur dort entsprechend äußern, wo die Umgebung ihren Entwicklungsbedürfnissen entspricht bzw. sie herausfordert. Montessori weist nach Besuchen in öffentlichen Schulen vehement darauf hin, dass die Lernumgebung dem kindlichen Entfaltungsbedürfnis häufig nicht entspricht und Schulen alles eher als eine „Welt für Kinder" darstellen.

„Müssten wir nur einen Tag in einer Umgebung leben, die der entspricht, die wir unseren Kindern bereiten, wie ratlos wären wir!"[62] Sie kritisiert „die bedrückend wuchtigen Einrichtungen, die so oft nur dazu dienen, die Lebensenergien der Kindheit statt anzufachen, auszulöschen"[63].

Montessori beobachtete, wie Kinder stundenlang nahezu bewegungslos in fixierten Bänken saßen und dem Unterricht der Lehrerin zuhörten. Sie bemerkt dazu, dass diese Kinder „an ihre Plätze in der Bank ebenso geheftet sind wie der Schmetterling an die Stecknadel und sie ihre mechanisch erworbenen Kenntnisse zur Schau stellen wie der Schmetterling seine ausgebreiteten Flügel"[64].

Wenn Klassenzimmer, wie Halbfas manchen öffentlichen Schulen vorwirft, „lediglich Aufbewahrorte sind mit fremdbestimmten Verhaltensanweisungen und ohne Möglichkeiten vielfältigen Tuns"[65], darf man sich nicht wundern, wenn der einzige Drang der Kinder darin besteht, aus diesen Räumen bald wieder hinauszukommen. „Erst wo das Leben der Kinder sich seinen Ausdruck im Raum schaffen kann, entstehen beseelte Räume."[66]

Montessoris pädagogisches Konzept, den schöpferischen Selbstaufbau des Kindes, die Erringung von Selbständigkeit und Freiheit zu fördern, erfordert eine entsprechende Gestaltung der kindlichen Umwelt – eine **„vorbereitete Umgebung"**.

Für die Realisierung einer vorbereiteten Umgebung[67] ist sowohl eine Umformung der Umgebung Schule als auch eine Haltungsänderung der Lehrerinnen und Lehrer im Hinblick auf ihre Aufgaben notwendig. Es würde nicht ausreichen, eine Klasse mit Montessori-Material auszustatten. „Man muss sich klar darüber werden, dass es sich bei unserer Methode nicht darum handelt, der Lehrerin nur andere Lehrmittel in die Hand zu geben, sie im übrigen aber in der gleich tätigen Rolle zu belassen."[68]

Durch die vorbereitete Umgebung soll dem aktiven Kind ermöglicht werden, sich im Rahmen der „freien Arbeit" selbständig, d. h. aus eigenem Antrieb, für eine Aufgabe zu entscheiden und diese allein oder mit anderen an einem frei gewählten Arbeitsplatz in individuellem Tempo auf selbst gewählten Bahnen zu bewältigen.

3.3.1 Zur Beziehung von Kind und Umgebung

Montessori geht davon aus, dass das Kind über die Fähigkeit verfügt, sich selber durch aktive Erfahrungen in einer anregungsreichen Umwelt von innen heraus aufzubauen. Das Kind ist „Baumeister seiner selbst", denn „der geistige Organismus ist eine dynamische Einheit, die ihre Struktur durch aktive Erfahrungen in der Umwelt wandelt und von einer Energie (horme) geleitet wird."[69] Ein Wesensmerkmal für den schöpferischen Selbstaufbau, für die Entwicklung des Kindes, ist Aktivität.

„Tätigkeit ist es, die ihm zum Leben verhilft. – Und diese ist die Quelle, aus der alle seine Anstrengungen entspringen."[70]

Dazu stellt Holtstiege fest: „Die angepasste oder vorbereitete Umgebung muss so beschaffen sein, dass sie die Selbsttätigkeit des Kindes fördert mit dem Ziel, dass das Kind durch seine eigene Aktivität den Aufbau (die zunehmende Organisation) seiner Persönlichkeit vollziehen kann."[71] Für das aktive, handelnde Kind soll eine anregungsreiche Umgebung, eine Umgebung mit Offenbarungscharakter vorbereitet werden, die seinen Entwicklungsbedürfnissen entspricht, d. h. konzentriertes Tun („Polarisation der Aufmerksamkeit") als Voraussetzung zur Erringung von Freiheit ermöglicht.

Hierbei kommt der Lehrperson eine besonders verantwortungsvolle Aufgabe zu: Sie bereitet die Umgebung vor und jeder Gegenstand, den das Kind darin vorfindet, soll so ausgewählt sein und in einer Weise auf das Kind Rücksicht nehmen, dass „die aufeinander folgenden Neigungen des Heranwachsenden seinen jeweiligen Entwicklungsstand angemessen ansprechen, herausfordern und einen weiterführenden Lernprozess bewirken"[72].

3.3.2 Raum – Bewegung – Entwicklung

Montessori sieht einen engen Zusammenhang zwischen Raumgestaltung, Bewegungsmöglichkeiten und geistiger Entwicklung. „Betrachtet man aufmerksam ein Kind, ergibt sich evident, dass sich sein Verstand mit Hilfe der Bewegung entwickelt."[73] Das Kind erschließt sich die Welt vorwiegend handelnd, es greift sozusagen in die Welt der Dinge hinein und kommt über das Be-greifen zu Begriffen. Die Lernumgebung kann diese aktive Auseinandersetzung fördern oder behindern.

Beim jüngeren Kind fordert Montessori eine Umgebung, die besonders der Entfaltung geordneter Bewegungs- und Handlungsabläufe dient. Sie meint, dass viele Schulen so eingerichtet seien, dass zwar die Ordnung in der Schule gewährleistet sei, aber die Kinder keine geordneten Bewegungen erwerben können.

Unstrukturierte Flächen, künstliches, schattenloses Licht, thermische Gleichförmigkeit und unbehagliche Materialien regen den Organismus nicht an, sondern wirken lähmend.

Da wir von der Auseinandersetzung mit der uns entgegenstehenden Welt leben, der Organismus durch Niveauunterschiede angeregt wird, fordert z. B. Hugo Kükelhaus „baukörperlich-rhythmisierte Räume". Er meint: „Alle Didaktik, die sich nicht in einer organlogisch gebauten Kind-Umwelt abspielt, bewegt sich nicht nur in einem Vakuum, sondern produziert es auch."[74]

3.3.3 Raum und Sozialverhalten

Das soziale Leben soll durch konkretes Leben in sozialen Bezügen erfahren werden. Positive Ich-Du-Beziehungen können in Lernsituationen und durch Lernsituationen (nicht nur in Pausen, die meist zu kurz oder durch verordnete Aktivitäten verplant sind) praktiziert und Wirklichkeit werden. „Dieses Ziel könnte nicht erreicht werden, wenn man die Kinder still nebeneinander sitzen ließe, dann könnten ‚Beziehungen zwischen den Kindern' und das Sozialleben der Kinder nicht entstehen."[75]

In welchem Zusammenhang stehen nun Raum und positive Ich-Du-Beziehungen? Eine Lernumgebung bzw. Unterrichtsgestaltung, die das Bedürfnis nach aktivem Tun einschränkt, behindert das Auftreten der Polarisation der Aufmerksamkeit, jenes Phänomen, von dem Montessori die eigentlich bildenden Wirkungen erwartet. Sie beobachtete bei Kindern immer wieder, dass durch eine konzentrierte Tätigkeit, durch eine interessante, frei gewählte Arbeit, die die Kraft hat zu konzentrieren, soziale Gefühle der Hilfe und des Verständnisses für die anderen erwachen.

Die kindgerecht gestaltete Umgebung unterstützt die spontane Auseinandersetzung mit einem Lern- bzw. Entwicklungsmaterial und erleichtert dem Kind die Hingabe an eine Aufgabe. Phasen der Hingabe, der Polarisation der Aufmerksamkeit sind jene fruchtbaren Momente, in denen das Kind nicht nur neue Erkenntnisse gewinnt, sondern sich in seiner ganzen Persönlichkeit stärkt. Die aus einer konzentrierten Tätigkeit erwachsende Freude öffnet den Weg zum anderen.

„Wenn es aus seiner Konzentration erwacht, scheint es die Welt, die es umgibt, das erste Mal zu spüren wie ein unbegrenztes Feld für neue Entdeckungen; es bemerkt auch die Gefährten, denen es ein herzliches Interesse entgegenbringt. In ihm erwacht die Liebe für Personen und Dinge."[76]

Montessori beobachtete häufig, dass Kinder, die zuerst launenhaft und undiszipliniert waren, nach einem langen und konzentrierten Arbeitszyklus offen, freudig und interessiert auf andere zugingen und soziale Verbindungen aufnahmen. Die durch die vorbereitete Umgebung ermöglichte intensive Tätigkeit, die Wiederholung und eigene Kontrolle der Übungen haben das Kind gestärkt und ihm den Weg zum anderen geöffnet.

Einen wesentlichen Faktor für soziales Handeln in der Montessori-Schule stellt die Begrenzung des Materials – jedes ist nur einmal vorhanden – dar. Dadurch müssen sich die Kinder absprechen, auf die Bedürfnisse anderer Rücksicht nehmen, aber auch lernen, für die eigenen Ansprüche in einer Form einzutreten, die ein friedliches Miteinander gewährleistet. Entscheiden sich zwei oder mehrere Kinder für eine gemeinsame Arbeit, ist ein Planen und Aufteilen des Arbeitsvorgangs und ein Zusammenspiel der Kräfte notwendig – also Teamarbeit.

3.3.4 Gestaltungskriterien für die vorbereitete Umgebung

Folgende Gestaltungskriterien lassen sich bei Montessori für eine vorbereitete Umgebung erschließen:

- geräumige Klassen, ein Teil des Bodens bleibt frei (unbestellt),
- Einrichtungsgegenstände (z. B. Tische, Sessel) sind den Maßen und körperlichen Kräften der Kinder angepasst,
- die Räume und Gegenstände sind schön und gefällig,
- die Umgebung hat eine einfache Struktur und eine klare Gliederung,
- Begrenzung – das richtige Maß an Raum und Dingen,
- Materialien mit Aufforderungscharakter.

3.3.4.1 Raumgröße und Raumgestalt

In Bezug auf die Größe der Räume (in den öffentlichen Schulen sind in der Regel alle gleich groß oder gleich klein) haben Lehrer und Lehrerinnen nur begrenzt Möglichkeiten der Einflussnahme. Jede Lehrerin und jeder Lehrer stimmen aber gerne Montessoris Feststellung zu: „Wir alle empfinden die wohltätige Wirkung, die von einem Raum ausgeht, in dem die Hälfte des Bodens frei ist; es ist, als ob er uns eine einladende Bewegungsmöglichkeit in Aussicht stellte."[77] Die freie Fläche benutzen Kinder während der Freiarbeit häufig für Arbeiten am Boden. Sie legen dazu kleine Teppiche auf, um für sich und das Lernmaterial eine begrenzte Arbeitsfläche zu haben.

In vielen Montessori-Klassen sind Lernecken bzw. Lernbereiche eingerichtet, die den Raum gliedern und strukturieren. In einer gut strukturierten Lernumgebung sollten, wie Feuerstein aus Untersuchungen des Verhaltens von Kindern in unterschiedlich gestalteten Räumen ableitet, „kleine und große, enge und weite Raumteile, wenn möglich auch hohe und niedrige Räume zueinander in organischer Verbindung stehen"[78].

In manchen Montessori-Schulen werden auch Gänge und Vorräume in die Lernumgebung einbezogen. So sind beispielsweise in der Montessori-Schule Delft (Holland) die Klassenzimmer zu großen Vorräumen hin teilweise verglast und so mit diesen verbunden. Kasper schreibt dazu: „Der aktivste und komplexeste Punkt des Gebäudes ist dort, wo die Klassenzimmer und die Halle sich zueinander öffnen. Dies sind Zonen, wo die Kinder im Außenraum arbeiten, als ob sie vor dem Haus, doch noch auf dem eigenen Grundstück wären, außerhalb der Sicherheit des eigenen Klassenzimmers, aber nicht ausgeschlossen, noch im Blickfeld des Lehrers und dazugehörend."[79]

3.3.4.2 Angepasste Einrichtungsgegenstände

„Der erste Schritt ist, die Klassen in richtige kleine Kinderhäuser umzuwandeln und sie mit solchen Dingen auszustatten, die der Statur und den Kräften der hier beherbergten Wesen entsprechen.“[80] Das heißt, die „Einrichtungsgegenstände müssen den Maßen und körperlichen Kräften der Kinder angepasst sein, so dass diese sie von der Stelle rücken können, so wie wir die Möbel unseres Hauses.“[81]

In vielen Montessori-Klassen sieht man Kinder an kleinen leichten Einzeltischen arbeiten. Für die Alleinarbeit ist ein Einzeltisch günstiger als ein Zweiertisch, auf dem nicht selten ein Kampf um jeden Zentimeter Arbeitsfläche stattfindet. Wenn mehrere Kinder an einer gemeinsamen Aufgabe arbeiten, stellen sie die Tische selbständig um. Holtstiege sieht darin eine wesentliche Voraussetzung für konzentriertes Tun und meint: „Als Bedingung für die Ermöglichung der Polarisation der Aufmerksamkeit muss die Sitzordnung so gestaltet sein, dass sie die spontane Beweglichkeit vorsieht und zulässt.“[82]

Auch Regale oder Schränke haben jene Höhe, die es Kindern ermöglicht, Lernmaterialien problemlos zu holen und wieder an ihren Platz zurückzutragen. Dies ist eine wesentliche Voraussetzung dafür, dass Kinder ihr Lernen im Rahmen der Freiarbeit selbständig organisieren können.

3.3.4.3 Ästhetische Gestaltung der Lernumgebung

„Ein Kinderhaus soll in den kleinsten Einzelheiten schön und gefällig sein, denn Schönheit ermuntert zur Tätigkeit, zur Arbeit.“[83] Eine vorbereitete Umgebung ist für Montessori „eine Stätte der Kunst“[84], die mit Schönheit ausgestattet ist, denn „Schönheit regt gleichzeitig die Sammlung an und bietet dem müden Geist Ruhe“[85]. Ästhetische Gestaltung ist ein Prinzip, das Einheitlichkeit und Vielfalt verbindet. Montessori regt die enge Zusammenarbeit von Lehrpersonen mit Architekten, Künstlern und Psychologen an, um Räumen jene Gestalt zu geben, die dem Kind und seinen Entwicklungsbedürfnissen entspricht.

Lili Roubiczek beschreibt die Wirkung von ästhetischen Gegenständen treffend: „Es ist, als ob das Kind Freundschaft schlösse mit dem kleinsten Ding, und deshalb sollen wir Sorge tragen, dass nur Dinge in seine Umwelt kommen, die seiner Freundschaft wert sind, vor allem aber, dass sie so sind, dass die Freundschaft eine dauernde werden kann.“[86] Gegenstände, die kurzlebig bzw. bald unansehnlich sind, verhindern, dass das Kind eine verantwortungsvolle Beziehung zu seiner Umwelt aufbauen kann; sie fördern eher Gleichgültigkeit, Nachlässigkeit und Unachtsamkeit der Einrichtung gegenüber.

3.3.4.4 Klarheit und einfache Struktur

Eine mit Gegenständen verschiedenster Art überfüllte Klasse erdrückt das Kind mit Reizen und erschwert ihm die Orientierung und Übersicht. Eine kindgerechte Lernumgebung soll klar gegliedert und überschaubar sein.

„Das Kind, das ein Heim betritt, muss sozusagen dessen deutliches Bild im Gedächtnis haben, muss Genugtuung empfinden können, jedes einzelne Stück und dessen Standort zu kennen. Von diesem sicheren und beruhigenden Bewusstsein aus entwickelt sich das geistige Besitzrecht des Kindes auf die Umgebung, in der es leben muss, und in diesem Sinne ist diese tatsächlich zu seinem persönlichen Eigentum geworden.“[87]

Die äußere Klarheit und Ordnung soll das Kind beim Aufbau einer inneren Ordnung unterstützen. Freie Arbeit ist nur in einer geordneten Umgebung möglich. Eine mit Reizen überflutete Umgebung bewirkt beim Kind Unsicherheit. In einer Montessori-Klasse wird daher besonders auf eine geordnete Lernumgebung geachtet. „‚Aufräumen‘, alles wieder an seinen Platz stellen, diese Worte weisen auf eine Hauptsache hin, durch die die Umwelt auch für das Kind seine Gestaltung gewinnt. In der Tat, wenn jegliches Ding an seinen alten Platz kommen soll, muss es schon vorher seinen bestimmten Platz gehabt haben. Je mehr diese Vorbedingung erfüllt wird, um so mehr wird die gesamte Umwelt schon durch sich selbst eine ordnende Macht in der Tätigkeit des Kindes bedeuten."[88] Die geordnete Umwelt vermag somit Sinn für Ordnung und Verständnis für soziale Organisation zu wecken.

3.3.4.5 Begrenzung des Angebots

Klarheit und Strukturierung ist nur durch Begrenzung des Angebots möglich. Die „Umgebung enthält die Basis für den inneren Aufbau. Unter diesem Gesichtspunkt ist das Kriterium der Begrenzung zu beachten, d. h. das richtige Maß ‚an Raum und Dingen' zu haben."[89]

In einer Montessori-Klasse ist jedes didaktische Material einmal oder in wenigen Exemplaren vorhanden. Dadurch müssen die Kinder aufeinander Rücksicht nehmen, d. h. warten, wenn ein Material im Moment nicht frei ist, oder einen Weg der Zusammenarbeit suchen. Die Regale sind nicht mit Materialien überfüllt, weil dadurch ihr Aufforderungscharakter verloren ginge und das Kind bei der freien Wahl der Arbeit durch ein Überangebot an Dingen behindert würde.

Begrenzung ist aber auch unter dem Gesichtspunkt der Sensibilitäten, der Bedürfnisse der Kinder zu sehen. Materialien, die der Entwicklung der Kinder noch nicht bzw. nicht mehr entsprechen, regen nicht an und erschweren die Orientierung. Montessori machte immer wieder die Erfahrung, „dass Interesse und Konzentration in dem Grade wachsen, wie Verwirrendes und Überflüssiges ausgeschieden wird"[90].

3.4 Das Montessori-Material

Die von Montessori entwickelten Materialien stellen zweifellos ein wesentliches Element der vorbereiteten Umgebung dar. Sie sind aber nicht als Anschauungsmittel, sondern als Entwicklungsmaterialien bzw. Erfahrungsmaterialien gedacht, die „das Interesse des Kindes angemessen auf sich lenken und durch Anregungen zum Handeln die angesprochenen Sensibilitäten optimal fördern"[91].

Das Montessori-Material ist so gestaltet, dass es für das Kind Aufforderungscharakter hat, also Aktivität statt bloße Reaktion auszulösen vermag. Zur Auslösung intensiver Konzentration „genügen nicht Gegenstände irgendwelcher Art, sondern es muss eine Umgebung von ‚progressiven Interessen' gestaltet werden"[92]. Einzelmaterialien oder sogenannte Lernspiele, wie sie von verschiedenen Lehrmittelverlagen heute in Massen angeboten werden, verleiten häufig nur zu kurzen Tätigkeiten, zu einem schnellen Erledigen einer Aufgabe und vermitteln keinen wirklichen Einblick in die Struktur des Inhalts.

Entwicklungsmaterialien sollen einerseits Einblick in das Wesen einer Sache ermöglichen und andererseits beim Aufbau eigener Strukturen helfen. So bauen beispielsweise die Mathematikmaterialien systematisch aufeinander auf, ein Material greift ins andere hinein, sodass sie dem Kind „gestatten, jene geheimnisvollen Energien in seinem Inneren zu üben und zu entfalten, die es unentwegt und ohne Pause aufwärts steigen lassen, um ein Erwachsener zu werden"[93]. Es geht also nicht nur um das Erreichen fachdidaktischer Ziele, sondern das Material soll dem Kind ermöglichen, durch Selbsttätigkeit selbständiger, selbstsicherer und damit unabhängiger zu werden. Diese Unabhängigkeit drückt letztlich auch aus, dass das Kind das Material nicht mehr benötigt; es hat die Dinge auf eine neue Ebene, auf die Ebene der Abstraktion gehoben.

3.4.1 Merkmale der Montessori-Materialien

Damit ein Material zu einem Selbstbildungsmittel wird, muss es nach Montessori folgende Merkmale aufweisen:

• **Isolierung der Schwierigkeit**
Auch wenn Materialgruppen in einem systematischen Zusammenhang stehen, inhaltliche Vernetzungen darstellen, wird im einzelnen Material der Blick auf ein einziges Problem gelenkt. Und dieses Problem wird dem Kind durch die klare und einfache Struktur des Materials deutlich; es kann in kleinsten Schritten lernen.

• **Ästhetik**
Dinge, die von ihrer Form und Farbe her schön sind, haben eine ungleich höhere Anziehungskraft als lieblos hergestellte Massenartikel. Mit dem Merkmal Ästhetik ist nicht gemeint, dass Materialien so verziert sein sollen, dass sie dem Kind ins Auge springen. Das wäre Effekthascherei und würde das Interesse nur kurz ansprechen. Die Schönheit bezieht sich auf die Gestaltung des Inhalts. Materialien sollen so aufbereitet sein, dass die „Stimme der Dinge“ zum Durchbruch kommen kann.

• **Aktivität**
Die klassischen Montessori-Materialien erwecken die Aufmerksamkeit und das Interesse des Kindes und fordern zum Hantieren, zur Tätigkeit mit der Hand auf. Die aktive sinnliche Erfahrung regt zu Wiederholungen an und hält Aufmerksamkeit und Interesse über längere Zeit in Gang.[94]

• **Fehlerkontrolle**
Die Möglichkeit der Fehlerkontrolle ist ein entscheidendes Merkmal selbständigen Arbeitens. Das Kind soll bei seiner Arbeit eventuelle Fehler entdecken und korrigieren können. In der Regel ist es bei einem Montessori-Material nicht notwendig, dass die Lehrperson auf den Fehler hinweist, sondern die Sache selbst zeigt auf, dass sie nicht entsprechend bearbeitet wurde.

Materialien, die mit diesen Merkmalen „geladen“ sind, können nach Montessori „das Kind sozusagen an der Hand führen“[95] und haben dadurch, wie Holtstiege meint, „eine elementare Bedeutung für die basale Bildung von Intelligenz- und Persönlichkeitsentwicklung des Kindes“[96].

3.4.2 Übungen und Materialien für Kinderhaus und Grundschule

Montessori orientiert sich bei der Entwicklung von Übungen und Materialien an den phasenspezifischen Sensibilitäten der Kinder. Sie stellt nicht vorrangig die Frage, was aufgrund gesellschaftlicher Ansprüche alles an das Kind herangetragen werden soll, sondern welche Übungen und Materialien den Selbstaufbau des Kindes in der gegenwärtigen Phase optimal fördern können.

Nach Holtstiege lassen sich für Kinderhaus und Grundschule insgesamt vier Übungs- und Materialgruppen unterscheiden: 1. Übungen des praktischen Lebens; 2. Bewegungsübungen; 3. Sinnesübungen; 4. didaktische Materialien für Sachgebiete.[97] Während die ersten drei Übungs- und Materialgruppen schwerpunktmäßig im Kinderhaus, also bei den 3- bis 6-jährigen Kindern, eingesetzt werden, reichen die didaktischen Materialien für Sachgebiete in die Grundschule (7 bis 10 bzw. in manchen Ländern bis 12 Jahre) hinein bzw. stellen dort einen Schwerpunkt dar. Der Umfang des Materialangebots für die einzelnen Sachgebiete ist sehr unterschiedlich. So liegt beispielsweise für die Mathematik ein umfangreiches und didaktisch bis ins Detail durchdachtes Materialsystem vor, das den Ansprüchen einer modernen Mathematik-Didaktik durchaus gerecht wird. Für den Bereich Sprache hat Montessori ebenfalls eine Reihe außerordentlich wertvoller Materialien entwickelt, die aber in Teilbereichen einer Ergänzung – mit Orientierung an den Grundmaterialien! – bedürfen. Dies trifft auch für die Sachgebiete Biologie, Geografie oder Musik zu.

3.5 Die Haltung und die Aufgaben der Montessori-Lehrerin

In einer Montessori-Klasse, die diesen Namen zu Recht trägt, nimmt die Lehrerin eine Rolle ein – nein, es darf keine bloße Rolle, sondern es muss eine Haltung sein -, die, wie Montessori feststellt, „grundverschieden ist von jener anderer Lehrerinnen“[98].

Während in vielen Klassen Lehrer und Lehrerinnen sich selbst ins Zentrum stellen, „die eigene Persönlichkeit zum Mittelpunkt der kindlichen Aufmerksamkeit machen“[99], übt sich die Montessori-Lehrerin in Zurück-Haltung. Diese Haltung hat nichts mit Passivität zu tun, im Gegenteil, sie erfordert eine Wachheit und Offenheit, die nur durch innere Vorbereitung und lange Übung zu erreichen ist. Eine Haltungsänderung steht also bei Montessori am Anfang einer Erziehungs-Beziehung, in der der Erwachsene zurücktritt, um das Kind hervortreten zu lassen.

3.5.1 Einkehr und Umkehr – Grundbedingungen für pädagogisches Handeln im Sinne Montessoris

Montessori sagt deutlich, „wir bestehen mit Nachdruck darauf, dass der Lehrer sich innerlich vorbereiten muss: er muss mit Beharrlichkeit und Methode sich selber studieren, damit es ihm gelingt, seine hartnäckigsten Mängel zu beseitigen, eben die, die seiner Beziehung zum Kinde hinderlich sind. Um diese verborgenen Mängel zum Bewusstsein zu bringen, haben wir Hilfe von außen nötig, bedarf es einer gewissen Weisung; es ist unumgänglich, dass jemand uns auf das hinweist, was wir in uns erkennen sollen.“[100]

Mit diesen Aussagen wird sehr deutlich, dass man nicht dadurch zur Montessori-Lehrerin bzw. zum Montessori-Lehrer wird, indem man in einem Ausbildungskurs den Umgang mit dem didaktischen Material lernt und sich Wissen über die Methode aneignet – erforderlich ist eine „klare innere Haltung“[101], die nur durch stete Übung erworben werden kann. Der Weg zu dieser Haltung beginnt mit innerer Einkehr. Erwachsene sollen den Blick zuerst auf sich selbst richten, ihre Beziehung zum Kind reflektieren und auf eigene Fehlhaltungen aufmerksam werden.

Die Reflexion muss nach Montessori bei einem grundlegenden Irrtum des Erwachsenen im Verhältnis zum Kind ansetzen. Er verhält sich in vielen Fällen dem Kind gegenüber so, als sei er der „Baumeister des Kindes“. Hinter der oft durchaus gut gemeinten Einstellung, man müsse aus seinem Kind etwas machen, verbirgt sich der große Irrtum, der verhindert, dass das Kind sich entfalten kann.

Wenn das Kind zum Objekt – in der Schule zum Objekt der Belehrung – degradiert wird, kann sich sein innerstes Wesen nicht zeigen, und es wehrt sich auf verschiedenste Weise.

Nicht selten entsteht eine bewusste oder unbewusste Kampfsituation, in der der Erwachsene häufig mit subtilen Formen des Zorns reagiert. Da das Kind in einem Abhängigkeitsverhältnis zum Erwachsenen steht, nimmt es solche Beleidigungen auf sich und fühlt sich zudem noch schuldig.

Montessori fordert deshalb die Erwachsenen auf, sich „genauestens zu überlegen, was für Folgerungen aus dieser seelischen Lage des Kindes zu ziehen sind. Das Kind fasst eine Ungerechtigkeit nicht mit dem Verstand auf, aber es fühlt sie im Geist und wird niedergedrückt und innerlich verbogen. Reaktionen wie Schüchternheit, Lüge, Launenhaftigkeit, Weinen ohne sichtbaren Grund, Schlaflosigkeit, übertriebene Furcht stellen einen unbewussten Abwehrzustand des Kindes dar, dessen Verstand die tieferen Ursachen dafür in seinen Beziehungen zum Erwachsenen noch nicht durchblicken kann.“[102]

Montessori sieht im Stolz und Zorn, im Hochmut und Ärger jene Grundfehler, die Erzieher „in eine falsche Richtung in Bezug auf die Kinder“[103] bringen. Diese Grundfehler sind nur durch innere Einkehr und radikale Umkehr zu korrigieren. Der Erwachsene „muss den Stolz vernichten, der sich aus der Leere der Eitelkeiten erhebt“, und „sich den Wegen der Demut und Geduld weihen“[104].

Demut und Geduld als pädagogische Tugenden bekommen ihren Sinn nur im Hinblick auf Montessoris Sicht von der Entwicklung des Kindes. Montessori hat an Kindern in allen Teilen der Welt erfahren, dass sich in und nach Phasen der sich polarisierenden Aufmerksamkeit auf eine frei gewählte Tätigkeit die entscheidenden persönlichkeitsformenden Prozesse ereignen.

Montessori spricht von „außerordentlichen inneren Eigenschaften“[105], die sich bei den Kindern zeigten. Wer ein Kind, staunend versunken in seine Arbeit, beobachtet und erlebt, wie sich um diese Kristallisationspunkte die Persönlichkeit formt, kann Montessori verstehen, wenn sie Geduld und Demut als die notwendigen Tugenden, als „die notwendigen Wege, die Seinsweisen, um die Wahrheit zu erreichen“[106], betrachtet.

Da sich das Versenken in eine Sache nicht erzwingen lässt, muss der Erwachsene dem Kind eine Umgebung vorbereiten, in der sich seine Neigungen und Bedürfnisse äußern können bzw. herausgefordert werden, und ihn auf seinem Weg mit Geduld begleiten.

Ungeduldige Lehrerinnen und Lehrer, die mehr an den Stoff als an das Kind denken, verhindern die wirklich fruchtbaren Momente im Bildungsprozess, die zur Einwurzelung führen, denn „wer ungeduldig ist, weiß den Dingen nicht ihren Wert zu geben; er schätzt nur seine eigenen Impulse und seine eigene Befriedigung“[107].

Wer die verändernden Prozesse in Phasen der Polarisation der Aufmerksamkeit wahrzunehmen vermag und die aufbauenden Wirkungen beim Kind erlebt, verändert sich selbst und ist in der Lage, eine demütige, von pädagogischem Optimismus geprägte Haltung einzunehmen.

Dieser pädagogische Optimismus gründet bei Montessori in der Erfahrung und dem „Glauben, dass sich das Kind offenbaren wird durch die Arbeit“[108].

Aus dieser pädagogischen Grundhaltung kann der Erwachsene dem Kind wirklich helfen. Wirklich helfen bedeutet für Montessori, „dem Kind dazu verhelfen, von sich aus zu handeln, zu wollen und zu denken“[109]. Dies zu ermöglichen setzt pädagogische Liebe voraus, die Montessori von anderen Formen der Liebe abhebt: „Wenn man von Liebe zu den Kindern spricht, bezieht man sich oft auf das Umsorgen, die Liebkosungen, die man den Kindern zuwendet. ... Die Stufe, von der ich spreche, ist eine andere. Hier ist die Liebe nicht mehr persönlich oder materiell: Wer den Kindern dient, fühlt, dass er dem Geist des Menschen dient, dem Geist, der sich befreien muss.“[110]

3.5.2 Zu den Aufgaben der Montessori-Lehrerin

3.5.2.1 Ordnung und Pflege der vorbereiteten Umgebung

„Die erste Aufgabe der Lehrerin besteht“, wie Montessori schreibt, „darin, vor allen anderen Dingen die Umgebung zu pflegen. Das ist eine indirekte Arbeit, und wenn die Umgebung nicht gut gepflegt ist, wird es weder auf physischem noch intellektuellem oder spirituellem Gebiet wirkungsvolle und dauerhafte Ergebnisse geben.“[111]

Bei der Pflege der Umgebung ist besonders darauf zu achten, dass der Raum stets geordnet ist, die Entwicklungsmaterialien immer an ihrem Platz sind und bei keinem Material ein Teil fehlt. Wenn ein Kind sich auf die Arbeit mit einem Material konzentriert und plötzlich bemerkt, dass ein Materialteil fehlt, reißt die Konzentration ab und die Energien zerstreuen sich.

3.5.2.2 Kenntnis der Übungen und Materialien und der entsprechenden Technik der Einführung

Eine weitere Aufgabe der Montessori-Lehrerin besteht darin, das Kind mit der Umgebung und dem didaktischen Material in Verbindung zu bringen, denn frei wählen kann man nur unter Dingen, die man kennt. Manche Lehrerinnen meinen, so Montessori, „dass sie nur das Material zu verteilen brauchen, sich dann zurückziehen können und, was immer auch geschehen möge, Schweigen zu bewahren haben. Das Ergebnis ist eine große Unordnung in ihren Klassen."[112]

Die richtige Einführung der Kinder in den Gebrauch der Materialien – in der Regel durch individuelle Lektionen – ist von entscheidender Bedeutung. Montessori weist deutlich darauf hin und sagt: „Die Wirkung des Materials hängt weitgehend von der Lehrerin ab und ihrer Art, das Material darzubieten. Wenn sie den Kindern die Gegenstände anziehend zu machen versteht, wird ihre Unterweisung ebenso wichtig wie das Material selbst."[113]

Ob sich ein Kind von der Darbietung anziehen lässt, hängt einerseits von der Beziehung der Lehrerin zum Kind ab (Hat sie zum Kind jenen pädagogischen Bezug, dass dieses sich der Sache öffnen kann?) und andererseits von der Beziehung der Lehrerin zum Material (Ist sie in der Sache so beheimatet und in der Darbietung so sicher, dass „die Stimme des Materials" zum Durchbruch und das Kind mit ihm in Verbindung kommen kann?).

Die Montessori-Lehrerin muss also das Kind, die Materialien und ihre Wirkung genau kennen, damit sie weiß, wann sie ihm ein bestimmtes Material anbieten kann. Bei der Darbietung eines neuen Materials wird sie darauf achten, dass nur dieses eine Material auf dem Tisch oder Teppich liegt. Das Kind soll an seinem Arbeitsplatz durch keine anderen Gegenstände abgelenkt werden. Die Lektion erfolgt dann fast wortlos, denn die langsame und exakte Darbietung durch die Lehrerin bewirkt mehr als eine wortreiche Erklärung. Das Kind kann die Bewegungs- und Handlungsabläufe beobachten und nachvollziehen.

3.5.2.3 Behutsame Lenkung von ungeordneten Kindern

Freiarbeit wird gelegentlich in der Richtung interpretiert, dass Kinder in dieser Zeit sich selbst überlassen sind und tun können, was ihrer Laune entspricht. Montessori versteht unter Freiheit aber nicht Grenzenlosigkeit bzw. Beliebigkeit und unter Bedürfnis nicht Laune. Sie spricht von Entwicklungsfreiheit. „Damit meint sie", so Holtstiege, „die Befreiung von Hindernissen für die normale Entwicklung, die häufig sozialer Art sind."[114] D. h., um ein Kind in seiner Entwicklung wirklich zu unterstützen, muss unter Berücksichtigung des erreichten Entwicklungsstandes der zuzugestehende Freiheitsradius bei jedem Kind immer wieder neu ermittelt werden.[115]

„Die freie Wahl", so Montessori, „ist eine Tätigkeit höherer Ordnung"[116] und nur das Kind, das weiß, wessen es bedarf, um sein geistiges Leben zu üben und zu entwicklen, kann wirklich frei wählen. Man kann nicht von freier Wahl sprechen, wenn ein Kind von einem Gegenstand zum anderen geht und sich von oberflächlichen Reizen leiten lässt.

Montessori berichtet im folgenden Beispiel von einer Lehrerin, deren Kinder beim Eintritt in das Kinderhaus noch nicht jenen Grad an „Normalisation" erreicht hatten, der ihnen die freie Wahl der Arbeit ermöglicht hätte:

„Sie rissen sich zu Beginn alle Gegenstände gegenseitig aus den Händen; wenn ich versuchte, einen Gegenstand einem bestimmten Schüler zu zeigen, ließen die anderen fallen, was sie in den Händen hatten, und versammelten sich sinnlos und laut um uns herum. Wenn ich damit fertig war, einen Gegenstand zu erklären, grapschten alle danach und kämpften untereinander, um ihn zu besitzen. (...) Die Kinder zeigten keinerlei Interesse am Material. Sie gingen von einem Gegenstand zum anderen über, ohne bei einem zu verweilen."[117] Bei diesen Kindern waren offensichtlich die Kraft und die Fähigkeit, sich von einer Sache ansprechen zu lassen, verschüttet.

Montessori hat für Lehrpersonen in solchen Situationen zwar kein Rezept bereit, wie Ruhe und konzentriertes Tun in der Klasse einkehren können. Sie ist aber auch nicht der Meinung, dass sich geordnetes Tun von selbst – Warte, es wird schon! – ergeben wird, sondern fordert zum Handeln auf. „Die Lehrerin muss entscheiden, ob es besser ist, im allgemeinen Durcheinander die Stimme zu erheben oder einigen Kindern etwas zuzuflüstern, damit in den anderen Kindern die Neugier erwacht und sie so zur Ruhe gebracht werden."[118] Auch eine „kräftig angeschlagene Klaviersaite"[119] kann die Kinder auf den überhöhten Lärm aufmerksam machen.

Es wäre also nicht sinnvoll, in einer chaotischen und destruktiven Situation die sonst so notwendige Zurückhaltung zu zeigen. In dieser Situation plädiert Montessori für aktives Auftreten der Lehrerin. „In der Anfangsphase, wenn die erste Konzentration noch nicht eingetreten ist, muss die Lehrerin wie eine Flamme sein, deren Wärme aktiviert, lebendig macht und einlädt. Sie darf sich nicht fürchten, einen wichtigen psychischen Vorgang zu stören, denn er hat noch nicht begonnen."[120]

Die Lehrerin darf also durchaus ein Kind, das zu keiner Arbeit findet, zu sich rufen und ihm ein Material mit jener Lebendigkeit und Begeisterung präsentieren, die hoffen lassen, dass der Funke überspringt und das Kind eigeninitiativ am Material weiterarbeitet bzw. zu einem anderen Zeitpunkt bewusst auswählt.

Die Hilfen, die den Kindern auf dem Weg zur freien Wahl der Arbeit angeboten werden, sind durchaus verschieden. Aber jede Handlung muss darauf ausgerichtet sein, den Kindern, „die auf einen abschüssigen Weg geraten sind", „zum Wiederaufsteigen (zu) helfen".[121] Auch Esser/Wilde setzen sich mit der Situation von Kindern, die sich bei der Wahl der Arbeit schwer tun oder sich nicht auf eine Arbeit konzentrieren können, auseinander und zeigen Hilfsmöglichkeiten auf:

„Viele Kinder müssen erst einmal in die Lage versetzt werden, sich nach ihren inneren Gesetzen zu entwickeln. ... Einige Kinder wurden durch das Unverständnis der Eltern, die ihnen zum Beispiel zu wenig selbstbestimmtes Handeln zugestehen, in ihrer natürlichen Entwicklung gehemmt. Es fällt ihnen daher auch in der Freiarbeit schwer, Eigenaktivitäten zu entwickeln. Ihre Konzentrationsspannen sind kurz, häufig sind sie mehr an der Richtigkeit ihres Arbeitsergebnisses interessiert als an der eigentlichen Tätigkeit."[122]

Für diese Kinder werden konkrete Hilfen vorgeschlagen. „Kinder, die sich durch das reiche Angebot an Materialien mit der Wahl schwer tun, dürfen nicht sich selbst überlassen bleiben. Sie brauchen die Hilfe des Lehrers. Er macht ihnen Vorschläge für ein Material; so gelingt es den Kindern, sich auf eine Tätigkeit einzulassen.

Eine andere Form der Hilfe ist eine vorübergehende stärkere Lenkung durch den Lehrer. Das kann ein kleines Pflichtpensum sein, das der Lehrer vom Kind täglich verlangt."[123] Diese Unterstützung ist mit einer Krücke vergleichbar, die nur so lange verwendet wird, bis man wieder in der Lage ist, ohne diese zu gehen. Das heißt, sobald das Kind sich selber auf eine Sache konzentriert und sich an sie bindet, muss die Lenkung aufhören, denn Konzentration ist ein Hinweis, dass sich „das Leben anbahnt"[124]. Dies scheint der Schlüssel zu sein: Wenn es dem Kind gelingt, sich intensiv einer Tätigkeit zuzuwenden und dabei zu verweilen, erwacht auch das Interesse für andere Gegenstände, und es tritt wirkliche Disziplin ein.

3.5.2.4 Sorge um den sachgerechten Umgang mit dem Material

„Eine missbräuchliche Benutzung des Materials, sei es durch Unordnung oder für andere Bedürfnisse als die, welche es befriedigen kann, macht es nutzlos. Daraus ergibt sich eine Zersplitterung der Energie, Lärm: lauter Dinge, die das Kind von der Möglichkeit, sich zu konzentrieren, also von dem Ziel, besser zu werden und sich zu entwicklen, ablenken. (...) Hier muss dann die Lehrerin mit ihrer Autorität eingreifen, um der kleinen gefährdeten Seele beizustehen, um ihr bald sanft, bald energisch behilflich zu sein."[125]

Unmissverständlich zeigt Montessori hier Grenzen im Umgang mit dem Material auf. Aus ihrer Aussage lassen sich folgende Begründungen für ein Eingreifen bei launenhaftem Gebrauch eines Materials erkennen:

- Durch einen destruktiven Umgang mit dem Material können die aufbauenden Kräfte im Kind nicht zum Durchbruch kommen;
- der sachgerechte Umgang mit dem Material ist Voraussetzung, dass die Gesetzmäßigkeit der Sache zur Geltung kommt, und das wiederum ist Bedingung für die Bildungswirkung eines Gegenstandes.

Mit der freien Wahl der Arbeit ist also die Bindung an einen bestimmten Gegenstand und an einen Zyklus der Tätigkeit eingeschlossen. D. h., hat sich ein Kind für ein Material entschieden, bindet es sich insofern, als es sich an der Struktur der Sache orientieren und die begonnene Arbeit beenden soll. „Wenn das Kind gewählt hat, soll es mit den Materialien, die es braucht, nicht umgehen, ‚wie es will', sondern wie es diesen entspricht."[126]

Helming begründet die Notwendigkeit des sachgerechten Umgangs mit dem Material wie folgt: „Der Gehorsam gegenüber dem Gesetz des Gegenstandes begrenzt die äußere Freiheit des Kindes, hilft ihm aber zur inneren Freiheit, zu einer Überwindung seiner Launen, zu einer Bereitschaft für die Wahrheit der Dinge. Dieser Gehorsam öffnet das Tor zur Größe der Wirklichkeit."[127]

3.5.2.5 Teilnehmende Beobachtung

Eine Fähigkeit, die einer intensiven Übung bedarf, ist die teilnehmende Beobachtung. Nur allzu leicht geraten Lehrpersonen in die Rolle des „informellen Testers" und sind mehr an quantitativen Lernergebnissen als an qualitativen Lernprozessen der Kinder interessiert.

Ein wesentliches Ziel der teilnehmenden Beobachtung besteht darin, den Beginn einer konzentrierten Arbeitsphase zu erkennen und dann das Kind vor Störungen aller Art – Lob, Tadel, Hilfe oder auch nur ein Blick können genügen, um die Aktivität zu unterbrechen – zu schützen. Wie sensibel diese Anfangsphase ist, beschreibt Montessori eindringlich: „Wenn das Kind beginnt, sich für eine der Übungen zu interessieren, darf die Lehrerin es nicht unterbrechen, denn dieses Interesse entspringt den natürlichen Gesetzen und eröffnet einen Zyklus von Aktivität. Aber der Beginn ist so zerbrechlich, so fein, dass eine Berührung genügt, ihn verschwinden zu lassen wie eine Seifenblase und damit die ganze Schönheit dieses Augenblicks."[128]

Die in der Beobachtung geübte Lehrerin wird oft schon an der Körperhaltung des Kindes oder an seiner Gestik und Mimik erkennen, dass es beginnt, sich einer Tätigkeit hinzugeben. Sie wird dann auch bei Schwierigkeiten, auf die das Kind stößt, nicht helfend eingreifen, aus dem Wissen heraus, dass das Kind die Dinge allein tun muss, wenn es sich entwickeln soll.

Die teilnehmende Beobachtung ist eine Fähigkeit, die durch Übung entwickelt werden muss. Die Übung besteht unter anderem darin, „sich voll und ganz auf eine Arbeit zu konzentrieren, die scheinbar nur einen geringen Zweck hat"[129]. Bei kleinsten Tätigkeiten, wie z. B. essen, Schuhe binden oder Blumen gießen, kann man sich im bewussten Erleben und Wahrnehmen üben.

Als besonders geeignete Übungstätigkeit sieht Montessori das Mikroskopieren. Sie meint: „Ich würde die Lehrerinnen zur Beobachtung der einfachsten Formen der Lebewesen anleiten."[130] Das Mikroskopieren schult die Fähigkeit, kleinste Regungen des Lebens wahrzunehmen bzw. geduldig so lange das Gerät einzustellen, bis sich die Sache eröffnet. Ein Ungeübter wird vielleicht durch ein Mikroskop – unter dem sich ein Wasserfloh befindet – schauen und nichts als ein Wirrwarr an Linien erkennen. Je ungeduldiger er herumhantiert, desto weniger wird sich ihm zeigen, und er wird das Interesse verlieren. Der Geübte und Geduldige hingegen sieht das Herz dieses Tieres schlagen und staunt voller Ehrfurcht über das Leben.

Ähnlich verhält es sich bei der Beobachtung von aktiven Kindern. Nur wer sein Auge für das Auftreten von konzentrierten Arbeitsphasen geschult hat, die ersten Ansätze erkennt und dann nicht mehr eingreift und abwartet, wird staunend Phänomene wie Ausdauer, Konzentration, Disziplin, Freude und Heiterkeit bei Kindern wahrnehmen und, so Montessori, „eine ausgeglichene Freude verspüren und den unersättlichen Wunsch, sie zu beobachten"[131].

Der Respekt vor der Tätigkeit des Kindes und das Prinzip des Nicht-Eingreifens hat die Grenze dort, wo die Lehrerin erkennt, dass von einer Tätigkeit keine aufbauende Wirkung ausgeht. Sie sollte – und das ist zweifellos manchmal äußerst schwierig – unterscheiden können „zwischen Zuständen des Kindes, die sein geistiges Wohl fördern, und jenen, die nichts aufbauen können, nicht bildend sind oder seine Entwicklung geradezu schädigen, indem sie seine Kräfte nutzlos vergeuden"[132].

Alle Beobachtungen müssen darauf abzielen, dem Kind beim schöpferischen Selbstaufbau zu helfen. Erkennt die Lehrerin, dass bei einer Tätigkeit „die guten Kräfte des Kindes in der Unordnung sich zersplittern"[133], muss sie behutsam eingreifen, denn nicht eingreifen könnte in diesem Fall bedeuten, das Kind mit seinen Schwierigkeiten im Stich zu lassen.

3.5.2.6 Methodische Beobachtung

Um den Kindern geeignete Hilfen – z. B. Optimierung der Lernumgebung, Anbieten eines neuen Materials zum richtigen Zeitpunkt, Überprüfung der Wirkung von Materialien – zu geben, ist es notwendig, systematische Beobachtungen anzustellen und diese auch festzuhalten.

Die methodische Beobachtung kann die Arbeit und/oder das Verhalten eines Kindes in einer Freiarbeitsphase oder über einen längeren Zeitraum betreffen. Bei der Beobachtung eines einzelnen Kindes bietet sich das Anlegen einer Arbeitskurve an, auf der sowohl die Art der Tätigkeit (das Material) als auch die Intensität der Tätigkeit sichtbar wird.

Arbeit

Zustand

der Ruhe

Unordnung

Die beobachteten Tätigkeiten wurden von Montessori zum Beispiel in folgender Form eingezeichnet und festgehalten[134]:

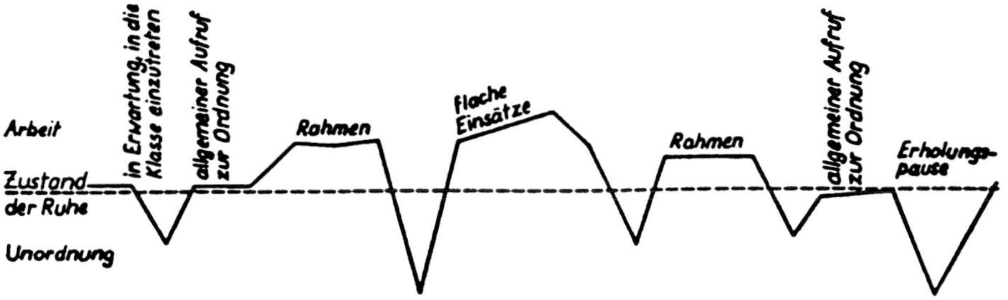

Wenn ein Kind, eine Kindergruppe oder die Lehrerin selbst über einen bestimmten Zeitraum möglichst ohne Unterbrechung beobachtet werden soll, ist es günstig, Methoden der Fremdbeobachtung durchzuführen. Das „Öffnen der Türen“ könnte damit zusätzlich bedeuten, die Klasse für Kolleginnen und Kollegen zu öffnen, um durch ihre Mithilfe unterrichtliches Handeln systematisch zu verbessern.

3.5.2.7 Der andere Umgang mit dem Fehler

Bei vielen Lehrpersonen herrscht die Meinung vor, dass Kinder nur dann Fortschritte machen, wenn man ihnen ihre Fehler aufzeigt. Sie sind häufig sogar stolz darauf, dass sie so „auf der Hut sind“, dass ihnen kaum ein Fehler entgeht. Was geschieht aber in der Regel mit dem entdeckten Fehler?

Man hält ihn dem Kind als Defizit vor, anstatt ihn als mögliche Energiequelle für Selbstkorrektur zu betrachten und zu nutzen. Die Art und Weise, wie mit dem Fehler umgegangen wird, führt kaum zu einem verantwortungsvollen Umgang mit der eigenen Arbeit. Werden Kinder für fehlerlose Arbeiten mit „Sternchen“ belohnt, zählen sie häufig nur noch die Sternchen und vergleichen die Anzahl mit jener von Mitschülern. Das Interesse an der Sache selbst nimmt dadurch nicht zu. Und jene, die schon wieder „bloß einen Haken“ bekommen haben, schauen diesen flüchtig an und sind ein weiteres Mal enttäuscht.

So sagt Montessori wohl zu Recht: „Alle Zensuren in den Heften und die Bemerkungen der Lehrerinnen erzeugen eine Verminderung der Energie und des Interesses.“[135]

Die Verminderung der Energie kommt dadurch zustande, dass dem Kind die Fehlerkontrolle aus der Hand genommen und dadurch zunehmend der Fehler von der Sache abgekoppelt wird. Die Konzentration auf Noten und andere Fremdbeurteilungen versperren dem Kind den Blick auf die Sache und machen es vom Erwachsenen abhängig. Stets darauf angewiesen zu sein, wie andere eine geleistete Arbeit beurteilen, führt bei manchen Kindern zu Gleichgültigkeit, bei anderen zu Unentschlossenheit und einem Mangel an Selbstvertrauen.

Früher gab es in der Schule die Methode, Kindern, die gehäuft Fehler machten, Eselsohren aufzusetzen. Montessori schreibt zur Wirkung treffend: „Und wenn sie das ganze Papier der Welt dafür verwendet hätten, Eselsohren zu machen, sie hätten nichts korrigiert.“[136]

Montessori vertraut dem Kind die Fehlerkontrolle an, weil ein Arbeitsprozess nur dann ein abgeschlossener ist und zu einem „Könnenserlebnis“ werden kann, wenn auch die Kontrolle der Arbeit eingeschlossen ist. Die Selbstkontrolle über das Material ermöglicht dem Kind, einen Fehler selbst zu entdecken und diesen durch Wiederholung der Tätigkeit zu korrigieren.

Bei der Durchführung der Kontrolle zeigt die Sache selbst dem Kind den Fehler auf, d. h. dass ihr Anspruch noch nicht entsprechend zur Geltung gekommen ist. Damit wird dem Fehler viel an Dramatik genommen, „er wird zu einem Gefährten, der mit uns lebt und einen Sinn hat“[137].

Wer die Möglichkeit des Fehlers in seine Arbeit einbeziehen muss, ist mit einer ganz anderen Wachheit und Verantwortung bei der Sache als derjenige, dem die Fehlerkontrolle abgenommen wird. Mit der Möglichkeit der Selbstkontrolle gibt Montessori dem Kind eine Richtschnur in die Hand, an der es selbst feststellen kann, ob es sich auf dem richtigen Weg befindet. Dies stellt eine große Hilfe auf dem Weg zur Unabhängigkeit und Selbständigkeit dar.

3.5.3 Zwölf Ratschläge Montessoris an eine Lehrerin

Im Rahmen des internationalen Ausbildungskurses in Innsbruck (1951) fasste Montessori in einem Schreiben an die Kursteilnehmer/innen die zentralen Aufgaben der Lehrerin/ des Lehrers in einer Montessori-Schule wie folgt zusammen:

- „Die Umgebung muss auf das Genaueste gepflegt werden, sodass sie immer rein, sauber und ordentlich ist. Man schmückt sie durch anziehende Ornamente, wie dies ein Diener tun würde, der den Herrn erwartet und für ihn das Haus schön macht.
- Führt man die praktischen Übungen vor, zeigt man den Gebrauch der Gegenstände mit Liebe und Sorgfalt. Jedes Kind soll die Dinge der Umgebung bei Beschäftigungen richtig gebrauchen.
- Die Lehrerin hat so lange aktiv zu sein, bis die Beziehung zwischen Kind und Umgebung hergestellt ist. Wenn dies der Fall ist, zieht sie sich mehr und mehr zurück.
- Die Lehrerin muss das Kind beobachten, es soll ihr nicht entgehen, wenn das Kind vergeblich einen Gegenstand sucht oder Hilfe braucht.
- Sie muss dort sein, wo sie gebraucht wird.
- Sie muss zuhören und die richtige Beziehung finden können, wenn sie dazu eingeladen wird.
- Sie muss die Arbeit des kleinen Kindes respektieren können, ohne sie zu unterbrechen.
- Sie muss den, der Fehler macht, respektieren, ohne ihn zu korrigieren.
- Sie muss denjenigen, der sich ausruht oder den anderen bei der Arbeit zusieht, respektieren, ohne ihn zurechtzuweisen oder zur Arbeit zu zwingen.
- Sie muss unermüdlich sein im Versuch, die bereits von einem Kind zurückgewiesenen Gegenstände neuerdings vorzuführen. Demjenigen, der nicht gelernt hat und Fehler macht, soll sie behilflich sein, indem sie die Umgebung beseelt durch ihre Pflege, mit ihrem aufmerksamen Schweigen, milden Worten und ihm mit jener Art entgegenkommt, die dem Menschen eigen ist, der liebt.
- Die Lehrerin lässt jenem, der sucht, ihre Gegenwart fühlen und zieht sich von dem, der gewählt hat, zurück.
- Die Lehrerin erscheint dort, wo das Kind seine Arbeit beendet und seine Anstrengungen freiwillig aufgegeben hat, indem sie schweigend ihre Seele wie einen geistigen Gegenstand anbietet.“[138]

Anmerkungen

1 Montessori, M.: Spannungsfeld Kind – Gesellschaft – Welt. Freiburg 1979, S. 82

2 Vgl. Holtstiege, H.: Modell Montessori. Freiburg ^{7}1994, S. 132

3 Montessori, M.: Über die Bildung des Menschen. Freiburg 1966, S. 16

4 Montessori, M.: Die Entdeckung des Kindes. Freiburg ^{10}1991, S. 355

5 Schulz-Benesch verwendet als Herausgeber des Montessori-Buches „Spannungsfeld Kind – Gesellschaft – Welt“ diesen Begriff in der Einleitung zum Kapitel „Grundriss der Montessori-Schule“ und meint, dass bei Montessori das „Gesamt“ keinen kurzfristig-schulpolitschen, sondern einen anthropologischen Akzent aufweise.

6 Holtstiege, H.: Modell Montessori, a. a. O., S. 134

7 Siehe z. B. Elsner, H./Esche, J.: Das Kölner Montessori-Zentrum. In: Scheid, P./Weidlich, H. (Hg.): Beiträge zur Montessori-Pädagogik 1977. Stuttgart 1977, S. 27–49

8 Montessori, M.: Das kreative Kind. Freiburg ^{7}1989, S. 202

9 Montessori, M.: Spannungsfeld Kind – Gesellschaft – Welt, a. a. O., S. 87

10 Montessori, M.: Das kreative Kind, a. a. O., S. 204

11 Ebd., S. 204

12 Ebd., S. 204

13 Montessori, M.: Spannungsfeld Kind – Gesellschaft – Welt, a. a. O., S. 82

14 Ebd., S. 83

15 Ebd., S. 86

16 Montessori, M.: Das Kind in der Familie. Wien 1928, S. 55

17 Montessori, M.: Das kreative Kind, a. a. O., S. 200

18 Montessori, M.: Grundlagen meiner Pädagogik. Heidelberg ^{7}1988, S. 23

19 Montessori, M. zit. nach Steenberg, U.: Kinder kennen ihren Weg. Ulm und Münster 1993, S. 32 f.

20 Vgl. Schulz-Benesch, G.: Über „Freiarbeit“ im Sinne Montessoris. In: Montessori Werkbrief. 22. Jg., 1984, H. 3/4. S. 97–115

21 Esser, B./Wilde, Ch.: Montessori-Schulen. Reinbek bei Hamburg 1989, S. 67

22 Vgl. Steenberg, U.: Kinder kennen ihren Weg, a. a. O., S. 34

23 Esser, B./Wilde, Ch.: Montessori-Schulen, a. a. O., S. 67-72

24 Helming, H.: Montessori-Pädagogik. Freiburg ^{14}1992, S. 65

25 Montessori, M.: Die Entdeckung des Kindes, a. a. O., S. 72

26 Ebd., S. 168

27 Ebd., S. 109 f.

28 Ebd., S. 173

29 Ebd., S. 173

30 Vgl. ebd., S. 170

31 Vgl. Montessori. M.: Die Entdeckung des Kindes, a. a. O., S. 171ff., ebenso Holtstiege, H.: Erzieher in der Montessori-Pädagogik. Freiburg 1991, S. 73

32 Helming, H.: Montessori-Pädagogik, a. a. O., S. 71

33 Ebd., S. 70

34 Holtstiege hat Montessoris Schilderungen der Stilleübungen analysiert und einen methodisch-didaktischen Weg zur Durchführung von Übungen der Stille aufgezeigt. In: Holtstiege, H.: Montessori-Pädagogik und soziale Humanität. Freiburg 1994, S. 115–134

35 Montessori, M.: Kinder sind anders. Frankfurt-Berlin-Wien 1980, S. 172

36 Montessori, M.: Mein Handbuch. Grundsätze und Anwendung meiner neuen Methode der Selbsterziehung der Kinder. Stuttgart 1928, S. 38 f.

37 Vgl. dazu Lenz, A.: Die Bedeutung der Stille in der Montessori-Pädagogik. In: Haberl, H. (Hg.): Montessori-Pädagogik. Beiträge zur Theorie und Praxis. Wien 1994, S. 163 ff.

38 Montessori, M.: Mein Handbuch, a. a. O., S. 38

39 Montessori, M.: Die Entdeckung des Kindes, a. a. O., S. 195

40 Montessori, M.: Mein Handbuch, a. a. O., S. 39

41 Ebd., S. 39

42 Ebd., S. 40

43 Montessori, M.: Kinder sind anders, a. a. O., S. 174

44 Montessori, M.: Die Entdeckung des Kindes, a. a. O., S. 195

45 Montessori, M.: Selbsttätige Erziehung im frühen Kindesalter. Stuttgart 1930, S. 112 f.

46 Ebd., S. 118

47 Ebd., S. 118

48 Ebd., S. 118
49 Ebd., S. 118
50 Ebd., S. 118
51 Ebd., S. 117
52 Ebd., S. 118
53 Ebd., S. 118
54 Montessori, M.: „Kosmische Erziehung". Freiburg-Basel-Wien 1988, S. 24
55 Ebd., S. 27
56 Ebd., S. 36
57 Ebd., S. 42
58 Ebd., S. 42
59 Vgl. ebd., S. 57
60 Elsner, H.: „Erzählstoff" zur „Kosmischen Erziehung". In: Montessori Werkbrief. 28. Jg., 1990, H., S. 120/21
61 Steenberg, U.: Kinder kennen ihren Weg. Ulm und Münster 1993, S. 67
62 Montessori, M.: Das Kind in der Familie. a. a. O., S. 87
63 Montessori, M.: Mein Handbuch, a. a. O., S. 15
64 Montessori, M.: Selbsttätige Erziehung im frühen Kindesalter, a. a. O., S. 13
65 Halbfas, H.: Lernen als räumliche Erfahrung. In: Halbfas, H.: Religionsunterricht in der Grundschule. Lehrerhandbuch 1. Düsseldorf 1991, S. 32
66 Ebd., S. 32
67 Vgl. z.B. Hammerer, F.: Die „Vorbereitete Umgebung" – ein wesentliches Element der Montessori-Pädagogik. In: Haberl, H. (Hg.): Montessori-Pädagogik. Beiträge zu Theorie und Praxis. Wien 1994, S. 77–86
68 Montessori, M.: Mein Handbuch, a. a. O., S. 31
69 Montessori, M.: Das kreative Kind, a. a. O., S. 74
70 Montessori, M.: Dem Leben helfen (hg. u. eingel. v. G. Schulz-Benesch). Freiburg 1992, S. 58 f.
71 Holtstiege, H.: Modell Montessori. a. a. O., S. 128
72 Holtstiege, H.: Maria Montessoris Neue Pädagogik. Freiburg 1987, S. 89
73 Montessori, M.: Das kreative Kind, a. a. O., S. 129
74 Kükelhaus, H.: Organismus und Technik. Frankfurt/Main 1979, S. 56
75 Montessori, M.: Schule des Kindes, Freiburg [3]1989, S. 165
76 Montessori, M.: Das kreative Kind, a. a. O., S., 246
77 Oswald, P./Schulz-Benesch, G.: Grundgedanken der Montessori-Pädagogik. Freiburg 1967, S. 75
78 Feuerstein, G.: Raum- und Wandgestaltung. In: Niederle, Ch. (Hg.): Methoden des Kindergartens. 1. Sonderdruck der Fachzeitschrift „Unsere Kinder". Linz 1985, S. 23 f.
79 Kasper, H.: Erfahrung und Lernen im Raum. In: Halbfas, H./Maurer, F./Popp, W. (Hg.): Neuorientierung des Primarbereichs. Band 5: Lernwelten und Medien. Stuttgart 1976, S. 185
80 Montessori, M.: Grundlagen meiner Pädagogik, a. a. O., S. 39
81 Montessori, M.: Das Kind in der Familie, a. a. O., S. 88
82 Holtstiege, H.: Modell Montessori, a. a. O., S. 133
83 Montessori, M.: Dem Leben helfen, a. a. O., S. 57
84 Oswald, P./Schulz-Benesch, G.: Grundgedanken der Montessori-Pädagogik, a. a. O., S. 77
85 Montessori, M.: Schule des Kindes, a. a. O., S. 139
86 Roubiczek, L.: Über die Umwelt des Kindes. In: Die Quelle. 78. Jg. 1928, S. 767
87 Montessori, M.: Mein Handbuch, a. a. O., S. 25
88 Ebd., S. 24
89 Holtstiege, H.: Montessoris Neue Pädagogik, a. a. O., S. 88
90 Montessori, M.: Kinder sind anders, a. a. O., S. 169
91 Holtstiege, H.: Modell Montessori, a. a. O., S. 113
92 Montessori, M.: Das kreative Kind, a. a. O., S. 185
93 Standing, E. M.: Maria Montessori. Leben und Werk. Oberursel/T. o. J., S. 173
94 Vgl. Holtstiege, H.: Modell Montessori, a. a. O., S. 113
95 Montessori, M.: Die Entdeckung des Kindes, a. a. O., S. 33
96 Holtstiege, H.: Modell Montessori, a. a. O., S. 109
97 Ebd., S. 94 ff.
98 Montessori, M.: Mein Handbuch, a. a. O., S. 31
99 Ebd., S. 31
100 Montessori, M.: Kinder sind anders, a. a. O., S. 208

101 Ebd., S. 208
102 Ebd., S. 211
103 Montessori, M. zit. nach Holtstiege, H.: Modell Montessori. Freiburg [7]1994, S. 159
104 Montessori, M.: Schule des Kindes, a. a. O., S. 129
105 Ebd., S. 214
106 Ebd., S. 130
107 Ebd., S. 127
108 Montessori, M.: Das kreative Kind, a. a. O., S. 249
109 Ebd., S. 254
110 Ebd., S. 255
111 Ebd., S. 250
112 Montessori, M.: Dem Leben helfen, a. a. O., S. 65
113 Ebd., S. 61
114 Holtstiege, H.: Maria Montessori und die reformpädagogische Bewegung. Freiburg 1986, S. 124
115 Vgl. ebd. S. 124
116 Montessori, M.: Das kreative Kind, a. a. O., S. 244
117 Montessori, M.: Schule des Kindes, a. a. O., S. 88 f.
118 Montessori, M.: Das kreative Kind, a. a. O., S. 242
119 Ebd., S. 242
120 Ebd., S. 251
121 Ebd., S. 242
122 Esser, B./Wilde, Ch.: Montessori-Schulen, a. a. O., S. 74 f.
123 Ebd., S. 75
124 Montessori, M.: Schule des Kindes, a. a. O., S. 88
125 Montessori, M.: Die Entdeckung des Kindes, a. a. O., S. 173
126 Helming, H.: Montessori-Pädagogik. Freiburg [14]1992, S. 67
127 Ebd., S. 68
128 Montessori, M.: Das kreative Kind, a. a. O., S. 252
129 Montessori, M.: Schule des Kindes, a. a. O., S. 127
130 Ebd., S. 132
131 Ebd., S. 134
132 Montessori, M.: Dem Leben helfen, a. a. O., S. 66
133 Ebd., S. 65
134 Montessori, M: Schule des Kindes, a. a. O., S. 98
135 Montessori, M.: Das kreative Kind,a. a. O., S. 221
136 Ebd., S. 221.
137 Ebd., S. 222
138 Die zwölf „Ratschläge für die Lehrerin in einer Montessori-Schule“ wurden den Kursteilnehmerinnen in Übersetzung übermittelt. An dieser Stelle bedanke ich mich bei Erika Hoffleischhacker, die mir die Unterlagen zur Verfügung gestellt hat.

4. Entstehung der ersten Montessori-Initiativen in Österreich

In bisher vorliegenden Berichten[1] über die Anfänge der Montessori-Bewegung in Österreich wird der Beginn mit der Entstehung der Montessori-Schule, Wien X, Troststraße 98, im Jahr 1922 angesetzt.

Einzelinitiativen lassen sich jedoch schon früher nachweisen. So berichtet eine Kindergärtnerin[2] aus St. Pölten, sie habe sich bereits 1910 mit Montessoris Buch „Il metodo della pedagogia scientifica“ auseinander gesetzt und Grundideen in ihrer Arbeit realisiert. Sicher gäbe es eine Reihe ähnlicher Beispiele, sie können aber noch nicht als Beginn einer Bewegung angesehen werden.

Rudolf Hauser weist 1930 in einem Bericht über die „Montessori-Bewegung in Österreich“[3] darauf hin, dass 1917, also noch während des Ersten Weltkrieges, vom Orden der „Weißen Franziskanerinnen“ in Wien das erste Montessori-Kinderhaus eröffnet wurde. Daran orientiert, wird auch in der vorliegenden Arbeit der Anfang der Montessori-Bewegung in Österreich mit 1917 angenommen.

4.1 Das Montessori-Kinderhaus der „Weißen Franziskanerinnen“

Die Ordensschwestern kamen mit der Montessori-Pädagogik über die Ordensniederlassung in Rom in Verbindung. Montessori machte die dortigen Schwestern in der Via Giusti mit ihrer Methode bekannt. Von dort verbreitete sich eine Überlieferung in die anderen Ordenshäuser, darunter über ein Zwischenglied in Mailand auch nach Wien. Später besuchten einige der Wiener Schwestern einen Ausbildungskurs bei Maria Montessori. Dieses erste Kinderhaus befand sich in einer Baracke im 20. Bezirk, Leystraße. Die Kosten wurden weitgehend vom Orden übernommen, sodass nur ein geringer Teil der Eltern Kostenbeiträge leisten musste.

1923 wurde vom Orden im gleichen Bezirk ein zweites Montessori-Kinderhaus eröffnet. Im selben Haus führten die Schwestern auch eine Kindergruppe nach den Prinzipien von Fröbel. Sie strebten nicht eine Pseudosynthese dieser beiden Wege an, sondern führten diese beiden Traditionen nebeneinander – ein deutlicher Hinweis auf die ernsthafte Auseinandersetzung.

Nun stellt sich natürlich die Frage, weshalb diese Arbeit kein größeres Echo in der Öffentlichkeit fand. Hauser vermutet, dass – der Aufgabenstellung des Ordens entsprechend – die Schwestern nicht besonders interessiert waren, ihre Arbeit in der Öffentlichkeit herauszustellen und zu verbreiten.

4.2 Montessori regt die Gründung eines Instituts an

Im Jahr 1917 nahm Maria Montessori Kontakt zu verschiedenen Persönlichkeiten in Wien auf. Es sollte ein kleines Institut gegründet werden, das sich der Verbreitung der Montessori-Pädagogik in Österreich annehmen sollte. Montessori bat unter anderem Sigmund Freud um Unterstützung dieses Vorhabens. Er antwortete darauf mit folgendem Brief:[4]

Wien IX, Berggasse 19, 20. Dezember 1917

Verehrteste Frau
Ich habe mich ungemein gefreut, einen Brief von Ihnen zu erhalten. Von jeher mit dem Studium der kindlichen Seele beschäftigt, bringe ich Ihren ebenso menschenfreundlichen wie verständnisvollen

Bestrebungen große Sympathie entgegen, und meine Tochter, die analytische Pädagogin ist, zählt sich zu Ihren Anhängerinnen. Ich bin sehr gerne bereit, den Aufruf zur Gründung eines kleinen Instituts, wie es von Frau Schaxel geplant wird, neben Ihnen zu unterschreiben. Der Widerstand, den mein Name beim Publikum erwecken könnte, muss durch den Glanz, der von Ihrem Namen ausstrahlt, überwältigt werden.

Ihr herzlich ergebener
Freud

Dieses Vorhaben dürfte nicht weiter verfolgt worden sein, denn erst in den zwanziger Jahren kam es zu einer weiteren Montessori-Initiative.

Anmerkungen

1 Kramer, R.: Maria Montessori. Leben und Werk einer großen Frau. München 1977, S. 271; Worliczek, E.: Das pädagogische Prinzip der Montessori-Pädagogik und dessen Realisierung in Österreich. Dissertation. Salzburg 1983, S. 129

2 Mical, S.: Sinnesübungen und ihr Wert für das Kleinkind. In: Die Quelle, 75. Jg., 1925, H. 9, S. 975 ff.

3 Hauser, R.: Die Montessori-Bewegung in Österreich. In: Vierteljahreszeitschrift für wissenschaftliche Pädagogik. 6. Jg., 1930, S. 588–594

4 Freud, S.: Briefe 1873–1939. Frankfurt 1968, S. 394

5. Die Montessori-Schule, Wien X, Troststraße

5.1 Zur Entstehungsgeschichte

Bei einer Hilfsaktion in Wien, die nach dem Ersten Weltkrieg durch Quäker von England aus organisiert wurde, kam der Mitarbeiter Lawrence A. Benjamin[1], ein junger australischer Architekt, zur Ansicht, dass Wien eine Stadt sei, in der man moderne Erziehungseinrichtungen schaffen müsste, um wenigstens das Elend der Kinder zu mildern. Nach seiner Rückkehr nach London besuchte Benjamin 1921 den internationalen Montessori-Ausbildungskurs und begegnete dort Lili Roubiczek, einer in Österreich lebenden Studentin aus Prag, die, von Montessori angeregt und unterstützt, selbst großes Interesse am Aufbau einer Montessori-Einrichtung in Wien hatte. Sie planten zusammen mit Margaret Priestman, sie war ebenfalls Teilnehmerin am Montessori-Kurs in London, von England aus das „Haus der Kinder", eine Montessori-Schule, die im 10. Wiener Gemeindebezirk entstehen sollte. Eine Erbschaft, die Benjamin machte, war das Startkapital.

Im Jahr der Eröffnung (1922) wurden 45 Kinder im Alter von 2 bis 4 1/2 Jahren aufgenommen, sodass man von einem typischen Montessori-Kinderhaus sprechen kann. Die Vierjährigen wurden jedoch bis zum Schuljahr 1924/25 schulpflichtig, und so war es notwendig, eine Schulklasse zu eröffnen. Der Stadtschulrat genehmigte den Schulversuch zur Führung einer ersten und zweiten Elementarklasse nach den Grundsätzen Montessoris.

Damit war der Grundstein für eine idealtypische Montessori-Schule, in der Kinderhaus und Schule in einem Gebäude untergebracht sind, gelegt. Da im ersten Jahr der Führung einer Klasse lediglich fünf Kinder schulpflichtig waren und die Arbeit mit einem einzigen Jahrgang (und dazu noch einer so kleinen Gruppe) nicht im Sinne der Montessori-Pädagogik wäre, wurden die 5-jährigen Kinder, die noch nicht schulpflichtig waren, mit den schulpflichtigen Kindern zusammen in eine Gruppe gegeben, die von Emma Spira betreut wurde. So waren in einem Raum etwa 35 Kleinkinder im Alter von etwa 2 bis 5 Jahren und in einem zweiten Raum etwa 10 Kinder im Alter von 5 und 6 Jahren.

In der Montessori-Pädagogik sind Gruppen mit mehreren Jahrgängen ein pädagogisches Prinzip. Montessori sieht einen Bildungsweg vor, der sich nicht vorrangig an gegliederten Institutionen, sondern am Kind und seiner Entwicklung orientiert. Für sie stellt der Bildungsweg des Kindes eine Einheit dar, was in einem flexiblen System zum Ausdruck kommen soll. Das heißt, zwischen Kindergarten, Volksschule und Hauptschule bzw. Gymnasium bestehen fließende Übergänge in der Weise, dass ein Kind durch offene Türen „geistige Spaziergänge" zwischen diesen sich möglichst in einem Haus befindenden Bereichen machen kann. Man darf annehmen, dass sich das Gründungsteam dieser Montessori-Einrichtung an diesem Modell orientierte und den Bildungsweg des Kindes von Anfang an als Schule, als Montessori-Schule, bezeichnen wollte. Jedenfalls schreibt Roubiczek bereits 1924: „Das Haus der Kinder Wien X ist bis heute die einzige Schule in Oesterreich, die durchaus nach den Grundsätzen Frau Dr. Maria Montessoris geleitet wird."[2]

5.2 Das Gebäude

In einem ebenerdigen Pavillon, einer Tagesheimstätte (Zita-Heim) im 10. Wiener Gemeindebezirk, Troststraße 98, die während des Krieges errichtet worden war, um den Müttern, die in den Fabriken arbeiteten, zu helfen, konnte das Vorhaben, eine Montessori-Schule zu eröffnen, verwirklicht werden. Das Gebäude wurde dem Gründungsteam von der Stadt Wien zur Verfügung gestellt, für die Einrichtung mussten sie selber aufkommen.

Abb. 1:
Vorderer Teil des Schulgebäudes mit Garten

5.2.1 Der Arbeitsraum und die Einrichtung

Das Zentrum des Hauses bildete ein heller, geräumiger Saal, der mit warmen, ansprechenden Farben ausgemalt war. In diesem Raum spielte sich fast das ganze tägliche Leben der Kinder ab. Der Saal hatte zwei Nischen, abgeschlossene Winkel mit ein paar bequemen Sesseln, in die sich Kinder zurückzogen, wenn sie allein und ungestört sein wollten. Für Besucher gab es eine Galerie, die von der Rückseite des Hauses zugänglich war.

Abb. 2:
Arbeitsraum mit Galerie für Besucher

Die Einrichtungsgegenstände des Hauses wurden von einem tschechischen Tischler, Herrn Knize, der in der Nachbarschaft seine Werkstatt hatte, hergestellt. Ganz im Sinne Montessoris entsprachen die bunten leichten Möbel der Größe und den Kräften der Kinder. Die Stühle und Tische hatten unterschiedliche Formen. Die Mehrzahl der Tische war rechteckig, manche rund und manche quadratisch. Aber alle so gestaltet, dass die Kinder sie selber an einen anderen Ort tragen konnten. Sogar Türklinken und Wasserhähne waren in einer Höhe angebracht, dass die Kinder sie selbständig benutzen konnten. Roubiczek schreibt dazu: „Die einzelnen Einrichtungsgegenstände sind – fast hätte ich gesagt ‚klein' –, nein, klein sind sie nicht, ebensowenig, wie unsere Möbel in unseren Wohnungen ‚groß' sind. Sie sind dem Kinde angepasst, sie entsprechen dem Kinde, so wie unsere Möbel uns entsprechen, und deshalb erscheinen sie uns ‚großen' Menschen ‚klein'."[3]

Die Montessori-Materialien waren auf Stellagen und Wandbrettern so angeordnet, dass jedes einzelne Stück gut sichtbar war. Manche Materialien wurden in niedrigen Schränken mit Glastüren untergebracht. Diese Türen waren so montiert, dass sie ganz zurückgeschlagen werden konnten und nicht störend vorstanden. In einem anderen kleinen Kasten hatte jedes Kind eine Lade – mit seinem Namen beschriftet – für Blätter, Stifte u. a. Jedes Ding im Raum hatte seinen Platz, nicht irgendeinen. Klarheit und Struktur sind für die Orientierung des Kindes notwendig.

Besonderer Wert wurde darauf gelegt, die Umgebung und die Dinge so schön zu gestalten, dass von ihnen „ein Ruf" an das Kind ergehen konnte. Roubiczek betont die Bedeutung haltbarer, ästhetischer Gegenstände für die Entwicklung der Kinder: „Wir fordern einen schönen Raum und schöne Gegenstände – nicht weil wir vor allem ästhetische Ideale haben –, sondern weil schöne Dinge uns einladen sie zu gebrauchen – während Dinge, die dem gleichen Zweck dienen, aber hässlich sind – uns gleichgültig lassen."[4] Zu den schön gestalteten Dingen im Raum entwickelt das Kind eine besondere Beziehung. „Es ist, als ob das Kind Freundschaft schlösse mit dem kleinsten Ding, und deshalb sollten wir Sorge tragen, dass nur Dinge in seine Umwelt kommen, die seiner Freundschaft wert sind, vor allem aber, dass sie so sind, dass die Freundschaft eine dauernde werden kann."[5]

In diesem Sinne wurden auch schöne Porzellanteller und Schalen in entsprechendem Format für die Mahlzeiten der Kinder angeschafft. Einen Satz von wertvollen Trinkbechern (Bauhaus-Design) bekamen sie als Geschenk von der Montessori-Schule Jena.[6]

Lisl Herbatschek (verh. Braun Barnett), ab 1924 Mitarbeiterin in der Schule, beschreibt ihre ersten Eindrücke vom Haus: „The building itself was attractively laid out, the color combination in the rooms was striking – yet tastefully artistic, and the proportions of the pretty furniture were in all instances purposeful. Every object was beautiful and it was apparent that attention had been given to the minutest detail."[7]

5.2.2 Die Veranda und der Garten

Vom Saal aus gab es einen direkten Zugang zu einer großen Veranda. Von dort führte eine Tür in den Garten, wo sich unter anderem ein kleines Planschbecken für die Kinder befand. Die Veranda, deren Glasfenster in der warmen Jahreszeit entfernt werden konnten, war ein besonders beliebter Arbeitsplatz. Roubiczek hält die Veranda deshalb für einen wichtigen Raum, da sie die Vorteile des Gartens und des Zimmers einschließt. Die Terrasse „gibt die Ruhe des begrenzten Raumes und doch die Gelöstheit, die wir im Freien empfinden"[8].

Der Garten war so gestaltet, dass sowohl die jüngeren als auch die älteren Kinder einen entsprechenden Bewegungsspielraum hatten. Für das kleine Kind sollte ein Garten jene Größe haben, dass es sich, wenn es allein draußen ist, nicht verlassen, sondern „geborgen und sicher fühlt – wie man sich an einem Ort fühlt, wo einem jeder kleinste Gegenstand bekannt und vertraut ist,"[9] fordert Roubiczek. Emma Spira (verh. Plank), eine Mitarbeiterin von Lili Roubiczek, beschreibt ihre erste Begegnung mit der Montessori-Schule: „Wir gingen von der Endstation der Straßenbahn weiter und da war dieses Kinderparadies da, das sich gleich eröffnete, wenn man die Tür aufmachte, denn die Gartentür hatte den Türöffner in Kinderhöhe, die Stiegen waren in Kinderhöhe, sodass man sofort gewusst hat, man ist in einer Welt von anderen Dimensionen."[10]

5.3 Die Lehrerinnen und die Kinder der Montessori-Schule

5.3.1 Die Lehrerinnen – eine Arbeitsgemeinschaft

Schon nach wenigen Monaten hatte sich um das Gründungsteam eine Gruppe junger idealistischer Frauen gebildet, die ihre ganze Kraft in den Aufbau dieser Einrichtung investieren wollten. Einige von ihnen wohnten sogar in der Schule, und so hatte sich für das Team bald der Name „Arbeitsgemeinschaft" eingebürgert.

Die Leitung hatte Lili Roubiczek. Sie wurde 1898 in Prag als Kind einer recht wohlhabenden Familie – der Vater war Textilfabrikant – geboren, studierte an der Universität in Prag Biologie, wechselte dann aber auf das Studium der Pädagogik. 1920 verließ sie ihre Heimat und begann in Wien das Psychologiestudium bei Prof. Karl Bühler, der ihr Interesse für die Sprachentwicklung beim Kleinkind weckte, was in späteren Jahren zu einem ihrer Hauptforschungsfelder wurde.[11] 1921 nahm Roubiczek in London an einem Ausbildungskurs von Maria Montessori teil und begann 1922 im Alter von 24 Jahren mit dem Aufbau der ersten Montessori-Schule in Österreich.

Abb. 3:
Lili Roubiczek,
Leiterin der Montessori-Schule

Bis auf die Leiterin war im ersten Jahr kein Erwachsener an der Schule tätig. „Es wurden alle Arbeitsgebiete wie pädagogische Assistenz, Körperpflege der Kinder, Küchenverwaltung und Hausarbeit, Buchführung und Bibliotheksverwaltung von 16- bis 19-jährigen Mädchen versorgt."[12] Roubiczek schreibt zu dieser besonderen Konstellation: „Die Gründer hatten die Umgebung der Kinder in der Schule sehr sorgfältig vorbereitet und wollten nun für die Arbeit Menschen finden, die Freiheit des Wesens mit selbstvergessener Hingabe an das Werk verbanden. Ohne dabei von irgendwelchem Prinzip auszugehen, bestand der Stab der Schule nach wenigen Wochen ausschließlich aus Jugendlichen."[13]

Im ersten Jahr hatte die Gemeinschaft fünf, zeitweise sieben Mitglieder. Zur Arbeitsgemeinschaft gehörten 1922/23: Lili Roubiczek, Kitty Verständig, Hedwig Schwarz, Emma Nuschi Spira, Franzi Schlamm, Betti Prager und Lisa[14], die Hausgehilfin. Im Jahr 1923/24 kamen Hilde Fischer, Steffi Schlamm und Lisl Herbatschek dazu.

Abb. 4:
Die Montessori-Arbeitsgemeinschaft 1924, v. l. n. r.: Lisl Herbatschek (verh. Braun Barnett), Hilde Fischer (verh. Uhlir), Kitty Verständig (verh. Shiva Rao), Lili Roubiczek (verh. Peller), Steffi Kohaut (verh. Schlamm), Betti Prager, (andere Namen nicht mehr eruierbar)

Einen Einblick, wie sich die Mitglieder der Arbeitsgemeinschaft fanden, sollen die folgenden Berichte vermitteln.

Emma N. Spira (verh. Plank) erzählt über ihre Aufnahme: „Ich hatte gerade das sechsjährige Lyzeum des Schulvereins der Beamtentöchter abgeschlossen, ich war 16 und meine Freundin auch, und wir wollten absolut in die moderne Erziehung einsteigen."[15] Eine Anstellung im öffentlichen Schuldienst schien ihnen in der Situation der Nachkriegszeit nahezu hoffnungslos. „Und da hörten wir, dass es das ‚Haus der Kinder' im 10. Bezirk geben soll. Wir gingen hinaus und haben zu Lili Roubiczek gesagt, dass wir sehr gerne uns ausbilden möchten. Und da hat Lili uns mitgeteilt: ‚Ja, wenn ihr die Küche übernehmt, so verspreche ich euch eine Ausbildung im Laufe der Jahre, und ihr könnt auch hier wohnen, wir haben eine kleine Wohngemeinschaft.'"[16]

Abb. 5:
Emma Spira (verh. Plank),
von 1922–1938 Montessori-Lehrerin in Wien

Hilde Fischer (verh. Uhlir) berichtet: „Ich war 16 und besuchte eine Privaterzieherinnenschule. Wir machten mit einem Erzieher, er wurde später mein Mann, eine Exkursion in die Montessori-Schule in den 10. Bezirk. Und als wir dort waren, sagte ich mir, hier möchte ich arbeiten."[17] Lili Roubiczek teilte ihr bei der Vorstellung mit, dass sie ihr keinen Lohn geben könne und dass sie eine praktische Ausbildung in Säuglingspflege bei Prof. Reuss in Döbling machen müsse. Hilde Fischer war damit einverstanden, besuchte drei Monate den Kurs und schloss ihn mit einem Zeugnis ab. Am 1. Dezember 1923 begann sie mit der Arbeit (hauptsächlich pädagogische Assistenz) im Haus der Kinder.

Im zweiten Jahr stieß auch die Musiklehrerin Lisl Herbatschek (verh. Braun Barnett) zur Arbeitsgemeinschaft. Sie war eine begabte Pianistin, deren unkonventionelle Lebensanschauung ihre korrekten, gebildeten, der oberen Mittelschicht angehörenden Eltern zur Verzweiflung trieb.

Wie viele der jungen Leute, die sich von Montessori magnetisch angezogen fühlten, war sie auf der Suche nach einer Aufgabe, bei der sie sich und ihre Talente einsetzen konnte. „Ich wusste nicht, was ich wollte, aber ich wollte mich nicht hübsch anziehen und auf Bälle gehen oder heiraten. Ich interessierte mich für indische Ideen, für Theosophie und zugleich dafür, etwas zu tun, um die Welt zu verbessern."[18]

In der Pause eines Konzerts von Wanda Landowska im Wiener Musikverein traf sie Lili Roubiczek mit zwei Freunden, mit denen diese das Haus der Kinder gegründet hatte. Roubiczek hörte, dass Lisl Musikstudentin und an der Montessori-Methode interessiert sei, und lud sie in die Schule in den 10. Bezirk ein.

Dazu schreibt Herbatschek: „I accepted the invitation gratefully. The visit influenced my future life. During the day I spent at the school, it was not Lili's personality alone which impressed me so much. It was the school, which was Lili's original creation. ... When she accepted my request to work with her, I felt fortunate, as indeed the years have proven me. My activities were to consist of ‚helpers work' in the office, garden, reception and rest rooms, observing and, later on, assisting teaching and making music every day for the children."[19]

Die Arbeitsgemeinschaft fand ihren Ausdruck auch im gemeinsamen Wohnen. Da die ersten Kinder schon um halb sieben Uhr eintrafen, mussten die Mitarbeiterinnen sehr früh in der Schule sein, und da wäre eine Anreise von anderen Bezirken aus zu umständlich gewesen. Im ersten Jahr wohnten die Mitarbeiterinnen in der Schule. „Wir haben auf den Liegestühlen der Kinder geschlafen. Jede von uns ist am Samstag nach Hause gegangen, um zu baden und ein anständiges Mittagessen zu kriegen. Wir haben dann Wurst und Butter und andere Sachen mitgebracht für unseren gemeinsamen Haushalt. Es war uns sehr recht, dass wir durch unsere eigene Arbeit unser Brot verdienten."[20] Und es war tatsächlich nur das Essen, das sie sich verdienten, denn für die Arbeit konnte kein Lohn ausbezahlt werden.

Abb. 6:
Die Montessori-Lehrerinnen leben in einer Wohngemeinschaft

Die Betriebskosten und die Kosten für die täglichen Nahrungsmittel wurden weitgehend von Lili Roubiczek, die monatlich von ihrer Familie in Prag eine gewisse Summe bekam, und vom Schulgeld, es betrug 300 Kronen im Jahr 1922 und stieg durch die Inflation im Jahr 1924 auf 30.000 Kronen pro Tag an, beglichen. Im zweiten Jahr des Bestehens bekam die Schule jedoch vom Jugendamt der Stadt Wien für jedes Kind einen Unterstützungsbeitrag wie die öffentlichen Kindergärten. Trotzdem konnten nicht alle Eltern das Schulgeld aufbringen. Ein ehemaliger Schüler berichtet, dass ihn seine Mutter nach dem ersten Schuljahr (1925) in eine öffentliche Schule geben musste, weil sie das Schulgeld nicht mehr bezahlen konnte.

1925 konnten Lili Roubiczek und einige ihrer Mitarbeiterinnen in einen Gemeindebau umziehen. Roubiczek hatte eine Wohnung mit Zimmer und Küche, Spira mit ihrer Freundin zusammen eine Wohnung mit einem Zimmer, einem Kabinett und einer Küche. Es war ihnen wichtig, in der Umgebung der Kinder zu wohnen. „Wir haben auf dem Niveau der Bevölkerung draußen gelebt. Die Wohnung hatte das Wasser am Gang. Und wenn die Kinder sagten, möchtest du heute zu uns kommen und das neue Baby anschauen, so war man eben dort und ist nicht von einem bequemen Standort aus hingefahren.“[21]

5.3.2 Auswahl und Ausbildung der Mitarbeiterinnen

Roubiczek weist auf drei Aufgabenbereiche hin, die sich im ersten Arbeitsjahr vordringlich stellten.

- „Herausfinden der geeigneten Erzieherinnen für die Montessori-Methode;
- Ausbildung von Montessori-Lehrerinnen, resp. Vorbereitung zu einer Montessori-Ausbildung;
- vorbildliche Erzeugung aller Gegenstände, die zur Umgebung des Kindes gehörten.“[22]

Aus den Notwendigkeiten zur Führung der Schule, den pädagogischen Vorstellungen Roubiczeks und den besonderen Interessen der Mitarbeiterinnen entstand ein Ausbildungskonzept, das drei Bereiche umfasste:

- die praktische Ausbildung,
- die soziale Ausbildung und
- die wissenschaftliche Ausbildung.

5.3.2.1 Zur praktischen Ausbildung

Voraussetzung für die Mitarbeit in der Montessori-Schule war die Bereitschaft, sich für ein praktisches Jahr zu verpflichten. Man musste seine pädagogischen Pläne zuerst einmal zurückstellen und bei allen Arbeiten, die es in der Schule gab, mit anfassen und sich bewähren. Je nach Eignung erhielt jede nach einigen Wochen einen Arbeitsbereich, in dem sie weitgehend selbständig und verantwortlich war. So übernahmen z. B. Emma Spira und Betti Prager die Küche, andere übernahmen die Buchführung, die Bibliotheksverwaltung, die Hausarbeit, die pädagogische Assistenz oder die Körperpflege der Kinder.

Roubiczek hielt diesen Weg aus verschiedenen Gründen für sinnvoll:

- Die nur einseitig intellektuell eingestellten Menschen, die ein rein äußerliches Interesse für pädagogische Bestrebungen hatten, wurden abgehalten, sich für die Arbeit im Haus der Kinder zu bewerben.
- Die notwendigen Arbeiten im Haus wurden erledigt, ohne dass die Aufnahme von zusätzlichem Personal notwendig war.
- Die zukünftigen Lehrerinnen bekamen eine gründliche praktische Ausbildung, die in enger Verbindung mit Kindern stattfand.

Die Praktikantinnen konnten die Kinder und die Art, wie man mit den Kindern arbeitet, beobachten, um so zu prüfen, ob sie selbst für diese Art des Unterrichtens geeignet waren. Wenn sich aber während dieses Praxisjahres der Entschluss änderte, hatten die jungen Menschen nicht ein Jahr verloren, sondern auf mehreren Gebieten praktische Erfahrung aber auch an Verantwortung und Selbstständigkeit gewonnen.[23]

5.3.2.2 Zur sozialen Ausbildung

„Eine Montessori-Lehrerin muss zu ihren Kindern und zu den Menschen überhaupt eine positive Einstellung haben, starke Lebensfreude, Gemeinschaftssinn, psychologische Feinfühligkeit und Hingabe besitzen."[24] Diese Haltung sieht Roubiczek durch das zu harte und oft demütigende Erwerbsleben gefährdet. Bei vielen jungen Mädchen und Frauen könne man beobachten, dass in wenigen Jahren Mut, Idealismus und Lebensfreude in Bitterkeit, Engherzigkeit und Pedanterie umschlagen. Für die Mitarbeit in der Schule wollte Roubiczek Menschen, die mit großem Engagement selber jenes Gemeinschaftsleben vollziehen, das sie den Kindern weitergeben wollen. Und so fordert sie: „Beides, Schule und Erwerb, müssen unter einem Dach vereinigt werden, um jenes Gemeinschaftsleben zu erzeugen, in dem der künftige Lehrer leben und tätig sein soll. Nur so kann er am besten die sozialen Tugenden erwerben, die er einst bei seinen Schülern erwecken will." Die Arbeitsgemeinschaft hatte also eine Vision hinsichtlich des Zusammenlebens und der Organisation von Arbeit. „Bei uns fühlten sich alle gleich als Mitarbeiter, alle strebten dem gleichen Ziele zu, alle waren gleich verantwortlich. Damit war es von vornherein ausgeschlossen, eine Arbeit als minderwertiger als die andere zu betrachten"[25], berichtet Roubiczek.

5.3.2.3 Zur wissenschaftlichen Ausbildung

Parallel zur praktischen Arbeit im Haus der Kinder erfolgte die Ausbildung zur Montessori-Lehrerin. Das Programm, das Roubiczek vorgesehen hatte, war so umfangreich, dass zeitweise mehrere Abende pro Woche dafür verwendet wurden. Es umfasste:

- Lesen der Werke Maria Montessoris; Referate und Besprechungen zu den Grundgedanken der Montessori-Pädagogik;
- Einführung in die und Übung mit den Montessori-Materialien (einmal wöchentlich);
- Besprechungen über von einzelnen Mitgliedern gemachte Beobachtungen an den Kindern, ergänzt durch Tagebücher und statistische Aufzeichnungen;
- Einführung in andere pädagogisch-didaktische Bereiche, z. B. Rhythmische Erziehung, Gymnastik, Kunsterziehung;
- Einführung in Theorie und Praxis der modernen Naturwissenschaften (z. B. Teilnahme an einem mehrwöchigen biologischen Praktikum bzw. Mikroskopierkurs zur Schulung der exakten Beobachtung); Vorträge zu den Bereichen Soziologie, Psychologie und Architektur.
- Besuch eines Montessori-Ausbildungskurses im Ausland (um Montessori bei ihren Vorträgen ohne Übersetzung verstehen zu können, lernten mehrere Mitarbeiterinnen die italienische Sprache).[26]

Betti Prager nahm im Frühjahr 1924 an einem internationalen Montessori-Ausbildungskurs in Holland teil. Auch Emma Spira war im letzten Kursabschnitt anwesend (den Diplomkurs absolvierte sie 1926 in Berlin), hospitierte in Montessori-Einrichtungen und besuchte an der Universität Vorlesungen in Psychologie – ein deutlicher Hinweis auf den enormen Bildungswillen dieser jungen Leute.

Lisl Herbatschek, die Maria Montessori 1924 bei ihrem Besuch in Wien wegen ihrer musikalischen Begabung auffiel und von ihr gebeten wurde, mitzuhelfen, den musikalischen Bereich der Montessori-Methode weiterzuentwickeln, besuchte den Kurs 1925 in London und wohnte in Letchworth im St. Christopher's College. Da Lisl Herbatschek von ihrer Familie kein Geld für den Ausbildungskurs bekam, erbot sich Maria Montessori selber, ihr die Teilnahme am Kurs umsonst zu ermöglichen. Um etwas Geld zu verdienen, übernahm Lisl Herbatschek in einer Montessori-Schule Musikstunden.

Hilde Fischer, die im Dezember 1923 zur Arbeitsgemeinschaft stieß, besuchte gemeinsam mit Steffi Schlamm von Dezember 1926 bis März 1927 den Ausbildungskurs am Zentralinstitut für Erziehung und Unterricht in Berlin (eine Wohnmöglichkeit wurde ihr von Karl Kautzky bei einem sozialistischen Abgeordneten in Grunewald vermittelt). Halbtägig arbeitete Hilde Fischer in einem Montessori-Kinderhaus mit. Mit dem erworbenen Diplom war sie berechtigt, die Montessori-Methode an Schulen für 3- bis 10-jährige Kinder anzuwenden. Das Diplom berechtigte aber nicht zur Abhaltung von Lehrerausbildungskursen, was darauf schließen lässt, dass Montessori an Ausbildnerinnen und Ausbildner besondere Anforderungen stellte.

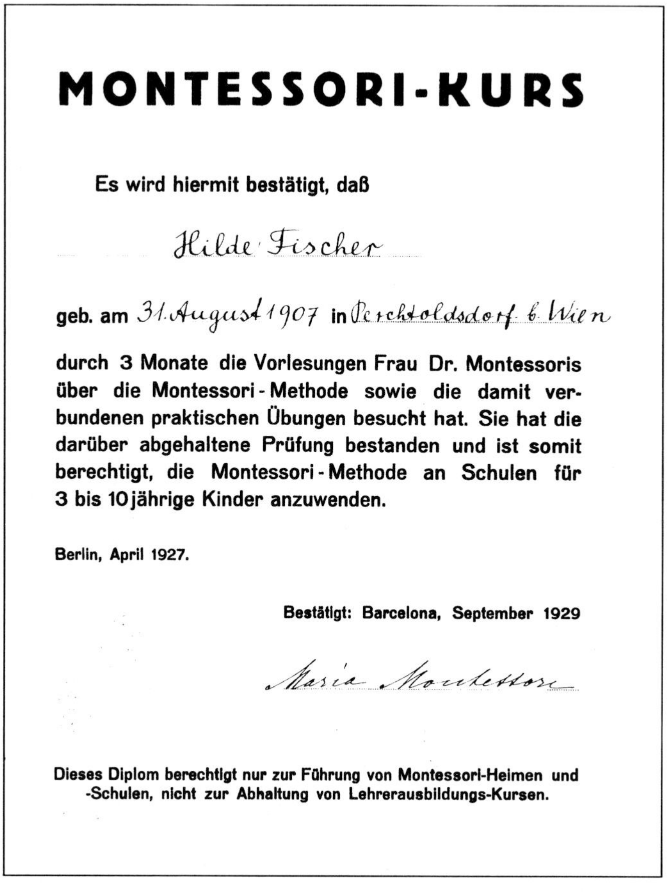

MONTESSORI-KURS

Es wird hiermit bestätigt, daß

Hilde Fischer

geb. am 31. August 1907 in Perchtoldsdorf b. Wien

durch 3 Monate die Vorlesungen Frau Dr. Montessoris über die Montessori-Methode sowie die damit verbundenen praktischen Übungen besucht hat. Sie hat die darüber abgehaltene Prüfung bestanden und ist somit berechtigt, die Montessori-Methode an Schulen für 3 bis 10jährige Kinder anzuwenden.

Berlin, April 1927.

Bestätigt: Barcelona, September 1929

Maria Montessori

Dieses Diplom berechtigt nur zur Führung von Montessori-Heimen und -Schulen, nicht zur Abhaltung von Lehrerausbildungs-Kursen.

Abb. 7:
Ausbildungsdiplom
von Hilde Fischer

5.3.3 Herkunft der Kinder

Im Herbst 1922[27] wurde das Haus der Kinder für 25 Kinder im Alter von zwei bis viereinhalb Jahren eröffnet. Die Kinder kamen nahezu alle aus dem 10. Wiener Bezirk (Favoriten), einem Arbeiterbezirk, und wurden vom städtischen Jugendamt X. zugewiesen.

Im zweiten Jahr kamen weitere Kinder aus anderen Bezirken dazu. So nahm zum Beispiel Hilde Fischer, ab Dezember 1923 Mitarbeiterin im Haus der Kinder, zwei kleine Buben (die Kinder einer Schwester des Wiener Sozialdemokraten Oskar Pollak)[28] in der Straßenbahn vom 16. Bezirk in den 10. Bezirk mit. Zur Herkunft der Kinder schreibt Rudolf Hauser: „Die Kinder stammen meist aus proletarischen Kreisen, doch fehlen solche aus anderen Schichten nicht und würden sich noch in höherer Zahl melden, wenn es nicht dem Plane der Leiterin widerstrebte, den Charakter der Anstalt durch sie bestimmen zu lassen."[29] Lili Roubiczek „sah", wie Kramer meint, „in den Montessorischen Erziehungsprinzipien eine Möglichkeit, etwas zur Erleichterung des Nachkriegselends der Wiener Armen zu tun, insbesondere der Familien von Fabriksarbeitern."[30]

Das soziale Umfeld der Kinder war zweifellos jenem ähnlich, das Maria Montessori 1908 in ihrem ersten Kinderhaus in San Lorenzo bei Rom antraf. Karl Skalla, er gehörte 1922 zur ersten Gruppe im Haus der Kinder, weist jedoch die in einem Zeitungsartikel 1993 aufscheinende Äußerung, dass es sich um eine Schule für „verwahrloste Jugendliche"[31] gehandelt habe, entschieden zurück. Auch wenn viele Kinder aus sehr armen Verhältnissen kamen, könne nicht von verwahrlosten Jugendlichen gesprochen werden.

5.4 Zur Aufgabenstellung der Montessori-Schule

Für Lili Roubiczek und ihre Mitarbeiterinnen stellte sich im Wien der Nachkriegszeit eine doppelte Aufgabe:

„Es sollte ein erster Versuch der Montessori-Methode in Österreich sein und gleichzeitig für eine Anzahl Kinder gute Ernährung, Körperpflege und saubere, geheizte Aufenthaltsräume sicherstellen. Aus diesen beiden Zielen ergab sich ein Arbeitsfeld, das über den Rahmen der meisten anderen Montessori-Schulen hinausging."[32]

5.4.1 Das fürsorgliche Konzept

In der Zeit nach dem Ersten Weltkrieg war der Gesundheitszustand vieler Wiener Kinder außerordentlich bedenklich. Tuberkulose war eine sehr verbreitete Krankheit und forderte viele Opfer. Armut und schlechte Wohnverhältnisse trugen dazu bei, dass Eltern der Hygiene und Körperpflege der Kinder nicht die notwendige Beachtung schenken konnten. Im Winter kamen manche Kinder so unterkühlt in die Schule, dass sie zuerst auf der Veranda auf einen Radiator gesetzt wurden, um sich etwas zu erwärmen.

Im Sinne der Initiativen des Sozialreformers Julius Tandler wurde in der Montessori-Schule der Gesundheitserziehung großes Augenmerk geschenkt.

Abb. 8:
Der Gesundheitszustand der Kinder wurde regelmäßig überprüft

Da die Kinder den ganzen Tag (von 7 bis 17 Uhr) in der Montessori-Schule verbrachten, konnte sowohl die Ernährung als auch die Körperpflege im notwendigen Ausmaß berücksichtigt werden.

Die ersten Jahre wurde das Essen von Mitarbeiterinnen im Haus der Kinder zubereitet, als die Küche 1925 in eine Klasse umgestaltet wurde, wurde es von einer Großküche zugestellt. „Trotzdem das Großküchenessen nicht ganz den Forderungen entspricht, die wir für die Ernährung des Kleinkindes stellen, nehmen die Kinder ständig zu und kräftigen sich sichtlich“[33], schreibt Plank. Das Gewicht der Kinder wurde wöchentlich überprüft, ebenso der hygienische Zustand jedes Kindes. Die Größe wurde einmal monatlich gemessen und festgehalten, ebenso der allgemeine gesundheitliche Zustand, der von der Schulärztin, Frau Dr. Feilendorf, überprüft wurde.

In den Monaten Mai/Juni verbrachten die Kinder sechs Wochen auf dem Land. Dieser Aufenthalt diente in erster Linie der Erholung und wurde vom Wiener Jugendhilfswerk unterstützt.

5.4.2 Das pädagogische Konzept

In der gut vorbereiteten Umgebung sollten die Kinder, ihren Sensibilitäten entsprechend, jene Anregungen finden, die den schöpferischen Selbstaufbau unterstützen. Bewusst wurden Kinder unterschiedlichen Alters in einer Gruppe zusammengefasst, um die Anregungsmöglichkeiten im sozialen und kognitiven Bereich zur Geltung kommen zu lassen.

Selbsttätigkeit sollte das Schulleben durchdringen und den Kindern zu mehr Freiheit und Unabhängigkeit verhelfen. Unter Freiheit versteht Roubiczek aber nicht Beliebigkeit, sondern bemerkt: „Die Freiheit, die wir verstehen, schließt Zuchtlosigkeit aus, da wir fordern, dass das Kind in einer Gemeinschaft Gleichberechtigter heranwachse und dass die Freiheit jedes Kindes ihre Grenzen an den gleichen Rechten seiner kleinen Kameraden findet.“[34]

5.4.2.1 Freie Arbeit

Die Freie Arbeit bildete, wie in jeder Montessori-Schule, das Kernstück der Unterrichtsarbeit. „Die pädagogische Grundlage unserer Arbeit ist die unbedingte Achtung der spontanen Selbstäußerungen des Kindes; auf diesen, nicht auf einen von der Lehrerin von vornherein festgesetzten Plan, baut sich die Beschäftigung der Kinder, unsere Art des Umgangs mit ihnen, das ganze Leben im ‚Haus der Kinder‘ auf und da nicht alle Kinder zu gleicher Zeit dasselbe tun wollen, ergibt es sich, dass die Kinder teils in kleinen Gruppen, teils einzeln spielen und arbeiten.“[35] Die Kinder wählten sich ihre Beschäftigungen in der vorbereiteten Umgebung frei aus und arbeiteten in individuellem Rhythmus so lange, bis ihr Bedürfnis befriedigt war. Hedwig Schwarz begründet die Freie Arbeit so: „Konzentration, Versenkung, Zusammenziehung aller Kräfte tritt dann ein, wenn ein Individuum an einem Werk arbeitet, welches sein innerstes Interesse wachgerufen hat. Dass dies programmgemäß für denselben Gegenstand und mehrere Kinder nicht gleichzeitig eintreten kann, ist leicht einzusehen.“[36] Aus folgenden Bereichen konnten die Kinder ihre Tätigkeiten wählen:

- Übungen des praktischen Lebens
- Sinnesmaterialien
- Rechnen
- Lesen und Schreiben
- Spracherziehung
- Sachkunde
- Werken und Freies Zeichnen

Die individuelle Arbeit führte dazu, dass Kinder mit ihren Aufgaben ganz unterschiedlich fertig wurden. Daher aßen die Kinder auch die Jause zu unterschiedlichen Zeiten. „Das Gabelfrühstück, es war meist ein Butterbrot und ein Apfel, stand auf einem Tisch. Die Kinder gingen zum Tisch, legten die Jause auf ein kleines Tablett und aßen sie an einem frei gewählten Platz“[37], berichtet Emma Plank.

5.4.2.2 Gebundener Unterricht – die Gemeinschaftsstunde

Über Phasen gemeinsamen Arbeitens schreibt Roubiczek:
„Einen Kollektivunterricht gibt es nicht, aber gelegentlich gegen Ende des Vormittags, wenn die Arbeitsfreude der Kinder nachlässt, gibt sie (die Lehrerin) ein Zeichen, das alle zusammenruft."[38] Gewöhnlich ging das so vor sich, dass die Lehrerin eine Tafel mit dem Wort „Stille" oder einzelne Buchstaben, die das Wort „Stille" ergaben, aufstellte. Dies war das Zeichen, dass die Kinder die Arbeit langsam beenden und sich dann mit ihren Sesseln in den Kreis begeben sollten. Wenn alle im Kreis versammelt waren, wurde entweder „etwas besprochen, gelesen oder etwas demonstriert, was sie noch nicht gekannt haben."[39] Plank weist darauf hin, dass in diesen gemeinsamen Arbeitsphasen (sie verwendet im Gegensatz zu Roubiczek den Begriff „Kollektivstunde"[40]) Aufsätze vorgelesen, neue Materialien vorgestellt oder Handlungsabläufe, die den Kindern noch Schwierigkeiten machten, in kleinsten Schritten demonstriert wurden. Der Erfolg einer Lektion, bei der alle Kinder gemeinsam beisammen sind und ihr Interesse der gleichen Sache zuwenden, liegt nach Roubiczek in der erhöhten suggestiven Kraft. Sie meint: „Ein innerlich richtiges Verhalten ist nur dort möglich, wo dem Kind das Gute und Richtige als wünschenswert hingestellt, aber gleichzeitig Raum gelassen wird für den eigenen Entschluss des Kindes."[41] Es werden dem Kind Handlungsweisen langsam, ja geradezu feierlich gezeigt, aber in der Alltagssituation muss das Kind diese Handlungsweise für sich selbst verbindlich machen, denn Korrekturen durch Ermahnung oder Zurechtweisung gibt es in der Montessori-Klasse kaum.

In der Gruppe der schulpflichtigen Kinder gab es gegen Ende des Schuljahres Phasen gemeinsamen aber differenzierten Arbeitens, da die Kinder an einer öffentlichen Schule eine Prüfung ablegen mussten. Einzelnen Kindern wurden Übungsaufgaben gegeben, die ihren Lernerfordernissen entsprachen. Solcher Einheiten bedurfte es jedoch nicht sehr vieler, und trotzdem legten die Kinder die Prüfungen an der öffentlichen Schule erfolgreich ab.

Abb. 9:
Darbietung einer Übung des täglichen Lebens durch Hilde Fischer

5.5 Zur organisatorischen Struktur des Unterrichts

5.5.1 Tagesablauf

Die Einteilung der Aktivitäten während des Tages kann nur in groben Zügen angegeben werden, da besonders am Nachmittag die Vorhaben sehr variierten.

- **Die Gruppe der 2- bis 5-jährigen Kinder**

Die Kinder trafen zwischen 7 Uhr und 1/2 9 Uhr ein. Diejenigen, die schon sehr früh ins Kinderhaus gebracht wurden, suchten sich gleich eine Beschäftigung. Um halb 9 wurde gemeinsam gefrühstückt. Um 9 Uhr begann dann für alle die Freiarbeit mit dem Montessori-Material.
Um etwa 11 Uhr setzte die Lehrerin oft eine „Stillestunde" (sie dauerte aber nur 15 Minuten) an, in der allen Kindern gemeinsam etwas vorgestellt oder demonstriert wurde. Am Ende des Vormittags kam in der Regel Frau Herbatschek und machte mit den Kindern Musik.

Nach dem Mittagessen war für die Kleinen Schlafzeit. Sie schliefen auf ihren Liegen bis etwa 14 Uhr. Danach las ihnen die Lehrerin meist aus Büchern vor oder die Kinder schauten sich selber Bücher an. Wenn möglich verbrachte man den Nachmittag im Garten, wo die Kinder frei spielten oder sich z. B. um eine Lehrerin scharten, die mit ihnen Lieder sang. Auch die Rhythmische Erziehung fand meist am Nachmittag statt.

Zwischen 17 und 18 Uhr wurden die Kinder abgeholt. In dieser Zeit setzte sich die Lehrerin mit den Kindern in die große Garderobe und schaute mit ihnen gemeinsam Bücher an oder sie beschäftigten sich mit anderen Dingen.

- **Die Gruppe der 5- bis 9-jährigen Kinder**

Die Kinder trafen zwischen 7 und halb 9 Uhr in der Montessori-Schule ein und begannen gleich mit der individuellen Arbeit am Montessori-Material. Die Jause wurde nicht gemeinsam eingenommen, aber auf einem Tisch stand für jedes Kind eine Kleinigkeit bereit, die es sich im Laufe des Vormittags selber holen konnte. Gegen Ende des Vormittags setzten sich die Kinder und die Lehrerin im Kreis zusammen. In dieser Kollektivstunde lasen die Kinder Geschichten vor, es wurde etwas aus einem Fachbereich demonstriert oder gemeinsam besprochen. Rhythmische Erziehung, Musik, Freies Gestalten und Werken wurden ebenfalls nach der Freiarbeit angesetzt.

Nach dem Mittagessen gab es auch für diese älteren Kinder eine Ruhestunde. Sie klappten bei ihren Liegestühlen meist die Lehne hoch und ruhten sich aus oder lasen in einem Buch.

Am Nachmittag (manche Kinder wurden schon zu Mittag abgeholt) konnten sich die Kinder wieder frei mit Materialien beschäftigen (manchen wurden auch individuelle Übungen aus den Bereichen Deutsch und Mathematik angeboten) oder im Garten spielen. Zwischen 17 und 18 Uhr wurden sie von den Eltern abgeholt.

5.6 Aus der pädagogisch-didaktischen Arbeit

Die folgenden Darstellungen umfassen sowohl die Arbeit mit den 2- bis 5-jährigen Kindern als auch den 1924/25 begonnenen Versuch mit den schulpflichtigen Kindern.

5.6.1 Übungen des praktischen Lebens

In der Gruppe der 2- bis 5-jährigen Kinder wurden besonders jene Tätigkeiten gefördert, die dem großen Bewegungsdrang des Kindes entgegenkommen. In diesem Alter wollen Kinder ihren Körper im Raum bewegen, mit Dingen ihrer Umgebung vertraut werden und sinnvolle Tätigkeiten ausführen.

Für „Übungen des praktischen Lebens“ werden dem Kind Gegenstände bereitgestellt, die dem natürlichen Bewegungsdrang entsprechen und gleichzeitig geeignet sind, die Entwicklung der Konzentrationsfähigkeit und der Koordination der Muskeln zu begünstigen.[42] Dabei handelt es sich um Gegenstände, die den Kindern zugleich helfen, das Zusammenleben im Kinderhaus sinnvoll zu organisieren, wie Roubiczek mit folgendem Beispiel beschreibt: „Im Schulzimmer stehen in einer Ecke alle Geräte, deren die Kinder bedürfen, um ihr kleines Reich in Ordnung zu halten: große und kleine Besen, Scheuerbesen, Bürsten und Staubtücher. Mit diesen Arbeiten und mit der Reinigung der eigenen Person – Waschen, Zähnebürsten und Kämmen – lauter Tätigkeiten, die für die Kinder sehr vergnüglich sind, beginnt im Kinderhaus der Tag.“[43] Mit diesen Gegenständen und Tätigkeiten wird nicht das Ziel verfolgt, die Kinder schon früh in die Hausarbeit einzuführen, sondern das Kind soll Erfahrungen über die Beschaffenheit und die Funktionen der Dinge seiner täglichen Umgebung sammeln. Der Tätigkeitsdrang der Kinder wird nicht durch ein ständiges „So darfst du es nicht machen!“, „Lass das, dazu bist du noch zu klein!“, gegängelt und niedergehalten, sondern durch sinnvolle Aktivitäten unterstützt. Im folgenden Beispiel zeigt Roubiczek mögliche Tätigkeiten auf:

„Das Kind beginnt am Morgen mit Blumengießen, es staubt die Bilder ab, trägt Gegenstände hin und her, putzt seine Schuhe, hilft bei der Vorbereitung zur Mahlzeit, schneidet Gemüse und streicht Brot. Es deckt den Tisch, schenkt seinen kleinen Kameraden Kakao ein, teilt das Brot aus, räumt selbst den Tisch ab, wäscht das Geschirr in einer kleinen Abwaschwanne, es kehrt aus oder hilft am Wochenende beim Waschen der kleinen weißen Möbel.“[44]

Das Kind, das seine ersten „technischen“ Erfahrungen, das heißt Erfahrungen über die Beschaffenheit und die Funktionen der Dinge seiner täglichen Umgebung, sammelt, findet hier unkomplizierte Handlungen, die täglich wiederkehren und deren einzelne Teilhandlungen sich ebenfalls oft und oft wiederholen.[45] Während Erwachsene solche Tätigkeiten in der Regel möglichst schnell vollziehen, um die Arbeit erledigt zu haben, verfolgen die Kinder bei ihrem Tun kaum einen äußeren Zweck. Es ist die Tätigkeit selbst, die sie interessiert und befriedigt. Wenn die Lehrerin Kindern den Umgang mit einem Gegenstand zeigt, zerlegt sie die Handlung in Schritte, sodass die Bewegungen klar und eindeutig sichtbar werden. Die Kinder interessieren sich für eine präzise Analyse der komplexen Bewegungen. Über Analyse und Bewusstwerdung der Einzelheiten eines Bewegungsablaufes kommt es zum Aufbau und zur Harmonisierung von Bewegungsmustern. Roubiczek schreibt zur Wirkung solcher Übungen bei 4- bis 6-jährigen Kindern: „In dieser Zeit ist nicht nur das Muskelgefühl, sondern auch das Muskelgedächtnis sehr lebhaft, und alle guten und richtigen Bewegungen und Bewegungsformen, die sich das Kind in dieser Zeit aneignet, sind ein Positivum, das wir ihm für sein ganzes ferneres Leben mitgeben.“[46]

Von den Übungen des praktischen Lebens sollen hier jene drei Bereiche vorgestellt werden, denen im Haus der Kinder besondere Bedeutung zugemessen wurde.

5.6.1.1 Pflege der eigenen Person

Im Haus der Kinder wurden verschiedene Dinge bereitgestellt, mit denen die Kinder einen Teil der Körperpflege allein verrichten konnten. Dazu gehörten: Händewaschen, Zähneputzen, Kämmen, Nägelputzen, Schuheputzen.

„Die Kinder bekommen bei uns kleine Kämme und Bürsten usw. Es ist dies natürlich nicht so gedacht, dass das Kind die ganze Haarpflege allein übernehmen soll, ebenso wie es sich nicht allein ganz waschen kann. Aber soweit es sich um das Kämmen während des Tages und Händewaschen handelt, können es die Kinder selbst tun, und sie tun es gern und ohne Aufforderung, weil der kleine, in Augenhöhe der Kinder angebrachte Spiegel einen zerzausten Kopf ebenso deutlich zeigt wie einen Mund, in dessen Winkeln noch Kakaoreste zurückgeblieben sind. Sehr großen Wert legen wir in unserer Wiener Schule darauf, die Kinder an das Zähneputzen zu gewöhnen.“[47]

Roubiczek hält die Lektion des Händewaschens für eine der wichtigsten Unterweisungen, denn sie machte die Erfahrung, dass dies oft die erste Übung war, bei der sich ein Kind zu konzentrieren begann. Diese Übung hatte also sowohl für die damals nicht selbstverständliche Hygieneerziehung eine Bedeutung als auch dafür, dass sich die Kinder in Teilhandlungen üben konnten, und sie hatten offensichtlich Freude daran, denn man konnte nicht selten erleben, dass sie das Waschen und Bürsten der Hände fortsetzten, wenn diese schon sauber waren. Es war allein die Tätigkeit, die begeisterte.

Die Kinder hatten dazu folgende Utensilien: „Kleiner Waschtisch mit Porzellan- oder Steingutgeschirr, möglichst hübsch verziert und nicht zu schwer! Ein Schälchen und ein bestimmter Platz für die Seife und ein anderes für die Nagelbürste. Im Winter womöglich eine Handcreme und warmes Wasser. Stange für das Handtuch, sodass dieses gut trocknen kann. Kübel für das Schmutzwasser.“[48]

Abb. 10:
Für die Übungen des täglichen Lebens (z. B. Hände waschen) stehen entsprechende Gegenstände bereit

Abb. 11:
Kind wäscht mit Hingabe die Hände

Der Ablauf des Händewaschens erfolgt im Sinne Maria Montessoris in folgenden Kleinschritten:

- **Vorbereitung**
- zum Tisch mit dem Waschzubehör gehen;
- Schürze umbinden;
- Ärmel hochkrempeln oder zurückstreifen;
- mit dem Krug Wasser holen, Krug nur soweit mit Wasser füllen oder füllen lassen, dass er leicht und ohne Wasser zu verschütten, getragen werden kann.

- **Händewaschen**
- Wasser bis auf einen Rest (1/4) aus dem Krug in die Schüssel gießen, den letzten Tropfen mit Wischtuch abnehmen;
- beide Hände bis knapp über das Handgelenk ins Wasser tauchen, dort ein- bis zweimal wenden; Hände langsam aus dem Wasser nehmen und mit den Fingern nach unten so abschütteln, dass das abtriefende Wasser in der Schüssel landet;
- die Seife nehmen, mehrmals mit der Seife die Handinnenfläche kreisförmig reiben, dasselbe mit der anderen Hand; Seife zurücklegen;
- die beiden Handinnenflächen aneinander reiben, danach mit der einen, dann mit der anderen Hand über die Handrücken reiben; die Finger einzeln einseifen;
- evtl. die Nägel mit der eingeseiften Nagelbürste bürsten;
- Hände ins Wasser tauchen und die einzelnen Teile abspülen, bis die Seife entfernt ist;
- Hände aus dem Wasser nehmen und abschütteln;
- die Hände und die einzelnen Finger mit dem Handtuch abtrocknen.

- **Aufräumen**
- Schmutzwasser wird in den vorbereiteten Eimer geschüttet;
- frisches Wasser aus dem Krug in die Schüssel schütten;
- mit der Bürste den Seifenrand reinigen;
- Wasser in den Eimer schütten;
- mit dem Wischtuch Schüssel und Krug innen und außen trocknen, wenn nötig, den Boden mit dem Bodenlappen wischen;
- Schmutzwasser wegschütten;
- frische Tücher auflegen;
- Hände eincremen.

Während der Erwachsene versuchen würde, die Anstrengung und den Aufwand zur Erreichung sauberer Hände zu minimieren, nimmt das Kind diesen aufwendigen Ablauf auf sich, weil es nicht vom äußeren Ziel, sondern von einem inneren Bedürfnis nach Vervollkommnung der Bewegung geleitet wird.

5.6.1.2 Pflege des Raumes

Zur Reinigung des Raumes gehören unter anderem folgende Übungen: Auskehren, Staub abwischen, Messing und Alpaka putzen, Blumen pflegen. Aus der Beobachtung von Kindern in Familien wissen wir, wie oft Mütter oder Väter ungeduldig werden, weil die kleinen Kinder bei allem helfen wollen. Dabei kann man ein Kind durch nichts glücklicher machen, als wenn man ihm ein kleines Gerät, z. B. einen Besen, in die Hand gibt, der aber so gearbeitet sein muss, dass das Kind nicht nur die Beschäftigung des Erwachsenen nachahmen, sondern auch eine tatsächliche Wirkung seiner Arbeit erzielen kann.

Roubiczek schreibt dazu: „Man begnügt sich allgemein damit, dass die Sachen so ‚ausschauen' wie die Besen, Rumpeln, Bügeleisen usw. der Erwachsenen, während Montessori das Hauptgewicht darauf verlegt, dass das Kind damit wirklich tätig sein und dieselbe Funktion ausüben kann wie der

Erwachsene mit seinem ihm passenden, ordentlichen Gerät. Geben wir dem Kinde jene Scheinsachen, so ist das gleichsam ein Betrug, denn das Kind strebt nicht den Besitz der Gegenstände an, sondern die Möglichkeit, die Tätigkeit auszuführen, deren es bedarf. Besucher, die die Kinder mit diesen Geräten hantieren sehen, finden dies ‚herzig'. Über den tiefen Ernst, der dahinter steckt, sind sie sich selten klar."[49] Erwachsene nehmen die Tätigkeiten der Kinder oft nicht ernst genug. Sie greifen unnötig in diese ein, unterbrechen sie, ohne zu realisieren, dass jede intensive Tätigkeit ein Schritt ist, selbstständiger und unabhängiger zu werden.

Die Arbeiten des täglichen Lebens erfordern meist große, weit ausholende Bewegungen, wodurch der Drang nach Betätigung (womöglich des ganzen Körpers) gestillt wird. Die deutlich sichtbaren Ergebnisse seiner Bemühungen geben dem Kind ein freudiges Gefühl der Genugtuung. Wesentlich ist, dass die Kinder diese Arbeiten aus freier Entscheidung durchführen. Nur aus der Freiwilligkeit und der daraus erwachsenden Liebe zur Tätigkeit lässt sich verstehen, dass sechs bis acht Kinder im Alter von vier bis fünf Jahren imstande sind, alle Möbel des Arbeitsraumes abzuwaschen.[50]

5.6.1.3 Vorbereitung der Mahlzeit

Der Arbeitsgemeinschaft der Wiener Montessori-Schule war es wichtig, dass die Kinder wenigstens eine Mahlzeit in der Schule bekommen, da sie vom gemeinsamen Essen und der Ernährung überhaupt einen starken erziehlichen Einfluss erwartete.

Die Kinder halfen bei den Vorbereitungen zur Mahlzeit. Sie putzten und schnitten das Gemüse, das sie teils selber in ihrem kleinen Garten herangezogen hatten. Die für die Arbeit erforderlichen Küchengeräte waren in kleinen handlichen Laden untergebracht. Für die Mahlzeit waren zwei „Kellner" (das Amt war freiwillig und überaus beliebt) zuständig. Diese aßen zuerst, deckten sorgfältig die kleinen Tische – vergaßen auch nicht, sie mit Blumen zu schmücken – und brachten dann den anderen Kindern das Essen. Vorsichtig trugen sie die Schüsseln von einem Tisch zum anderen und boten an: „Möchtest du noch?"

Das Tischdecken ist für ein Kind, wie Roubiczek meint, eine „sehr komplizierte, aufbauende und ordnende Arbeit. Immer wieder muss es sich erinnern, was jetzt kommt, wie es kommt, eine Tischseite mit der anderen vergleichen usw."[51]

Abb. 12: Kinder decken sorgfältig den Tisch für die Mahlzeit

Das Geschirr, mit dem die Kinder den Tisch deckten und auftrugen und das sie nachher auch reinigten, war zerbrechlich, ebenso viele andere Dinge, die sie gebrauchten. Roubiczek berichtet, dass Besucher im Haus der Kinder, die zum ersten Mal ein drei- oder vierjähriges Kind eine gefüllte Suppenschüssel oder ein Tablett mit Gläsern tragen sahen, ganz entsetzt waren und am liebsten dem „armen Kinde“ zu Hilfe geeilt wären.

Tatsächlich erwerben die Kinder eine besondere Geschicklichkeit im Umgang mit diesen Dingen. „Alles, was ‚versehrbar‘ ist (helle Schürzen, die beschmutzt, Vasen, die zerbrochen werden können), erzieht das Kind, aber dieser Erziehung fehlt das Beschämende und Niederdrückende, das jede Zurechtweisung des Erwachsenen an sich trägt. Sie lähmt daher die kindliche Aktivität nicht, sondern bedeutet ganz im Gegenteil einen großen Ansporn, künftighin die eigenen Bewegungen besser in Acht zu nehmen.“[52]

Die Montessori-Lehrerinnen wollten den Kindern die Möglichkeit zu vielen Hausarbeiten geben, ohne jedoch darauf zu drängen, dass sie regelmäßig ausgeführt wurden. Dabei zeigte sich, dass Kinder bei freiwilliger Übernahme unermüdliche Arbeiter waren und die Exaktheit der Ausführung der Arbeiten fast unglaublich war. So waren zwei vier- bis fünfjährige Kinder in der Lage, das Geschirr von einer Mahlzeit von 30 Kindern abzuwaschen. Die Kinder waren stolz auf die sichtbaren Resultate und fühlten sich in das Reich der Erwachsenen emporgehoben.

5.6.1.4 Übungen der Stille

Die „Lektionen der Stille“, wie Montessori diese von der Freiarbeit unabhängigen Übungen bezeichnet, wurden in der Montessori-Schule „Stillestunde“ genannt. Unter Stille versteht Montessori die „freiwillige Einstellung jeder Bewegung und nicht, wie man gewöhnlich in den Schulen meint, die Einstellung von ‚Geräuschen‘, die über das normale, im Raum geduldete Geräusch hinausgehen.“[53]

Betti Prager schildert den Ablauf der Stillestunde in der Montessori-Schule anschaulich: „Etwa in der Mitte des Vormittags wird die Arbeit der Kinder durch die ‚Stillestunde‘ unterbrochen. Während die Lehrerin den Raum verdunkelt, legen die Kinder all das fort, womit sie sich gerade beschäftigt haben, und bleiben regungslos sitzen. Sie erfahren, dass jedes Kind an dieser immer tiefer werdenden Stille mitwirkt, ja sie dadurch schafft, dass es auf jede Bewegung verzichtet. – Nun werden die ‚Stimmen der Stille‘ hörbar: ein vorbeifahrender Zug, der Gesang der Vögel, das Säuseln des Windes, das Ticken der Uhr.

Dann ruft die Lehrerin, die sich in einem Nebenraum befindet, jedes Kind leise bei seinem Namen. Es steht vorsichtig auf und folgt mit strahlendem Antlitz diesem Ruf. – Mag bei einer größeren Anzahl von Kindern dieses ‚Spiel‘ auch längere Zeit, etwa 10 bis 15 Minuten, dauern, so muss doch unbedingt jedes Kind gerufen werden. Für alle Beobachter ist es ein unvergesslicher Eindruck, kleine Kinder so lange unbeweglich sitzen zu sehen und festzustellen, wie sehr sie sich auf diese Stille freuen.“[54]

Montessori ordnet die Übungen der Stille der Sinneserziehung zu, weil sie ganz wesentlich die Fähigkeit der Unterscheidung von Geräuschen fördern. „Eine Ausbildung des Gehörs hat ihren Ausgangspunkt in der ‚Stille‘, wenn sie von der ‚Unbeweglichkeit‘ ausgeht, um zur Wahrnehmung der durch Bewegung verursachten Geräusche oder Klänge zu kommen.“[55]

Stille entsteht durch den freiwilligen Verzicht auf Bewegungen. Wenn dies den Kindern möglich ist, können in dieser Phase die feinsten Geräusche wahrgenommen werden – und, „je geringer das Wahrgenommene ist, desto größer wird die sensorielle Fähigkeit.“[56] Gelingt diese absolute Stille, entsteht eine Atmosphäre, von der die Kinder „fasziniert sind, als hätten sie einen wirklichen Sieg errungen“[57]. Den Körper bewusst still halten zu können, ist der erste Schritt zum Erleben innerer Stille.

5.6.1.5 Gehen auf der Linie

Zu den regelmäßigen wiederkehrenden Übungen gehörte das Gehen auf der Linie. Auf dem Boden war eine ellipsenförmige Bahn aufgeklebt, auf der die Kinder verschiedene Übungen zur Bewe-

gungskoordination und -kontrolle durchführten. Beim langsamen Gehen setzen die Kinder die Ferse eines Fußes an die Fußspitze des anderen, dabei befindet sich der Fuß möglichst ganz auf der Linie. Diese gezielten, langsamen Bewegungen fördern sowohl die Sammlung und Konzentration des Kindes als auch seine Bewegungskoordination und die Stabilisierung des Gleichgewichts.
Montessori schreibt zu dieser Übung: „Die Vervollkommnung der verschiedenartigsten Bewegungen hat auch ihren Schlüssel: die unerlässliche zentrale Bedingung, mit der die ganze Vervollkommnung zusammenhängt, nämlich das Gleichgewicht des Menschen. Wir haben ein Mittel erdacht, um den Kleinen zu helfen, ein sicheres Gleichgewicht zu finden und gleichzeitig die grundlegendste aller Bewegungen zu vervollkommnen: das Gehen."[58]

Abb. 13:
Das Gehen auf der Linie – Übung zur Bewegungskoordination

Der Schwierigkeitsgrad beim Gehen auf der Linie kann dadurch gesteigert werden, dass zum konzentrierten und gleichgewichtigen Gehen das Tragen von Gegenständen dazugenommen wird. In der Montessori-Schule Troststraße waren das z. B. gefüllte Wassergläser, Glocken, Fähnchen u. a.

5.6.2 Zur Arbeit mit den Sinnesmaterialien

Im Haus der Kinder kommt den Sinnesmaterialien eine – dem Alter bzw. den Sensibilitäten der Kinder entsprechende – besondere Bedeutung zu. Roubiczek spricht jedenfalls von einem Kernpunkt innerhalb der vorbereiteten Umgebung. „Frau Dr. Montessori hat ein Material ausgearbeitet, dessen Zweck es ist, dem Kind bei der Entfaltung seiner Sinne zu helfen. Man beachte, wir sagen nicht die Sinne zu entwickeln, sondern ihnen bei der Entwicklung zu helfen, denn sie würden sich ja auf alle Fälle entwicklen, nur eben langsamer, mangelhafter, innerlich ärmer."[59]

Im Alter bis zu drei Jahren nehmen Kinder Sinneseindrücke unbewusst über den absorbierenden Geist auf. Diese stehen noch isoliert nebeneinander und müssen durch Tätigkeit zu einem sinnvollen Ganzen verknüpft werden. Dies ist z. B. dann der Fall, wenn das Kind Dinge vergleicht, Paare zusammenstellt, Abstufungen findet; also ordnet.

Am folgenden Beispiel verdeutlicht Roubiczek diesen Vorgang: „Zu den ersten Dingen, die wir dem Kind geben, gehören längliche Holzblöcke mit zylindrischen Öffnungen und mit genau in die Öffnungen passenden Zylindern."[60]

Die Lehrerin holt mit dem Kind bzw. das Kind holt allein einen Zylinderblock aus dem Regal, dabei umfassen die Hände die Schmalseiten des Blocks in der vorgesehenen Kerbe. Der Zylinderblock wird so auf den Tisch gestellt, dass der dickste Zylinder links steht. Mit den Schreibfingern wird der dickste Zylinder bedächtig hochgezogen, betrachtet und vor dem Zylinderblock aufgelegt. Der Vorgang wird mit dem dünnsten Zylinder wiederholt. Dann werden auch die anderen Zylinder herausgehoben, auf den Tisch gestellt und gemischt. Das Kind betrachtet die Hohlräume und beginnt die Zylinder mit gezielter Bewegung, senkrecht haltend, in den Hohlraum zu stecken. Hat das Kind einen Zylinder in eine zu große Öffnung getan, so bleibt ihm zum Schluss ein Stück übrig, das es nirgends einsetzen kann.

Abb. 14:
Arbeit mit den Einsatzzylindern

Die Fehlerkontrolle liegt also im Material selbst, sodass das Kind seine Tätigkeit selbst überprüfen kann. Die Möglichkeit der Selbstkontrolle und das damit verbundene „Könnenserlebnis" drängen das Kind zur Wiederholung der Tätigkeit. Über die positive Wirkung einer erfolgreichen Tätigkeit schreibt Roubiczek: „Diese Übung mag uns langweilig erscheinen, von den Kindern wird sie unzählige Male mit großer Freude wiederholt. Die Zylinder sind untereinander nur um wenige Millimeter verschieden und das Kind erwirbt durch diese Übung, bei der man schon die Kleinsten oft stundenlang mit einem köstlich gespannten Ausdruck sitzen sehen kann, nicht nur ein sehr feines Unterscheidungsvermögen, sondern vor allem die Fähigkeit, lange und konzentriert an einer Sache zu arbeiten."[61]

Die Freude des Kindes beruht auf der lernpsychologischen Tatsache, dass es bei der Wiederholung der Übung eine stets wachsende Sensibilität erwirbt. Es erwirbt z. B. die Fähigkeit, mit einem Blick die verschiedenen Größen der Zylinder zu unterscheiden.

Die folgenden Montessori-Sinnesmaterialien fanden im Haus der Kinder ebenfalls Verwendung:

- „Rosa Turm", „Braune Treppe", „Lange Stangen" zum Unterscheiden von Dimensionen;
- Farbtäfelchen zum Erkennen und Unterscheiden von Farben;
- Tasttafeln, Tastbrettchen und verschiedene Stofflappen zum Erkennen von Kontrasten, Abstufungen und Oberflächenstrukturen;
- Gehördosen und Glocken zum Paaren und Graduieren von Geräuschen und Tönen;
- Geometrische Kommode zum Unterscheiden von Grundfiguren und ihren Varianten.

Abb. 15:
Arbeit mit den Farbtäfelchen

Über die Sinnesmaterialien werden dem Kind durch Isolierung einer Qualität die Eigenschaften von Dingen nahe gebracht. Montessori spricht von materialisierten Abstraktionen. Die Materialien repräsentieren bestimmte Eigenschaften von Dingen (Größe, Farbe, ...). Sie stellen nicht die Welt selbst, sondern, wie Montessori betont, einen „Schlüssel zur Welt“[62] dar. Die Sinnesmaterialien dienen der Differenzierung der bereits gemachten Sinneserfahrungen. Das Kind kann mit dem Material die gemachten Erfahrungen ordnen und strukturieren und dann wieder in die Umwelt transferieren bzw. dort bewusst wahrnehmen.

Die Art und Weise, wie die Kinder mit den Sinnesmaterialien arbeiten, macht deren Bedürfnis nach Herstellung einer Ordnung deutlich. Das Kind möchte und muss die inneren Eindrücke, Erfahrungen und Erlebnisse ordnen und miteinander in Beziehung setzen können. Während der Arbeit findet das Kind zu einer inneren Ordnung, die es ihm erlaubt, später Gegenstände seiner Umwelt differenziert zu sehen und besser einzuordnen. Den Sinnesmaterialien wohnt eine strenge Sachlogik inne. Sie können deshalb nicht beliebig eingesetzt werden; etwa der „rosa Turm“ zum Eisenbahnspielen oder Häuser bauen. Es sind Materialien, die ihre Qualität nur entfalten, wenn sie sachgerecht eingesetzt werden.

5.6.3 Zur Arbeit im Bereich Sprache – Schreiben, Lesen, Verfassen von Texten

„Das Alter, in dem die Kinder das lebhafteste Interesse für Buchstaben zeigen, ist zwischen vier und fünf Jahren, die Zeit, zu der der Tastsinn noch so rege ist, dass die Eindrücke, die er vermittelt, lebhafter sind als die der anderen Sinne und gleichzeitig das Verständnis weit genug entwickelt ist, um den Gesichtseindruck, den ihm die Form bietet, die Bewegung des Nachfahrens, den Laut, den sein Ohr hört und die Stellung seiner Lippen zu einem Begriff zu verschmelzen.“[63]

Roubiczek weist hier auf eine jener sensiblen Phasen hin, in denen das Kind für eine Sache besonders empfänglich und ansprechbar ist. Montessori ist der Meinung, dass das Alter von vier bis fünf

Jahren jene Zeit ist, in der die Kinder das Lesen und Schreiben am leichtesten erlernen. Durch indirekte und direkte Übungen soll in dieser Phase das Schreiben und Lesen gefördert werden.

Montessori wendet bei den Kindern im Kinderhaus ihre Aufmerksamkeit nicht in erster Linie dem Schreiben oder Lesen an sich, sondern den sie bedingenden Elementen zu. Sie geht davon aus, dass der kindliche Geist gar keinen äußerlich sichtbaren Fortschritt machen kann, der nicht vor geraumer, oft sogar sehr langer Zeit unbemerkt, und dem Kinde durchaus unbewusst, vorbereitet worden ist. Das Prinzip der indirekten Vorbereitung, also das Üben basaler Funktionen – beim Sprechen die Lallmonologe oder beim Gehen das Kriechen bzw. viele andere Bewegungen – kommt auch beim Lesen- und Schreibenlernen zur Anwendung.

Bereits bei den Übungen des praktischen Lebens wird dem Kind eine Grundlage zur indirekten Vorbereitung auf das Schreiben gegeben: Übungen zur Bewegungskoordination und -kontrolle; Erleben und Organisieren eines Bewegungs- bzw. Handlungsablaufs. Im Umgang mit den Sinnesmaterialien werden die bereits erworbenen Fähigkeiten vertieft und verfeinert, z. B. bei der Arbeit mit den Einsatzzylindern, die mit den drei Schreibfingern gehalten werden.

5.6.3.1 Materialien zur Vorbereitung des Schreibens

Indirekt vorbereitet wurde das Schreiben im Haus der Kinder z. B. durch die Arbeit mit folgendem Material:

- **Hölzerne Einsätze (geometrische Kommode)**

Anhand dieser geometrischen Figuren, deren Formen mit den Fingern nachgefahren und auch aufgezeichnet werden, wird das Kind mit den Grundformen der Schrift vertraut. Roubiczek schreibt über den Einsatz und die Wirkung dieses Materials: „Das etwa drei- bis vierjährige Kind erhält erst körperliche, dann flächenhafte Holzeinsätze, die es in die entsprechenden Umrandungen einpasst. Betastet es dabei die Figur, so bereitet es sich auf das Schreiben vor, erkennt es sie durch das Sehen, so übt es sich im ersten visuellen Erkennen von Formen, d. h. es bereitet sich auf das Lesen vor. Später legt es diese Einsätze auf Karten, die die gleichen Figuren erst in flächenhafter, dann in linearer Form wiedergeben. So wird sein Formauffassungsvermögen entwickelt und durch die zweite Übung wird es den Weg von der flächenhaften zur linearen Darstellung geführt.“[64]

Abb. 16: Indirekte Vorbereitung des Schreibens durch die Arbeit mit den geometrischen Figuren

Die direkte Vorbereitung des Schreibens erfolgte in der Regel über folgende Materialien:

- **Sandpapierbuchstaben**

Wenn die Lehrerin sieht, dass ein Kind für differenziertere Bewegungsabläufe bereit ist, werden ihm Buchstabenformen angeboten, „die es im Schreibzug tastend mit dem Finger nachfährt und so dem Muskelgedächtnis einprägt“[65]. Es handelt sich hier um die sogenannten Sandpapierbuchstaben, das sind „große rote und blaue Karten, auf denen je ein Buchstabe in Form eines dünnen Sandpapierstreifens aufgeklebt ist. Solch ein Buchstabe bildet für die Kinder einen anziehenden Gegenstand, mit dem sie zuweilen jubelnd durchs Zimmer hüpfen und in ihrer Freude auch die ganz Kleinen anzuleiten versuchen, mit den ungeschickten Fingerchen den Buchstaben nachzufahren und ‚m‘ oder ‚i‘ zu sprechen.“[66]

- **Das bewegliche Alphabet**

Ein weiteres Material, das dem Kind zur Vorbreitung des Schreibens und Lesens dient, ist das bewegliche Alphabet, „ausgestanzte, etwa 16 cm große Buchstaben, mit deren Hilfe es Wörter zusammensetzen kann“[67].

Durch die Arbeit mit diesen Materialien nimmt das Kind unbewusst jene „Nahrung“ auf, die zur „Explosion des Schreibens“ oder zum spontanen Lesen führt. Es ist auf die vielen Schreibvorübungen und die lange und intensive Schulung der Hand zurückzuführen, „dass Montessorikinder, wenn sie zu schreiben beginnen, vom Anfang an eine gleichmäßige und gute Schrift haben. Das Schreiben kommt spontan, d. h. eines Tages nehmen die Kinder die Kreide und beginnen Wörter zu schreiben. Sie selbst sind darüber genau so verwundert wie der Erwachsene, der diesem Schauspiel zum ersten Mal beiwohnt.“[68] Die Schreibfreude wird dadurch unterstützt, dass den Kindern verschiedenste Schreibgeräte und Schreibunterlagen bereitgestellt wurden.

Abb. 17:
Mädchen bei einer Schreibübung

5.6.3.2 Die „Explosion des Lesens"

Wie beim Schreiben konnte Roubiczek auch beim Lesen beobachten, dass nach den vorbereitenden Übungen viele Kinder das Lesen in sehr kurzer Zeit und mit Leichtigkeit erlernten. Als Material waren z. B. Karten vorhanden, auf denen Namen verschiedener Gegenstände standen. Die Kinder lasen die Karten still oder halblaut und holten den betreffenden Gegenstand, sobald es ihnen gelang, das Wort zu lesen.

So konnte beobachtet werden, dass die Kinder mit der kleinen Karte in der Hand irgendwo hockten oder lehnten, bei manchen bewegten sich die Lippen, ihr Gesichtsausdruck war äußerst gespannt. Sie lasen ein paarmal, plötzlich veränderte sich ihr Gesichtsausdruck, sie schauten freudig, oft lachend auf und liefen davon, um den Gegenstand zu holen.[69]

Roubiczek meint, dass sich bei der deutschen Sprache die Schwierigkeit ergibt, dass das Lesen solcher Karten die Kenntnis des kleinen und des großen Alphabets erfordert. Obwohl die Kinder von den Sandpapierbuchstaben her die Groß- und Kleinbuchstaben kannten, „wurden die Karten von den Kindern schwer und fast nur mit meiner Hilfe gelesen und daher fast nie gebraucht"[70].

Sie entschloss sich, ein anderes Lesematerial dieser Übung vorzuziehen. Es bestand aus einer Serie von Karten mit Befehlen, z. B. „lauf!", „trink!", „sing!". Die Kinder lasen diese Karten für sich und führten dann die Tätigkeiten aus. Roubiczek schrieb nun solche Befehle in etwa vier Zentimeter großer Schrift auf Karten. Sie legte sie ins Lesekästchen, eine offene Stellage mit vielen kleinen Fächern, aus der sich die Kinder das Arbeitsmaterial holten. Die Wirkung beschreibt Roubiczek an zwei Buben, Werner (5,10 Jahre), Hans (6,3 Jahre):

„Gegen Ende des Vormittags – die Arbeitsfreude der meisten Kinder begann schon zu erlahmen – bemerkte sie Werner. Er begann eine Karte für sich zu buchstabieren und schaute ganz verblüfft auf – er konnte sie lesen! Er nahm eine zweite, wiederum dasselbe, er konnte sie ohneweiters lesen. Ganz aufgeregt nahm er das ganze Päckchen und begann zu lesen. Er nahm sich nicht die Zeit, sie zu seinem Arbeitsplatz zu tragen, sondern blieb neben dem Kästchen stehen. Er zappelte vor Aufregung und Freude. Da ging Hans vorbei. ‚Hans, schau her, ich kann lesen!' Hans stellt sich neben ihn und er beginnt vorzulesen. Schon bei der zweiten Karte liest Hans mit. Jetzt stecken die beiden die Köpfe zusammen und lesen ‚mit vereinten Kräften' im wahrsten Sinne des Wortes."[71] Nach fünfzig gelesenen Karten sagte Werner: „ ‚Nehmen wir uns die anderen Karten.' Hans: ‚O Jux, nehmen wir uns die anderen Karten.'"[72] Sie machten sich daran, die Karten mit jenen Gegenständen zu lesen, die zuerst große Schwierigkeiten bereitet hatten.

Es ist in der Montessori-Schule „nichts Seltenes, dass ein Kind in der Freude, eine Schwierigkeit überwunden zu haben, eine andere früher unüberwindliche Schwierigkeit bezwingt. Es ist, als ob ihm die erlangte geistige Schwungkraft über den Berg hülfe."[73] Dies ist die motivierende Wirkung einer aus eigener Kraft bewältigten Aufgabe, und die Kinder drücken, wie am folgenden Beispiel der zwei Buben gezeigt werden kann, die Freude sowohl über den Körper als auch über die Sprache aus.

„Werner ist ganz aufgeregt, Hans fährt sich immer wieder mit beiden Händen in die Haare: ‚Mein Gott, mein Gott, was tun wir denn da! Ich werde heute noch verrückt.' Wenn man ihm zusieht, weiß man nicht, ob er am Gipfel der Verzweiflung oder der Freude ist."[74] 150 Karten lasen die zwei Buben und legten sie auf. Hans holte Steffi Schlamm – eine Montessori-Lehrerin, die das Sekretariat leitete – aus dem Büro, hielt sie an der Hand und schaute abwechselnd auf die Gegenstände und ihr Gesicht. Dies ist ein häufig zu beobachtendes Phänomen: Kinder wollen die Freude über eine gelungene Arbeit mit jemandem teilen.

Interessant erscheint auch, dass Werner die Tage vorher fast gar nichts tat, er war immer in Bewegung, störte die anderen Kinder bei ihrer Arbeit und fing Streitigkeiten an. Nach diesem geistigen Erlebnis taten sich die Buben auch am nächsten Tag zusammen. Roubiczek schreibt: „Zwischen Werner und Hans besteht seit damals eine innige Freundschaft."[75] Dies ist ein deutlicher Hinweis auf die verbindende Wirkung einer gemeinsamen, mit Anstrengung bewältigten Arbeit. Die Errungenschaft von Hans und Werner regte auch andere Kinder an, denn innerhalb einer Woche begannen drei weitere Kinder zu lesen.

Hilde Uhlir, sie führte die Gruppe der Kinder von zweieinhalb bis fünf Jahren, sagt: „Nicht alle konnten Lesen und Schreiben, wenn sie von mir weggingen, aber ich hab doch von einigen im Sommer Karten bekommen, auf denen stand zum Beispiel: ‚Liebe Hilde! Ich sende Dir von meinem Urlaub schöne Grüße.'"[76]

5.6.3.3 Freies Schreiben – Basis der Textgestaltung

Als 1925 vom Stadtschulrat die Genehmigung erteilt wurde, eine Schulklasse zu führen, arbeitete Emma Spira mit den schulpflichtigen Kindern. 1928 hatte sie also vier Schulstufen in einer Klasse.

Das Prinzip der Mehrjahrgangsklasse wirkte sich auf die schriftlichen Ausdrucksformen positiv aus. Die Kinder lasen Texte, die sie in der Freiarbeit verfassten, den anderen Kindern vor. Spira weist darauf hin, dass diese Aufsätze häufig die Anteilnahme der ganzen Gruppe fanden und die Kinder in Kollektivstunden sie immer wieder vorgelesen haben wollten.[77] Die Kinder regten sich dadurch gegenseitig zum Schreiben an.

Spira zeigt in einem Bericht über „Schriftliche Ausdrucksformen von 6- bis 8-jährigen Kindern" die Bedeutung des freien Schreibens deutlich auf. Genau so wie beim Lesen das Kind gleich sinnvolle Wörter liest, schreibt es auch von Anfang an Texte, die Ausdruck eines besonderen Interesses sind. So muss man nach Spira „den Aufsätzen der Kinder mit derselben Einstellung entgegenkommen wie den Zeichnungen – sie als geschlossenen Ausdruck der Persönlichkeit betrachten"[78].

In diese schöpferische Tätigkeit wird nicht durch orthographische oder stilistische Korrekturen eingegriffen, denn „durch die Verbesserung verliert das Kind nur Sicherheit und Lebendigkeit des Ausdruckes. Ein Augenblick, in dem das Kind schöpferisch tätig ist, ist in keiner Weise für Korrekturen geeignet."[79] Spira betont jedoch, dass in der Montessori-Methode der Stil und die Orthographie keineswegs vernachlässigt, sondern auf einem anderen Weg bearbeitet werden. „Die sensitive Periode fürs Schreiben, die im 5. bis 6. Jahre liegt, gibt eine Möglichkeit, Rechtschreibschwierigkeiten zu beheben. Die Kinder schreiben orthographisch schwierige Wörter von Zetteln ab, zu einer Zeit, da ihr Interesse hauptsächlich auf die Übertragung der Laute in Schreibsymbole gerichtet ist und gleichzeitig das Interesse an der Funktion des Schreibens an sich im Vordergrund steht. Durch das wiederholte Abschreiben prägt sich das Wortbild ein, ohne dass das Interesse direkt auf die Rechtschreibung gelenkt wäre."[80]

Die erste Form des schriftlichen Ausdrucks waren zumeist Briefe, die Kinder schrieben. Dabei konnte beobachtet werden, dass die kleineren Kinder zuerst der Lehrerin oder einem Kind schrieben, also jemandem, der da war und gleich antworten konnte.

So schrieb Werner (6, 4 Jahre) seiner Lehrerin:[81]

Liebe Nuschi!
Wie geht es dir? Geht es Dir gut, und wann können wir wieder mit Dir fortgehen. Wennst Du kannst machen wir einen Ausflug. Aber wo gehen wir hin wenn wir einen Ausflug machen sag es geschwind ja oder nein.
Werner

Die Lehrerin antwortete darauf mit folgendem Brief:[82]

Lieber Werner!
Ich möchte sehr gern einen Ausflug mit Euch machen, wir gehen nach Mauer.
Frag die Kinder, ob sie mitkommen.
Nuschi

In diesem schriftlichen Dialog wird deutlich, wie Schreiben als ernsthaftes Ausdrucksmittel verwendet wird. Der Wunsch des Kindes, einen Ausflug zu machen, wird ernst genommen und beantwortet. In der Beantwortung wird ihm aber eine neue Aufgabe gestellt. Der Wunsch eines einzelnen Kindes reicht noch nicht aus, einen Ausflug anzusetzen. Werner wird angehalten, das Interesse der anderen Kinder für den Ausflug zu erkunden. Werner machte sich auf den Weg und versuchte, die anderen Kinder für das Vorhaben zu gewinnen. Dann schrieb er:[83]

Ja ich komme und der Fredi kommt auch und die Magda geht mit und die Hanna geht mit und fileicht geht die Tilde mit. Sie glaubt. Dein Werner

Wenn Kinder erleben, dass schriftliche Aussagen Bedeutung und Wirkung haben, setzen sie dieses Ausdrucksmittel auch ein. So schrieb Elli (6, 5 Jahre) an Lili Roubiczek:[84]

Liebe Lili! Warum hast Du gerate heute Geburtstag wo ich gar nichts für Dich hab.
Viele Küsse Elli

Bei einem Besuch in Wien erhielt Maria Montessori von Minni (7, 2 Jahre) folgenden Brief:[85]

Liebe Frau Montessori!
Wie geht es Ihnen ich gebe ihnen eine schöne Karte in den Brief hinein und eine schöne Rechnung.
Ich küsse Sie tausendmal.
Viele Grüße von Minni

Ausgehend von diesen Briefen an anwesende Personen wurde es für die Kinder immer interessanter, an Personen zu schreiben, die weit entfernt waren. So hatten sie z. B. Briefkontakt mit Kindern in der Jenaer Montessori-Schule. Mit diesen Kindern tauschten sie Geschichten aus, z. B. schrieb Hanna (7, 2 Jahre):[86]

Liebe Trude! Ich habe mich sehr gefreut weil die Geschichte mir so gut gefallen hat die du geschrieben hast auch den anderen Kindern hat sie gefallen. Geht es Dir gut bitte schreib mir eine Antwort zurück. Wir schreiben euch auch unsere Lieblingsgeschichte auf die hat auch sehr viel Blätter, 26 Blätter, aber du hast noch mehr geschrieben, du hast 32 Blätter geschrieben, Hanna

In Anlehnung an die ersten Lesekärtchen („krieche!“, „gehe!“ usw.) formulierten die älteren Kinder selbst solche Aufforderungen, die an die ganze Klasse gerichtet waren:[87]

Geh und mach das Fenster auf, daß die Sonne hereinscheinen kann und daß ich die Vögel singen hör. Evi (7, 9 Jahre)

Ziehe den Vorhang zu und sage: „Ich muß den Vorhang zuziehen, weil die Sonne so hereinscheint“. Lisl (8, 4 Jahre)

Anhand von Geschichten eines 7-jährigen Mädchens zeigt Spira, wie sich innerhalb von zwei Jahren die Darstellungsweise veränderte, klarer wurde, ohne dass das Kind in irgendeiner Weise beeinflusst worden war. Durch alle Geschichten hindurch wurde sichtbar, dass das Kind sich mit der eigenen Lebenssituation auseinander setzte. Zuerst verdeckt, sie wählte die Märchenform, später erfolgte die Auseinandersetzung mit Geschehnissen in sehr direkter Weise.

Spira weist auf die therapeutische Wirkung des Schreibens und Zeichnens hin und meint. „Es scheint, dass das Realisieren der eigenen Situation, in Geschichten und Zeichnungen, dem Kind geholfen hat, Schwierigkeiten im wirklichen Leben zu überwinden.“[88]

Das folgende Beispiel einer Versuchsbeschreibung von Werner (8, 3 Jahre) zeigt die realistische Darstellung einer Situation und gibt sowohl Hinweise auf die Arbeit der Kinder im sachunterrichtlichen Bereich als auch auf die Haltung der Lehrerin bei „Unachtsamkeiten“ der Kinder:[89]

Dritter Versuch
Wir haben Wasser mit dem Bunsenbrenner erwärmt bis 100 Grad und wie es gekocht hat, waren es 4 Minuten und dann haben wir Weingeist gekocht und da hat der Fritz das Schälchen in die Hand genommen und da ist die Flamme ins Schälchen hineingeschlagen und dabei hat sich der Fritz den Daumen verbrannt und die Nuschi hat mit dem Fuß ins Feuer gestoßen. Da haben die Kinder so geschrien und nur ich und der Hans sind ruhig in der Klasse geblieben. Wie das Feuer aus war hat die Nuschi gesagt sie wird wieder ein feuerfestes Schälchen kaufen.

Den Kindern standen eine Reihe von Anleitungen für Versuche zur Verfügung, die sie weitgehend ohne Hilfe der Lehrerin durchführen konnten. Natürlich ging da manchmal etwas schief. Aus dem Kindertext ist jedoch zu entnehmen, dass in so einem Fall die Lehrerin nicht etwa nach einem Schuldigen suchte, um ihn zu ermahnen, sondern sie drückte mit ihrer Reaktion das grundsätzliche Vertrauen in die Selbsttätigkeit der Kinder aus.

Eine beliebte Form des Schreibens waren Dialoge, bei denen ein Kind etwas formulierte und das andere Kind darauf antwortete. Der folgende Ausschnitt aus einem längeren Dialog im Schwimmbad, den Agi (8, 9 Jahre) und Eva (8, 7 Jahre) formulierten, soll dies verdeutlichen:[90]

Im Bad

Nuschi:
So, da habt ihr jeder den Kabinenschlüssel.
Alle:
Können wir zusammen sein, können wir zusammen sein, können wir zusammen sein.
Nuschi:
Seid schon still. Zusammen können sein, Eva, Agi, Lisl, Elli, Tanja, Rosi, Lisi, Evi. Ich bin allein in der Kabine und Hermann, Alfred, Motti, Werner, Hans, unten treffen wir uns in der Schwimmhalle.

Diese Ausdrucksform, die bei den Kindern dieser Gruppe besonders gut entwickelt war, fand beim Vorlesen in Kollektivstunden besonderes Interesse.

5.6.4 Zur Arbeit im Bereich Mathematik

Über diesen Bereich liegen von Roubiczek und Spira aus der Zeit von 1922 bis 1929 kaum schriftliche Hinweise vor. Obwohl erst 1932 erschienen – Spira führte bereits die Montessori-Schule Wien IX, Grünentorgasse –, gibt ihr Beitrag zur „Einführung ins Rechnen im Montessori-Kinderhaus“[91] Aufschluss über die Arbeit und die vorhandenen Materialien im Haus der Kinder.

5.6.4.1 Einführung ins Zählen und Rechnen

Durch den Umgang mit den Sinnesmaterialien eignen sich bereits die kleinen Kinder eine Vorstellung von der Gleichheit und Verschiedenheit von Dingen an. Montessori schreibt dazu: „Der Begriff der Menge wohnt all dem Material für die Erziehung der Sinne inne: länger, kürzer, dunkler, heller.“[92] Auch Spira weist auf die indirekte Vorbereitung hinsichtlich der Beziehung der Größen zueinander durch die Sinnesmaterialien hin: „Solche Beziehungen finden die Kinder an den Würfeln, Prismen und Stangen des Montessori-Materials ganz von selbst.“[93]

• **Die Arbeit mit den „rot-blauen Stangen“**
Eine erste differenzierte Vorstellung von Mengen und ihren Elementen bekommt das Kind im Haus der Kinder durch die Arbeit mit den „rot-blauen Stangen“. Dieses Material besteht aus 10 Stangen von 1 dm bis 1 m Länge. Die Abschnitte von je 10 Zentimeter sind abwechselnd rot und blau gefärbt. Die Einerstange ist rot, die Zweierstange rot-blau, die Dreierstange rot-blau-rot usw. bis zum Zehner. Das Kind ordnet die Stangen, die auf einem Teppich liegen, von der größten zur kleinsten. Das Ordnen nach der Größe kennt das Kind bereits vom Umgang mit den „roten Stangen“. Die Lehrerin nimmt die ersten drei Stangen, trennt sie von den übrigen und führt über die **Dreistufenlektion** die Zahlbegriffe ein.

– **Stufe 1:** Ein Objekt mit sprachlichem Symbol koppeln
  Die Lehrerin legt die kürzeste Stange vor das Kind hin, berührt sie und sagt: „Das ist eins“. Dann legt sie die zweite Stange vor das Kind und sagt: „Das ist zwei“. Dabei berührt sie beide Abschnitte und sagt: „Eins, zwei“. Genauso macht sie es mit der dritten Stange.

– **Stufe 2:** Objekt identifizieren, wenn sein Name genannt wird
  Die Lehrerin mischt die Stangen und sagt z. B.: „Gib mir die Stange 2! Leg die 3 hinter dich! Gib mir die 1!“

Abb. 18:
Kind bei der Arbeit mit den numerischen Stangen

– **Stufe 3:** Das Objekt selbst benennen
Die Lehrerin nimmt eine der drei Stangen und fragt das Kind nach dem Namen. „Was ist das?" Das Kind antwortet: „Das ist drei". Nach dem Nennen der Zahl werden die Abschnitte berührt und gezählt, denn durch das Zählen soll die numerische Ordnung eingeprägt werden. Auf diese Weise werden auch die anderen Zahlen bis zehn eingeführt und dann durch weitere vielfältige Übungen gefestigt.

• **Einführung der Zahlen 0 bis 9**

Unabhängig von konkreten Mengen werden die Ziffern erarbeitet. Es gibt zehn Karten, auf die Ziffern aus Sandpapier von 0 bis 9 aufgeklebt sind. Über die Dreistufenlektion lernt das Kind die Zeichen zu jenen Zahlen kennen, die ihm bereits vertraut sind, und erhält so den „Schlüssel zur Welt der geschriebenen Zahlen". In weiteren Übungen werden die blau-roten Stangen und die Sandpapierziffern kombiniert.

• **Die Arbeit mit den Spindelkästen**

Zur Arbeit mit den Elementen einer Menge werden die sogenannten Spindeln verwendet, „bei denen das Kind in einen bestimmten Raum Spindeln von 1 bis 10 einordnet, die einzelnen aber mit einem Gummiband verbinden kann."[94] Bei Montessori handelt es sich hier um ein Material, das aus zwei Holzkästen mit jeweils fünf Fächern, die an der Rückwand mit den Ziffern 0–4 und 5–9 beschrieben sind, besteht. Dazu gehören 45 Holzspindeln und 8 Gummiringe zum Bündeln der Mengen. Mit diesem Material zum Erfahren der Zahlenmenge von 0–9 und dem Erlernen der Ziffernfolge von 1–9 wird auch die Null eingeführt.

• **Ein Zahlengedächtnisspiel**

Wenn die Kinder die geschriebenen Ziffern erkennen und sie mit der entsprechenden Menge verbinden können, wird für die Festigung folgende Übung angeboten: Auf einem Tablett, in einer Dose oder einem Körbchen liegen gefaltete Zettel. Auf jedem Zettel steht eine Ziffer aus dem Zahlenraum 0 bis 10. Die Kinder, die bei diesem Zahlengedächtnisspiel mitmachen, holen je einen Zettel, gehen mit diesem an ihren Platz, wo sie sich die Ziffer ansehen und den Zettel wieder falten. Dann holt sich jedes Kind von einem Tisch, auf dem Gegenstände liegen, oder aus dem Raum, die entsprechende Anzahl von Gegenständen.

Spira berichtet, dass das Kind bei dieser Übung beliebige Gegenstände bringen konnte.[95] Hingegen werden bei den Spindelkästen Gegenstände einer Art (Holzspindeln) der Ziffer zugeordnet.

Beim Zahlengedächtnisspiel erfährt das Kind, dass die Anzahl unabhängig von der Art der Gegenstände ist. Wenn sich alle Kinder die Gegenstände geholt haben, öffnen sie wieder ihren Zettel und vergleichen die Ziffer mit der Anzahl der Gegenstände. Die Lehrerin geht von Kind zu Kind und lässt sich die Ziffer vorlesen und die Anzahl der Gegenstände vorzählen.

- **Erste Rechenoperationen mit den numerischen Stangen**

Die ersten Rechenoperationen, die aber noch nicht schriftlich festgehalten wurden, erfolgten mittels der „blau-roten Stangen". Spira schreibt dazu: „Die ersten Rechenübungen sind eigentlich ein Vergleichen; zum Beispiel drei und fünf zusammen sind so lang wie die Acht. Bei dieser Art zu addieren (und zu subtrahieren) liegt das Wichtige darin, dass jeder der beiden Summanden, die die Summe bilden, als Einheit bestehen bleibt. Zählen wir zum Beispiel irgendwelche Gegenstände zusammen, so verschwindet in der Summe die Einheit, also 3 Bohnen und 5 Bohnen werden 8 einzelne Bohnen, während beim Summenbilden mit den Stangen die einzelnen Summanden bestehen bleiben."[96]

In der Regel vergleichen die Kinder zuerst, mit welchen zwei Stäben sie die Zehn legen können. „Die einfachste Art besteht darin, dass man die kürzesten von eins aufwärts nacheinander an das Ende der entsprechenden langen von neun abwärts legt. Man sagt so: ‚Nimm eins und zähle es zu neun; nimm zwei und zähle es zu acht usw.' So entstehen vier Stäbe von je zehn. Die Fünf bleibt übrig; dreht man diese aber um ihr Ende (im Sinn der Länge), so bewegt sie sich von einem Ende der Zehn zum anderen und macht so deutlich, dass zweimal fünf zehn ist."[97]

- **Rechenoperationen mit Perlenstäben**

Spira berichtet auch vom Einsatz von Perlenstäbchen in zehn verschiedenen Farben. „Jede Zahl hat ihre bestimmte Farbe: zum Beispiel die Fünf wird durch fünf blaue Perlen, die auf Messingdraht aufgefädelt sind, dargestellt; die Acht durch acht braune Perlen, die Zehn durch zehn gelbe Perlen usw."[98] Von jeder Einheit waren 10 Perlenstäbchen vorhanden.
Die Kinder konnten mit diesem Material „zuzählen, wegzählen, das Vielfache nehmen, auf zehn ergänzen und so fort"[99].

Besondere Begeisterung für große Zahlen zeigten die Fünfjährigen. Spira war überrascht, „wie die Kinder Fähigkeiten, die sie am Montessori-Material als isolierte Tatsachen erworben hatten, an der Realität anwandten."[100] Sie konnte beispielsweise beobachten, wie die Kinder bis hundert und darüber hinaus an den Perlen zählten und sich anschließend etwas in der Klasse suchten, was in großen Mengen vorhanden war, und zählten; beispielsweise alle Stühle, alle Blumen, alle Kinder.

Abb. 19:
Rechnen mit dem
Perlenmaterial

• **Anwendung von Rechenoperationen in Alltagssituationen**
Eine Arbeit, bei der Rechenoperationen konkrete Anwendung fanden, war das Tischdecken. Die einfachste Art war, die Kinder zu zählen, dann so lange die Gedecke zu zählen, bis die nötige Zahl erreicht war. Einige Kinder wussten: Bei 18 Kindern muss ich 3 Tische decken; also, wenn 22 da sind, muss ich noch 4 Gedecke extra auflegen.[101]

• **Kalender lesen**
In der Montessori-Schule hatten die Kinder auch verschiedene Kalenderarten in Verwendung; einen Abreißkalender, einen Steckkalender, aus dem sie den Tag, die Woche und den Monat heraussuchen konnten, und einen kleinen Magnetkalender, auf dem der betreffende Tag durch Ansetzen eines Magneten bezeichnet wurde.

• **Messen von Strecken**
Besonderes Interesse rief das Messen hervor. Die Kinder verwendeten verschiedene Maßstäbe: einen Meterstab, einen Zentimeterstab und einen kleinen Metallmaßstab zum Aufklappen. Besondere Freude erregte das Messen mit dem Metermaß. Die Kinder maßen die Länge der Räume und, wenn sie damit fertig waren, lange Korridore und sogar den Garten ab.

Spira berichtet von einem Jungen, der mit dem Meterstab arbeitete, die Rechenstangen abmaß und rief: „Die Zehnerstange ist ja 1m lang! Die Neuner ist 90 cm, die Achter 80 cm usw.!“[102] Das war für die Lehrerin der geeignete Augenblick, um ihm zu sagen, dass man statt einer Einserstange auch 1dm sagen kann. Danach setzte das Kind fort: „Die Zweierstange ist dann 2 dm lang, die Zehner 10 dm, also 1 m hat 10 dm.“[103]

• **Rechengeschichten**
Zur Festigung der Rechenoperationen wurden häufig kurze Geschichten erzählt, in denen unerwartet Rechenfragen vorkamen. Die Kinder lösten die Aufgaben, wie Spira berichtet, mit Freude. Für jene, die lesen konnten, waren Rechengeschichten auf Karten aufgeschrieben.

5.6.5 Zur Arbeit im Bereich Musik

Die musikalische Erziehung ist ein Bereich, dem Montessori zwar große Bedeutung zumaß, der in der Praxis jedoch bis heute nicht jene Umsetzung und Ausprägung fand, die sie und ihre Mitarbeiterin Anna Maria Maccharoni sich vorstellten. Dies liegt eventuell daran, dass über die Musikerziehung bei Montessori nur wenig schriftliche Aufzeichnungen in deutscher Sprache vorliegen und in den Ausbildungskursen dieser Bereich nur am Rande oder überhaupt nicht behandelt wird. Aus der Literatur[104] lassen sich vier Teilbereiche der Musikerziehung erschließen, für die teilweise auch hervorragende didaktische Materialien vorliegen.

• **Vorbereitende Übungen zur Musik**
Schulung der auditiven Wahrnehmung durch Übungen zur Unterscheidung von Geräuschen.

• **Gehen und Bewegen nach Musik**
An exakt vorgetragenen Musikstücken sollen die Kinder musikalische Eindrücke differenziert wahrnehmen und mit dem ganzen Körper ausdrücken.

• **Musikalische Wiedergabe**
Mit einfachen melodischen Instrumenten werden kleine Konzerte gespielt.

• **Lesen und Schreiben der Musik**
Mit Hilfe von Materialien können die Kinder einzelne Lernschritte der Zuordnung von Tönen, Tonnamen und Notenpositionen im System, aber auch die Violin- und Bassschlüssellage selbständig bewältigen.

In der Wiener Montessori-Schule nahm die Musikerziehung durch die Mitarbeit der Klavierlehrerin Lisl Herbatschek einen besonderen Stellenwert ein. Fast täglich arbeitete sie mit den Kindern und entwickelte ein Musikprogramm, das bei Montessori große Anerkennung fand und in Ausbildungskursen vorgestellt wurde.

5.6.5.1 Vorbereitende und begleitende Übungen

Montessori setzt in der Musikerziehung bei der auditiven Wahrnehmungsschulung an, über die das Kind in die Lage versetzt werden soll, immer leisere Geräusche wahrzunehmen und Minimalreize beurteilen zu können. In den Gesamtkomplex der Schulung des Gehörsinnes bezieht sie auch die analytische Behandlung des Klanges der menschlichen Sprechstimme sowie als Kontrast zu Geräuschen, Tönen und Klängen – die nur aufgrund von Bewegung existieren – die Stille ein, die von der Unbeweglichkeit ausgeht bzw. freiwilliger Verzicht auf Bewegung ist; von der Stille ausgehend sollen die Kinder zur Wahrnehmung der durch Bewegungen verursachten Geräusche oder Klänge kommen.[105]

Die Übungen zur Unterscheidung von Geräuschen bilden nach Montessori eine „notwendige Grundlage für die musikalische Erziehung“[106]. Das Kind, das solche Übungen gemacht habe, sei bestens für das Verständnis der Musik vorbereitet, denn es habe sich mit der „klassifizierten Wahrnehmung“ einen fundamentalen Vergleichsmaßstab angeeignet, der einen unschätzbaren Wert für den späteren Fortschritt habe.[107]

Zur Identifikation und Unterscheidung von Geräuschen standen in den Arbeitsräumen der Montessori-Schule jeweils zwei Serien „Geräuschbüchsen“ bereit, die mit unterschiedlich großen Steinchen oder Körnern gefüllt waren. Wenn ein Kind mit diesem Sinnesmaterial arbeitete, nahm es die zwei Serien und stellte sie vor sich auf. Anhand einzelner Büchsen einer Serie hörte es durch Schütteln an beiden Ohren die Unterschiede. Dann folgte in der Regel das Zuordnen von gleich klingenden Geräuschebüchsen. Das Kind schüttelte eine Büchse einer Serie und suchte aus der zweiten Serie die passende Büchse dazu – so verfuhr es auch mit den weiteren.

Eine weiterführende Übung bestand darin, dass das Kind eine Serie nach ihrer Lautstärke in eine Reihenfolge brachte. Bei dieser Übung zum Graduieren von Geräuschen lernt das Kind, auf feine Unterschiede zu achten und diese bewusst wahrzunehmen. Während das Kind bei den ersten Übungen auf die kontrastierenden Geräusche aufmerksam gemacht wird, soll es bei der letztgenannten Übung die beinahe unmerklichen Unterschiede wahrnehmen.

Eine weiteres Material, das in den Gruppen Verwendung fand, waren die „Glocken“; zwei Serien von Glocken, die die Tonreihe C’ bis C” umfassen. Eine Serie (acht Glocken mit weißem Fuß, fünf Glocken mit schwarzem Fuß) steht auf zwei grünen Brettern mit eingezeichneten weißen und schwarzen Feldern, die der Klaviertastatur entsprechen.

Eine zweite Serie von Glocken mit braunem Fuß entspricht ebenfalls einer chromatischen Tonleiter C’ bis C”. Die schwarz-weiße Serie dient bei allen Übungen als Vergleichs- und Kontrollserie, hingegen können die Kinder mit den braunen Glocken die verschiedensten Übungen durchführen, z. B.:

- den Klang einer Glocke wahrnehmen;
- zuerst einzelne, dann mehrere braune Glocken den gleich klingenden weißen bzw. schwarzen Glocken zuordnen;
- die braunen Glocken mit Orientierung an der schwarz-weißen Serie in die Tonleiter einordnen;
- die braunen Glocken ohne Orientierung an der Kontrollserie in die Tonleiter einordnen.

5.6.5.2 Gehen und Bewegen nach Musik

Neben den vorbereitenden bzw. begleitenden Übungen zur Musik wurde in der Montessori-Schule ab 1924 durch die Musiklehrerin Lisl Herbatschek (verh. Braun Barnett) ein Grundlagenbereich der Montessori-Musikerziehung – die „rhythmischen Bewegungen“[108] – besonders gepflegt.

Dazu berichtet sie: „Täglich zwischen zehn und elf Uhr, wenn die Kinder ihre Arbeiten beendet hatten oder schon müde waren, haben sie mich gerufen und da hab’ ich die Musik gemacht.“[109]

Abb. 20:
Übung mit den Glocken

Sie setzte sich ans Klavier und begann kurze Volksweisen oder Ausschnitte aus klassischen Stücken zu spielen, die eine bestimmte rhythmische Qualität hatten (z. B. zum Gehen, Laufen oder Galoppieren aufforderten) und die Kinder zu spontanen Bewegungen nach der Musik anregten. Dabei stand das Klavier so, dass die Lehrerin sah, wie die Kinder zwischen den beiden ellipsenförmigen Bahnen – diese waren auf dem Boden markiert – das Gehörte in Bewegung umsetzten.

Der freien Wahl entsprechend, kamen einige Kinder, die sich angesprochen fühlten, und begannen sich nach der Musik zu bewegen. Andere, eher zurückhaltende Kinder, schauten zuerst zu und begannen erst später mitzumachen, und einige blieben Zuhörer bzw. Zuschauer.

Wenn neue Bewegungsformen (z. B. Laufen, Gehen) eingeführt wurden, zeigte Herbatschek oder eine Erzieherin die Bewegungen vor. Montessori schreibt zu den Einführungen: „Es ist nützlich, wenn die Lehrerin den Kindern einiges beibringt, so durch die Vorführung des für einen bestimmten Rhythmus geeigneten Schrittes, wie dies bei den Lektionen geschieht. Nach solch einem Unterricht muss man allerdings dem Kind selbst die Interpretation überlassen, das also denselben Rhythmus in verschiedenartigen Tonsätzen erkennen muss.“[110] Herbatschek spielte ein Stück (z. B. den Marsch „Old French Bugle Call“[111], zu dem Kinder gehen konnten) so oft, bis sie sah, dass die Kinder ihre Bewegungen mit der Musik koordinierten und in der Lage waren, sich zur Musik fließend zu bewegen.

Dann spielte sie ein Stück, das eine Kontrastbewegung (z. B. Laufen nach „Pillow Dance“[112]) erforderte.

Danach spielte sie einen anderen Marsch (z. B. „German Folk Tune“[113]), und da zeigte sie nichts mehr. Die Kinder mussten sich nach dem inneren Gefühl zur Musik bewegen.

Zuerst werden also Stücke gespielt, die von der Bewegung her einen gewissen Kontrast haben (Gehen – Laufen), dies entspricht den kontrastierenden Einführungen bei anderen Übungen. Diese sehr unterschiedlichen Rhythmen eignen sich am Anfang besonders gut. Da die Stücke kurz sind und die Kinder die Wiederholung lieben, ist es sinnvoll, die Stücke einige Male ohne Unterbrechung, ohne eine Pause, zu wiederholen. Während des Spielens sprach Herbatschek nicht mit den Kindern, gab keine Anweisungen. Wenn zwischen einzelnen Musikstücken eine Aufforderung notwendig war, gab sie diese, wenn möglich, durch musikalische Signale.

Zum Spielen der Stücke gibt Montessori folgende Hinweise: „Es ist falsch – dies zu beachten ist wichtig – beim Spiel den Takt stark zu schlagen, also die Note, die auf die Taktteilung fällt, laut zu spielen. Man muss mit dem ganzen Ausdruck spielen, den die Melodie verlangt, und kann dabei sicher sein, dass die rhythmische Kadenz sich gerade durch die Melodie äußert. Eine Note lauter spielen als die anderen, nur weil darauf der rhythmische Akzent fällt, heißt, dem Stück seinen ganzen melodischen Wert nehmen und folglich auch das Vermögen, eine motorische Reaktion in Verbindung mit der Musik zu erzeugen.“[114]

Weiters ist beim Spielen der Stücke zu beachten, dass das Tempo der Musik der Geschwindigkeit der möglichen Bewegungen der Kinder angepasst wird. So wird ein Musikstück, bei dem Kinder gehen, für jüngere Kinder schneller gespielt als für ältere, weil jüngere Kinder kürzere und schnellere Schritte machen.

Eine Vorbereitung zur Bewegung nach Musik ist das „Gehen auf der Linie“. Bei dieser Übung auf einer ellipsenförmigen Bahn sollen die Kinder ein stabiles, sicheres Gleichgewicht erlangen und gleichzeitig lernen, Fuß- und Handbewegungen zu koordinieren. Während dieses langsamen Gehens kann man die Musik als Unterstützung für die zu leistende Anstrengung einführen. Die Überlagerung der Bewegung durch Musik ist in diesem Fall aber „eine wirkliche ‚Begleitung‘ des bereits gefestigten Schrittes; sie durchdringt ihn.“[115]

Manchmal bekamen die Kinder beim Gehen auf der Linie Schlaginstrumente in die Hand und konnten die Musik bzw. ihre eigene Bewegung begleiten.

Abb. 21:
Gehen auf einer Linie mit rhythmischer Unterstützung

Während für die Kinder beim Gehen mit einem Tablett, auf dem ein mit Wasser gefülltes Glas steht, einer brennenden Kerze o. ä. die Linie erforderlich ist, damit die Schritte auf eine bestimmte Art gelenkt werden, sollten bei der Bewegung nach Musik „die Füße frei sein“[116]. Um die freie Bewegung zu gewährleisten, gab es in der Wiener Montessori-Schule zwei ellipsenförmige Bahnen, zwischen denen sich die Kinder zur Musik bewegen konnten.

Bei Tänzen dienen die Linien lediglich dazu, dass „die gehenden, laufenden, springenden usw. Kinder in einer Reihe bleiben“[117].

Herbatschek begründet die Bedeutung des Musikhörens und der damit verbundenen Bewegung folgendermaßen:

„Genauso wie das Kind die Kraft in sich hat, sich die gesprochene Sprache anzueignen, besitzt es die Kraft, sich die Sprache der Musik anzueignen. Wie das Hören der Sprache dem Sprechen vorangeht, kommt das Hören der Musik vor dem Musikmachen. Und genauso wenig wie man dem kleinen Kind die Sprache lehren muss, braucht man ihm die Musik zu lehren."[118] Stattdessen sollte man sich auf die Vorbereitung einer musikalischen Atmosphäre konzentrieren, aus der das Kind die Musik absorbieren kann,[119] „denn der Erfolg ist wesentlich davon abhängig, dass in der Umgebung des Kindes musiziert wird, so dass eine Umgebung entsteht, in der sich musikalischer ‚Sinn' und ‚Musikverstand' entwickeln lassen."[120]

Herbatschek ist mit Montessori der Meinung, dass es die musikalische Umgebung ist, die das dem Kind innewohnende musikalische Potential aktivieren kann. Kinder haben zur Musik einen anderen Zugang als Erwachsene. Während Erwachsene beim Musikhören in der Regel still und ruhig sitzen und sich von der Melodie leiten lassen, ist es bei den Kindern der Rhythmus, der den Anreiz darstellt und sie zur Bewegung drängt. Kinder wollen sich zur Musik bewegen, sie drücken ihr Gefühl, das die Musik auslöst, mit ihrem ganzen Körper aus. Herbatschek sieht in der Musik, die Kinder hören, die Basis für ihre spätere musikalische Entwicklung.[121]

Deshalb ist es ihrer Meinung nach von größter Bedeutung, dass die Kinder mit der „besten" Musik konfrontiert werden. Auf diesem Hintergrund hat sie Volksweisen und Kompositionen von bekannten Komponisten ausgewählt, die von ihrer rhythmischen Qualität den spontanen Ausdruck durch Bewegung ermöglichen, also Musikstücke, die den Bewegungsmöglichkeiten der Kinder entsprechen.

Manche der von Anna Maria Macceroni ausgewählten und von Montessori in ihrem Buch „L'Autoeducazione" veröffentlichten Stücke schienen Herbatschek nicht besonders geeignet. Jedenfalls meint sie: „Über die Stücke war ich nicht glücklich, sie waren zum Teil nicht musikalisch. Ich hab' dann neue gesucht, zuerst alleine, dann mit Lawrence Benjamin."[122] Montessori weist auf diese Musikstücke hin und schreibt, „dass Lawrence A. Benjamin unter Mithilfe namhafter Musikfreunde in Wien und London einen bedeutenden Beitrag bei der Auswahl jener Musikstücke leistete, die nach mehrjährigen Erfahrungen in der Montessori-Modellschule in Wien angenommen wurden"[123].

Herbatschek meint zu dieser Zusammenarbeit: „Benjamin hat in der Nähe gewohnt und hat mir immer in der Schule zugeschaut, wie ich die Musik gemacht hab', und das hat ihm sehr gut gefallen. Wir wollten zusammenarbeiten und gemeinsam Musikstücke sammeln. Im Zimmer, wo ich mit der Hilde gewohnt habe, war ein Klavier, da hab' ich alles harmonisiert. Ich habe stundenlang für ihn gespielt und er hat es ausprobiert, das Hüpfen und so weiter."[124]

Eine Auswahl der Musikstücke spielte Herbatschek 1925 Montessori beim Ausbildungskurs in London vor. Montessori war, wie Herbatschek erzählt, von den Musikstücken beeindruckt, denn „sie hat sie sich sehr gemerkt. Sie hat gesagt, sie sei im Zug gefahren und habe die Musikstücke im Ohr gehabt, die ich ihr vorgespielt hab'."[125]

Herbatschek teilt ihre ausgewählten Musikstücke in drei Gruppen ein, die neun Rhythmen umfassen.[126]

- **Spontane Bewegungen** (für Kinder von 3 1/2 bis 4 Jahren): Gehen, Laufen, Galoppieren und Hüpfen. Das Tempo der Musik wird beim Spielen den Bewegungsmöglichkeiten der Kinder angepasst.

  Das Hüpfen ist für Kinder in diesem Alter häufig noch zu schwierig. Obwohl Hüpfen eine spontane Bewegung ist, kann sie in der Regel von Kindern nicht mit Leichtigkeit vor dem fünften Lebensjahr ausgeführt werden.

- **Angepasste spontane Bewegungen** (für Kinder von 4 bis 5 Jahren): langsames Laufen, langsames Gehen und langsames Marschieren. Das Tempo der kindlichen Bewegungen ist dem Tempo der Musik angepasst.

- **Schrittmuster** (für ältere Kinder, die ihre Schrittbewegungen schon entsprechend koordinieren können): Walzer und Polkaschritt.

5.6.5.3 Musikalische Wiedergabe

Auf einen weiteren Bereich der Musikerziehung in der Wiener Montessori-Schule – die musikalische Wiedergabe – geben einerseits Fotos und andererseits mündliche Berichte von Frau Herbatschek und anderen Lehrerinnen bzw. Schülerinnen und Schülern Hinweise. Ein Bild aus dem Jahr 1924 zeigt eine Lehrerin am Klavier, Emma Spira mit einer Violine und einige Kinder mit Klang bzw. Blasinstrumenten. Herbatschek berichtet, dass bei diesen „Konzerten" Blasinstrumente mit einem Ton verwendet wurden.

Der Wunsch der Kinder, Musikstücke zu spielen, trat häufig parallel mit einem Phänomen, das Herbatschek die „Explosion des Singens" nennt, auf. Ohne dass die Kinder darin speziell geschult worden wären, waren sie in der Lage, nach einiger Zeit mehr als hundert Melodien der oft gehörten Konzertstücke zu singen. Herbatschek führt das darauf zurück, dass die Kinder mit der Bewegung auch die Melodien aufgenommen bzw. absorbiert haben. Die Wiedergabe einer gehörten Melodie kann sich nur ereignen, wenn man die Koordination der Körperbewegung mit der Musikbewegung – also den Rhythmus – erfahren hat.[127]

Der Ausbruch des Singens war bei vielen Kindern begleitet von einer spontanen Explosion des Komponierens und dem Wunsch, auf dem Klavier oder einem anderen Instrument etwas vorzuführen wie die Lehrerin, die die täglichen Konzerte spielte. Dies ist ein geeigneter Anlass, Kinder mit den Noten vertraut zu machen.

5.6.5.4 Lesen und Schreiben von Musik

Montessori hat zum Lesen- und Schreibenlernen von Tönen und Melodien eine Reihe von Materialien entwickelt, zu denen Bremer schreibt: „Vier Holztafeln mit Liniensystem, Kästchen mit Zeichen aus Holz für Notenkopf und -hals, Notenschlüssel, Akzidentien etc. Die Kinder ordnen die Notenzeichen den Tönen der Glocken zu und umgekehrt; später arbeiten sie mit dem Notenlegematerial ohne Glocken, besitzen aber die Vorstellung der entsprechenden Töne. Die Notentafeln sind so angelegt, dass die einzelnen Lernschritte der Zuordnung von Tönen, Tonnamen und Notenpositionen im System einschließlich Violin- und Bassschlüssel von den Kindern sicher bewältigt und kontrolliert werden können. Die Kinder stellen sich auch selbst Notenpapier her: mittels einer Linienrolle ziehen sie Notensysteme und stempeln Schlüssel, Noten, Taktstriche etc. ein."[128]

Über die Arbeit mit diesen Materialien liegen aus der Montessori-Schule keine schriftlichen Aufzeichnungen vor. Herbatschek berichtet jedoch, dass sich in der Klasse Tafeln mit Notenlinien befanden, die meist mit Kinderkompositionen bedeckt waren. Die Kinder spielten die Stücke auf den verschiedensten Instrumenten.[129]

5.6.6 Rhythmisch-gymnastische Erziehung

In der Aufbruchstimmung der zwanziger Jahre entstanden in Wien auch andere Bewegungen, die die Entwicklung des Kindes unter neuen Gesichtspunkten sahen. So übersiedelte in dieser Zeit auch die Rhythmikschule Hellerau-Dresden nach Wien, wo sie unter der Leitung von Christine Baer-Frissell in Laxenburg ihr Domizil bezog. Lili Roubiczek regte eine Zusammenarbeit an und lud Frau Baer-Frissell ein, mit den Kindern der Montessori-Schule aber auch mit den Lehrerinnen bzw. mit den Teilnehmerinnen des Montessori-Ausbildungskurses zu arbeiten. „Die sind einmal in der Woche zu uns gekommen, zu den Kindern, und einmal am Abend zu uns Lehrerinnen,"[130] berichtet Hilde Uhlir. Die Montessori-Lehrerinnen bzw. Helferinnen nahmen mit einem Teil der Kinder auch im Sommer längere Zeit an Rhythmikkursen in Laxenburg teil.

5.6.6.1 Zum theoretischen Ansatz der rhythmischen Erziehung

Baer-Frissell beschreibt die Rhythmik als einen Ansatz, der die Einheit von körperlicher und geistig-seelischer Entwicklung berücksichtige, und betont, dass die Rhythmik mit allem im Unterricht verbunden sei. „Sie ist weder von der Sprache, noch von dem Zeichnen, noch von all dem anderen, was in der Schule vor sich geht, zu trennen."[131] So grenzt sie die Rhythmik klar vom damals üblichen

Abb. 22:
Rhythmik mit Frau Baer-Frissell – Teil des Montessori-Ausbildungskurses

Bewegungsunterricht ab, der häufig auf Bewegungsgeschichten aufbaute, die lediglich nachahmende Bewegungen hervorriefen, von denen sie sagt, „sie laufen leer aus und sind daher sinnwidrig".[132]

In den kritisierten Bewegungsstunden standen Kinder zum Beispiel vor einer Leiter oder einer Sprossenwand, und die Lehrerin sagte: „Seht die schönen Äpfel, klettert hinauf und holt sie mir schnell herunter!"[133] Baer-Frissell ist der Meinung, dass die Freude der Kinder am Hinaufsteigen, an der Bewegung, nicht durch künstliche Anreize geschaffen werden müsse. Man gebe dem Kind Gelegenheit zu handeln und es versetzt sich so in diese Handlung, dass jeder Reiz, die Handlung zu verzuckern, überflüssig ist, meint die Rhythmikerin. Jede Übung kann dem Kind in Form einer wirklichen Handlung beigebracht werden. Dies erfordert jedoch eine entsprechend gestaltete Umgebung, „wirkliche Widerstände, wenn auch noch so klein, die die richtige Bewegung hervorrufen"[134].

Diese Haltung entspricht sehr der Grundeinstellung Montessoris, die ebenfalls davon ausgeht, dass das Kind an der Bewegung an sich Freude hat. Auch in der kritischen Einschätzung des Bewegungsunterrichts sind Parallelen feststellbar. So kritisiert Montessori: „In den gewöhnlichen Schulen wird mit ‚Gymnastik' meist eine kollektive Muskeldisziplin verstanden, die darauf abzielt, befohlene Bewegungen von der gesamten Schülerschar ausführen zu lassen. Eine vorgeschriebene Abhilfe für ein aufgezwungenes Übel, der festgesetzten Haltung in den Bänken."[135]

5.6.6.2 Die Arbeit mit den bunten Reifen[136]

Baer-Frissell beschreibt 1931 sehr ausführlich eine Rhythmikstunde und weist darauf hin, dass es sich um die Kinder der Montessori-Schule handelt. Aus den Namen der Kinder lässt sich erschließen, dass es sich um eine Stunde handelt, die mit Kindern der Montessori-Schule Wien X, Troststraße, und ihrer Lehrerin Emma Nuschi Spira stattfand.

Begonnen wurde diese Stunde so, dass die Kinder im Raum umherliefen, sprangen oder gingen. Nach einer Weile begab sich die Lehrerin zum Klavier und begann zu spielen, um die Fortbewegung, was das zeitliche Moment anbelangt, zu ordnen. Nach einer Phase des Austobens ließ sie alle Kinder im „Türkensitz" hinsitzen.

Nach all der Bewegung entstand ein Moment der Ruhe. Die Kinder schlossen die Augen. Es wurde ihnen ein kleiner Reifen in der Größe eines Armbandes in die Hand gegeben. Jedes Kind sollte ihn fühlen und dem nächsten weitergeben. Dann öffneten die Kinder die Augen und sollten erzählen, was sie gespürt hatten. Einzelne Kinder bekamen den Auftrag, das, was sie gefühlt hatten, mit Kreide an die Tafeln, die überall an der Wand in der Höhe der Kinder angebracht waren, zu zeichnen.

Im nächsten Abschnitt stellten sich alle Kinder in einer Gruppe zusammen und schlossen die Augen. Die Lehrerin stellte sich vor die Gruppe und schlug einen Gong an, dem die Kinder „blind" nachgehen sollten. Am Ende des Weges öffneten die Kinder die Augen wieder und erzählten, welchen Weg sie gegangen waren. Hier wird deutlich, in welch enger Verbindung Raumsinn und Tast- bzw. Bewegungssinn stehen.

Dann stellten sich die Kinder in einem Kreis auf und die Lehrerin fragte, was sie in diesem Kreis alles machen könnten. Die Antworten der Kinder waren z. B. „Galopp, Hüpfen, Laufen", also das, was sie bei Herbatschek in den Musikstunden kennen lernten. Die Lehrerin setzte sich ans Klavier, spielte die Stücke und die Kinder bewegten sich. Dann bekamen sie Instrumente dazu – Tamburin, Triangel, Schellenbaum, Holztrommel.

Für eine andere Übung wurden rote und blaue Reifen geholt, aufgelegt und zur Musik in den Reifen gehüpft, einmal nach der einen Richtung, einmal nach der anderen Richtung, so wie es die musikalische Phrase verlangte.

Abb. 23:
Einsatz von Reifen und Glocken im Rahmen der rhythmischen Erziehung

Auf eine Übung freuten sich die Kinder besonders. Nuschi Spira, die Klassenlehrerin, stand auf der einen Seite des Raumes und Frau Baer-Frissell auf der anderen. Jedes Kind wählte eine bestimmte Farbe unter den Reifen. Die Rhythmiklehrerin rollte den Reifen der Nuschi zu und ein Kind schlüpfte durch. Dabei sollte der Reifen natürlich möglichst nicht berührt werden.

Zum großen Repertoire an Übungen mit Reifen gehörte auch folgende: Ein Kind stellte sich vor eine Reihe von acht Reifen. Die Lehrerin spielte entweder auf- oder absteigend eine Melodie, und das Kind ging dazu vorwärts oder rückwärts von Reifen zu Reifen, ohne anzustoßen. Noch anspruchsvoller wurde die Übung, wenn je ein Kind an den beiden Enden der Reifenreihe stand. Die Lehrerin spielte eine zweistimmige Melodie, und während sich das eine Kind auf die melodische Auf- und Abbewegung der rechten Hand konzentrieren musste, horchte das zweite Kind auf die Melodie, welche die Lehrerin mit der linken Hand spielte, und bewegte sich entsprechend.

Sehr beeindruckende Übungen, die Kinder[137] können sich jedenfalls heute noch daran erinnern, waren jene Übungen, bei denen Töne und ihre Funktion erfahrbar wurden. Baer-Frissell setzte sich ans Klavier, und die Kinder sangen, um sie herum sitzend, Rufe oder kleine Motive nach. Dabei sollten sie hören, „wie 5 immer zu 1 oder zu 8 drängt, wie 7 nach 8, wie 2 nach 1 drängt"[138].

Das Hören und Zuordnen von Tönen wurde auch mit acht Reifen (jeder hatte eine bestimmte Farbe) und den Montessori-Glocken geübt. Die Glocken wurden in die Reifen gestellt, und die Kinder setzten sich in die Reifen; vor ihnen standen die Glocken. Die Lehrerin spielte einen Ton auf dem Klavier und das Kind, das sich im passenden Reifen meinte, schlug die Glocke an und verglich mit dem Klavierton.

In einer weiterführenden Übung wurden, wie Baer-Frissell schreibt, noch zusätzliche Materialien verwendet. An einem Tisch saß Lizzie mit dem Glockenspiel. Evi stand vor einem anderen Tisch mit den einzelnen Glocken und dem Schläger, Elli hatte die Ziffern aus Sandpapier aus dem Montessori-Material in der Hand, Motti hielt die Reifen. Dann spielte die Lehrerin auf der Flöte einen Ton (z. B. „c"). Lizzi schlug den Ton am Glockenspiel, Motti legte den Reifen in der entsprechenden Farbe (weiß), Evi stellte die Glocke in den Reifen und Elli legte die Ziffer (1) dazu.[139] Abgeschlossen wurde die Rhythmikstunde meist mit einem Tanzlied.

5.6.6.3 Beurteilung der Zusammenarbeit mit der Rhythmikschule Hellerau-Laxenburg

Die Kinder und die Lehrerinnen der Montessori-Schule waren von der Persönlichkeit Baer-Frissells fasziniert. So berichtet Hilde Steinemann (geb. Saly), die als Praktikantin in der Rhythmikstunde bzw. bei Kursen in Laxenburg immer wieder mithelfen durfte: „Frau Baer, die war wunderbar musikalisch, die brauchte nur zu spielen und die Kinder haben aus der Musik herausgespürt, sie sind Bären oder sind leichtfüßige Tiere oder Vögel. Die hat so wunderbar mit den Kindern über die Musik eine Sprache bekommen, dass aus der Musik heraus die Körpersprache der Kinder gekommen ist. Das hat mir schon enormen Eindruck gemacht. Ich hab sie heiß geliebt, verehrt wie eine Mutter."[140] Steinemann betont auch, dass die Übungen viel Freiraum zuließen und ihrer Meinung nach die Kinder nicht einengten.

Hedwig Schwarz schreibt in einem Nachruf auf Baer-Frissell, dass diese sich zu den Grundsätzen von Frau Dr. Maria Montessori bekannte und „immer wieder machte sie mit dem Montessori-Material neue Versuche und gab uns auch hier wertvolle Anregungen weiter"[141]. Die oben beschriebenen Übungen sind Beispiel dafür.

Differenzierter sieht Elise Braun Barnett (geb. Herbatschek) die Zusammenarbeit der Montessori-Schule mit der Rhythmikschule Hellerau-Laxenburg, wenn sie sagt: „Frau Baer-Frissell war eine wunderbare Lehrerin, aber sie sagte, was die Kinder tun sollten. Bei Montessori ist das anders, da zeigt man zuerst etwas und dann lässt man die Kinder selber."[142] Braun Barnett berichtet weiters, dass Montessori bei einem Besuch in der Rhythmikschule Hellerau-Laxenburg neben ihr sitzend über die Bewegungen der Kinder meinte: „Wie ein Vogel im Käfig."[143]
Montessoris Bedenken, ob in der Rhythmischen Gymnastik die Individualität des Kindes entsprechend berücksichtigt werde oder nicht doch uniformierte Bewegungen zur Norm gesetzt würden, sind auch in folgenden Aussagen unüberhörbar:

„Die modernen Strömungen, bei denen Gymnastik auf verschiedene Ebenen verlegt wird, wie z. B. die von Dalcroze als Erstem angewandte rhythmische Gymnastik, sehen die Kinder menschlicher. Mit größerer Achtung vor der Persönlichkeit geben sie ihm die Möglichkeit, sich aus der erzwungenen Stellung heraus zu strecken. All diese Methoden sind jedoch Reaktion auf ein falsch verstandenes Leben und haben keinerlei umgestaltenden Einfluss auf das Leben selbst. Wie Vergnügungen liegen sie außerhalb der normalen Existenz."[144]

Montessori geht davon aus, dass zur Schulung der Bewegung keine isolierten Übungen notwendig sind, kindgerechte Bewegungserziehung „muss das Kind von ‚innen' suchen und darf nicht in äußeren Formen und einem oberflächlichen Zweck stehen bleiben".[145]

Im Schulleben selbst sollten alle Bewegungen, die den Selbstaufbau des Kindes begünstigen, vorkommen. „Die Leibeserziehung in das Leben der Kinder durch Anknüpfung an das praktische Alltagsleben einzufügen, war einer der praktischen Hauptpunkte unserer Methode, welche die Ausbildung der Bewegungen vollständig in die eine und untrennbare Gesamterziehung der kindlichen Persönlichkeit eingeführt hat."[146]

Für Montessori sind in den Übungen des praktischen Lebens jene Bewegungsmuster eingebaut, die das Kind zur Vervollkommnung seines Bewegungsapparats braucht. „Wenn man genau darüber nachdenkt, sind die Übungen des praktischen Lebens eine regelrechte Gymnastik, deren alle Bewegungen verfeinernde Schule die Umgebung ist, in der man lebt. Die Übungen des praktischen Lebens sind eine entspannende Arbeit der Muskeln, die etwas tun, ohne zu ermüden. weil das Interesse und die Unterschiedlichkeit sie bei jeder Bewegung neu beleben. Durch die Übungen des praktischen Lebens lernt das Kind Arme und Hände zu bewegen und die Muskeln stärker auszubilden als durch gewöhnliche Gymnastik."[147]

Mit der Einbeziehung der rhythmischen Erziehung hatte die Wiener Montessori-Schule einen Weg beschritten, der zweifellos eine Ausweitung des Systems bedeutete. Inwiefern die Eigenprinzipien der rhythmischen Erziehung mit den Grundprinzipien der Montessori-Pädagogik vereinbar sind und daher eine Integration in die Montessori-Schule bruchlos möglich ist, wird bis heute immer wieder diskutiert.

5.6.7 Zur Arbeit im Bereich Freies Zeichnen und Werken

Bereits 1921 schrieb Lili Roubiczek während ihres Montessori-Ausbildungskurses in London in „The Times" über „Professor Cizek's methods"[148] und dürfte nach ihrer Rückkehr nach Wien bald Kontakt mit Franz Cizek bzw. seiner Mitarbeiterin Trude Hammerschlag aufgenommen haben. Prof. Franz Cizek leitete an der Wiener Kunstgewerbeschule eine Kinder- und Jugendklasse. Emma Spira berichtet: „In seinem Atelier waren alle Materialien, die man zum kreativen Gestalten verwenden konnte, gut geordnet vorhanden. Die Kinder konnten Töpfern, konnten Malen – daran war er besonders interessiert –, konnten mit Wolle arbeiten, konnten Linolschnitte machen."[149]

Ab 1925 kam es zu einer intensiveren Zusammenarbeit mit Trude Hammerschlag. Sie begann in der Montessori-Schule mit dem Versuch, „künstlerische Arbeitsmethoden, die der Wiener Schule (Prof. Cizek) entstammen, in den Rahmen einer Montessorischule einzubauen"[150].

Die Arbeit gestaltete sich so, dass Hammerschlag zuerst die Erzieherinnen in die künstlerische Arbeit einführte. Dazu berichtet Frau Uhlir: „Wir waren persönlich bei Trude in der Wohnung. Wenn wir an einem Samstag frei hatten, hat sie uns handwerklichen Unterricht erteilt."[151]

Ihr Kernanliegen für das bildnerische Gestalten mit Kindern beschreibt Hammerschlag folgendermaßen: „So haben wir in keinerlei Weise die Phantasie der Kinder besonders zu beeinflussen versucht, doch haben wir ihnen Mittel aller Art zur Verfügung gestellt, ihrer Phantasie bildnerischen Ausdruck zu geben. Und es entstand ganz von selbst in der Klasse eine zeichnerische Produktivität, phantastisch in Form, Farbe und Inhalt, wie sie dieser Periode des kindlichen Schaffens eigentümlich ist."[152]

Abb. 24:
Trude Hammerschlag (Schülerin des Kunsterziehers Prof. Cizek) führt die Montessori-Lehrerinnen in die Werkstattarbeit und in das Freie Zeichnen ein.

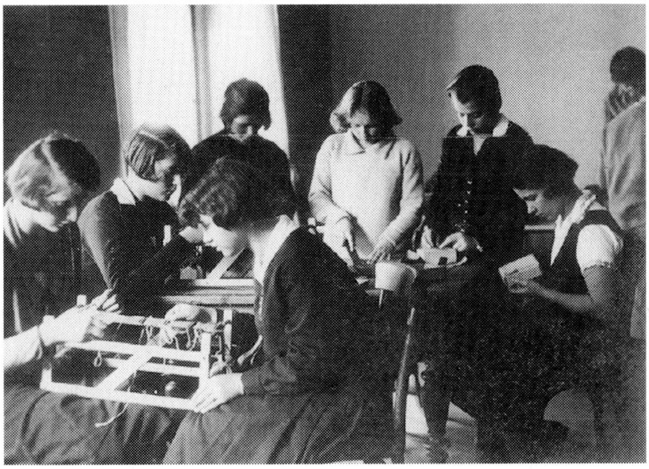

Abb. 25:
Ausbildungskurs bei Trude Hammerschlag (dritte v. r. Hilde Fischer)

Ganz im Sinne der Montessori-Pädagogik wollte Hammerschlag durch Beobachtung feststellen, welche Mittel die Kinder für den spontanen bildnerischen Ausdruck brauchen. „Das heißt nicht etwa ‚blindes Schmieren lassen‘, sondern das Hinleiten in eine bestimmte Richtung und feste Grenzen durch geeignetes Material und geeignete Techniken“[153].

Dieses Hinleiten musste sehr behutsam erfolgen und deshalb wurden zuerst die Voraussetzungen der Kinder untersucht, um nicht „den organischen Ablauf einer naturgemäßen Entwicklung zu stören und dem Kinde eine geistige Leistung und die richtige Erarbeitung von Begriffen vorwegzunehmen“.[154]

Bezüglich Cizeks Arbeit mit Kindern hebt Hammerschlag hervor, dieser habe den Kindern nie eine fertige Kunst als Muster und Vorbild gegeben oder in irgendeiner Weise aufgedrängt. „Immer wurde die eigenartige Entwicklung und die persönliche Art der kindlichen Darstellungsweise berücksichtigt und so dem einzelnen Kind die Möglichkeit gegeben, sein künstlerisches Schaffen zu entfalten.“[155]

Im Zentrum steht also die individuelle Arbeit des Kindes und so weist Hammerschlag dem Zeichnen als spontaner Äußerung und nicht als kollektiver Unterweisung große Wirkung zu. Sie bezeichnet das Zeichnen als „ein Ausdrucksmittel, eine Art Sprache“[156] und sieht es als wesentliche Aufgabe, „diesem Zeichnen die günstigsten Entwicklungsmöglichkeiten zu geben“[157].

5.6.7.1 Die Werkstattarbeit

Um den Kindern der Montessori-Schule die Möglichkeit werkstattmäßiger Arbeit zu geben, wurde getrennt von den Arbeitsräumen eine kleine und anfänglich noch sehr unvollkommene Werkstatt eingerichtet. Die Trennung vom übrigen Arbeitsraum war notwendig, weil die rein handwerkliche Arbeit sich mit den anderen Tätigkeiten nicht gut verbinden ließ und auch eine andere Intensität verlangte.

Alle Dinge der kleinen Werkstatt hatten ihren Platz, das Material war also so aufbewahrt, dass es die Kinder selbst holen und zum Teil auch selbst vorbereiten konnten. Hammerschlag weist darauf hin, dass das Werkzeug geradezu übertrieben genau verwahrt werden muss (jedes Werkzeug war auf dem Werkzeugbrett aufgemalt, damit es die Kinder wieder an den entsprechenden Platz zurückgeben konnten), um eine freie und geordnete Arbeit zu gewährleisten. Da die bildnerische und handwerkliche Arbeit in die freie Arbeit integriert war, konnten die Kinder selbständig wählen, mit welchem Material und mit welcher Aufgabe sie sich auseinander setzen wollten. Es war, wie Hammerschlag schreibt, der Versuch, „durch richtige Mittel und richtige Vorbereitung die den Kindern innewohnenden ‚darstellerischen‘ (schöpferischen) Kräfte zur Entfaltung zu bringen“[158].

Die Auswahl des Materials war den Kindern überlassen. Aber wie im übrigen Unterricht wurde auch hier jedes neue Material den Kindern in einer Lektion einzeln genau vorgeführt und stand erst dann zur Auswahl. Danach konnten die Kinder einzeln oder in selbstgewählten Gruppen mit dem bekannten Material frei arbeiten.

In dieser freien Kindergemeinschaft gliederte sich der Zeichen- und Werkunterricht harmonisch in den übrigen Betrieb der Schule ein. Hammerschlag begründet den Vorteil des integrierten Zeichen- und Werkunterrichts: „Die Phantasie, d. h. die Gestaltungskraft der Kinder, war nicht durch dauernde Inanspruchnahme im übrigen Unterricht verbraucht, so dass sie bei den Arbeiten in der Werkstatt in ihrer ganzen Intensität zur Geltung kommen konnte.“[159]

Die jüngeren Kinder (4- und 5-jährige) kamen in die Werkstatt und hatten gewöhnlich noch keine Erfahrungen im freien Zeichnen (oder es wurde zumindest vorher noch kaum berücksichtigt). Zuerst kamen sie oft, weil sie mit einer neuen Lehrerin etwas tun wollten, später kamen sie jedoch mit konkreten Plänen für Arbeiten, die sie dort umsetzen wollten.

Die in der Werkstatt gezeigten Techniken waren solche, von denen angenommen wurde, dass sie dem Stil der kindlichen Arbeiten gemäß sind und dass sich durch sie die spezielle kindliche Darstellungsweise am besten entwickeln kann. Zu diesen Techniken gehörten: „Malen mit breiten Pinseln, Leimfarben oder Temperafarben, Buntpapierschnitt, Modellieren mit Ton, Linoleumschnitt, Glasmalerei, freies Sticken, Holzarbeiten, Webearbeiten, Bastarbeiten, Papparbeiten und andere.“[160]

Hammerschlag konnte bei den Kindern eine periodenweise an- und abschwellende Entwicklung der Produktivität beobachten. Bei manchen Kindern war das Interesse gleichmäßig über das ganze Jahr vorhanden, bei anderen löste ein starkes Erlebnis eine Zeit besonderer zeichnerischer Aktivität aus, die dann später wieder abflaute. Andere wiederum wurden durch ein bestimmtes Material oder eine bestimmte Technik besonders angeregt und probierten diese in all ihren Möglichkeiten aus.

Für die jüngeren Kinder war die Zubereitung der Leimfarben, das Mischen und Anreiben der Farben oder das Reinigen der Tiegel und Pinsel eine Arbeit, die sie immer wieder mit Begeisterung durchführten und danach fragten. Das Umgehen mit den Farben, das Mischen, Anstreichen, Ausprobieren war für sie eine freudvolle Tätigkeit und auch bei den Holzarbeiten zeigte sich, dass die Freude an der Arbeit mit Holzstücken im Vordergrund stand, ohne einen bestimmten Zweck anzustreben. „Sie sägten Hölzer entzwei, rieben sie mit Glaspapier ab, feilten sie, schlugen Nägel in Bretter.“[161] Das Ausprobieren des Materials selbst war hier das Wichtigste.

Die Kinder lernten den Umgang mit einem Werkzeug und die Möglichkeiten, die in einem Material liegen, kennen. In der Bereitstellung des Materials und der Einführung der entsprechenden Handhabung sah Hammerschlag einen „Schlüssel“, die schöpferischen Qualitäten der Kinder entwickeln zu können.

Hammerschlag betont, dass sie Kindern nie Ersatztechniken wie z. B. Nähen auf Karton gab, denn so „wird Handfertigkeit zu einer geistlosen Beschäftigung, wenn sie nicht auf das Wesen der Dinge ausgeht, sondern nur leere Formen schafft“[162]. Diese Ersatztätigkeiten waren besonders in den Kindergärten sehr verbreitet, demgegenüber vertrat Hammerschlag die Meinung, „nur an den Dingen selbst lernen wir die richtige Handhabung“[163].

Die älteren Kinder begannen zu konstruieren, verschiedene Pflöcke zusammenzunageln, und gaben den entstandenen Objekten Namen, je nach der zufällig entstandenen Form. Erst die 7-, 8-, und 9-jährigen begannen bestimmte Vorhaben (z. B. eine Lokomotive, ein Haus bauen) umzusetzen.

Bei den Tätigkeiten der Kinder konnte Hammerschlag bestimmte Entwicklungsverläufe beobachten, über die sie schreibt: „Die Art der Darstellung entwickelt sich völlig organisch, von den ersten tastenden Versuchen über die schematischen Darstellungen hin zu den mehr realistischen. Die Kinder arbeiten so lange in einer bestimmten Darstellungsform, solange es ihnen so richtig erscheint, und kommen von selbst mit Fragen zu uns, wenn die Art ihrer Darstellung sie nicht mehr befriedigt.“[164]

Es scheint das Phänomen, dass ein Kind eine Tätigkeit so oft wiederholt, bis es eine gewisse Sättigung erreicht bzw. Sicherheit erworben hat, auch im künstlerischen Bereich aufzutreten. Auffallend war, dass „viele Kinder neben und unabhängig von den gleichzeitig noch ganz unnaturalistischen freien Zeichnungen damit beginnen, Blumen, Schmetterlinge, ... nach der Natur zu zeichnen, mit großer Sorgfalt und Genauigkeit.“[165] Auch Montessori weist darauf hin, dass Kinder immer wieder das Bedürfnis hatten, möglichst naturgetreue Zeichnungen anzufertigen.

5.6.7.2 Zur Kritik an der Verbindung der Cizek-Methode mit der Montessori-Pädagogik

Das Anliegen Hammerschlags, eine Verbindung der Montessori-Pädagogik und der Methode von Cizek herzustellen und dies zu begründen, stieß in Wien nicht nur auf Zustimmung.

So wirft etwa Elsa Köhler in einer Entgegnung auf einen Artikel von Hammerschlag dieser vor, dass ihre Schilderung über das freie Werkschaffen in der Montessori-Schule in der Montessori-Literatur keine Entsprechung finde und schreibt: „Demgegenüber möchte ich feststellen, dass in keinem der Werke M. Montessoris irgendetwas steht, was auch nur annähernd die Berufung Hammerschlags auf Montessori rechtfertigen könnte.“[166]

Man suche zwischen Montessori und Hammerschlag vergeblich eine Verbindungslinie. Ihre Arbeit verrate vielmehr die Cizek-Tradition, die Beziehung zu Montessori sei eine „unrichtige Etikette“[167].

In außerordentlich zurückhaltender Weise nimmt Hammerschlag zu diesen Vorwürfen Stellung und bekennt sich sowohl zur Cizek-Tradition als auch zur Montessori-Methode. Sie nimmt zur von Elsa Köhler geäußerten Kritik, sie habe der Wiener Schule ein unrichtiges Etikett angeheftet, wie folgt Stellung:

„Ich muss zugeben, dass ich mich auf keine Seite, nicht einmal auf eine Zeile eines Buches Maria Montessoris berufen kann, in dem die Art des Werkunterrichtes, so wie er von uns durchgeführt wurde, genau angegeben und beschrieben ist. Und trotzdem wage ich zu behaupten (und hier kann ich mich nur auf meine ganz persönliche Zusammenarbeit mit Frau Montessori berufen), dass gerade die Art, wie der Werkunterricht durchgeführt wurde, sich in den Rahmen der Montessori-Methode organisch eingliedern lässt."[168]

Und weiter: „Ich kann noch hinzufügen, dass es niemals in meiner Absicht gelegen war, diese Tradition in irgendeiner Weise zu verleugnen, ja sogar (und hier sei mir gestattet einiges Biographische, das mir für den Bericht als wesentlich erschien, einzufügen) dass es eben gerade meine Cizek-Tradition war, die mich mit Frau Maria Montessori zusammengeführt hat."[169]

5.6.7.3 Die Bedeutung des freien Zeichnens in der Montessori-Pädaogik

Während Maria Montessori für manche Bereiche ein äußerst detailliertes didaktisches Konzept vorlegt, findet man zur bildenden Kunst nur wenige und zum Teil auch widersprüchliche Aussagen wie beispielsweise die folgenden: „Das sogenannte freie Zeichnen hat in meiner Methode keinen Eingang gefunden, ich vermeide unreife Versuche, die unnötig anstrengen, sowie die abscheulichen Zeichnungen, die in modernen fortschrittlichen Schulen so sehr geschätzt werden."[170]

„Kurz gesagt, es existiert ein Instinkt, sich auszudrücken, der seine eigenen Wege sucht. Es gibt deren zwei: der eine ist die Schrift, die als Ausdruck des Gedankens dient, und der andere ist die bildende Kunst. Doch in den meisten Fällen hängt diese unbestreitbare Neigung des Kindes zu zeichnen weder mit einer ihm angeborenen künstlerischen Begabung zusammen, noch mit einer entschiedenen Neigung zur Kunst."[171]

Drücke arbeitet dieses zwiespältige Verhältnis zum künstlerischen Schaffen heraus und meint: „In der ersten Aussage lehnt Montessori offenbar die um die Jahrhundertwende entdeckte, seitdem erforschte und besser verstandene genuine Kinderzeichnung ab, ihre Echtheit anzweifelnd (‚das sogenannte freie Zeichnen'), ihre ästhetische Gültigkeit nicht erkennend (‚abscheuliche Zeichnungen'), sie deshalb pädagogisch abwertend (‚unreife Versuche'") – in der zweiten weist sie darauf hin, dass der bildnerische Ausdruck wie die Sprache zum Wesen des Menschen gehören (‚Instinkt, sich auszudrücken') und dass sich das Kind – nicht etwa nur das künstlerisch begabte – spontan mit Freude in dieser Weise äußert (‚unbestreitbare Neigung des Kindes zum Zeichnen').[172]

Montessori bestreitet hier nicht grundsätzlich die Neigung des Kindes zum freien bildnerischen Ausdruck, sie ist aber offensichtlich der Meinung, dass die dem Kind im freien Zeichnen gegebenen Mittel nicht den echten Ausdruck hervorzubringen vermögen.

Wie beim Schreiben die vorbereitenden Übungen zur Explosion des Schreibens führen können, erwartet sich Montessori von der Schulung der Ausdrucksmittel die effektivste Vorbereitung auf künstlerisches Schaffen.

So betont sie: „Wir lehren zeichnen nicht durch Zeichnen, sondern indem wir die Möglichkeit zur Schulung der Ausdrucksmittel geben. Ich betrachte dies als wahre Hilfe für freies Zeichnen, welches das Kind zum Fortfahren ermutigt, wenn es wirkungsvoll und verständlich ist."[173]

Mit der Schulung der Ausdrucksmittel meint Montessori einerseits die Hand, die zu immer feineren und koordinierteren Bewegungen kommen soll und andererseits die differenzierte optische Wahrnehmung, denn die „Einbildungskraft kann als Basis nur die Sinne haben. Die Sinneserziehung, die darauf vorbereitet, genau alle unterschiedlichen Einzelheiten zwischen den Eigenschaften der Dinge wahrzunehmen, bildet also die Grundlage für die ‚Beobachtung' der Dinge und Vorgänge, die in den Bereich unserer Sinne treten; und damit hilft sie, aus der Außenwelt das Material für die Einbildungskraft aufzunehmen."[174]

Montessori setzt auf die Sinnesschulung, diese allein bewirkt aber noch nicht die für bildnerisches Schaffen notwendige ästhetische Sensibilität; z. B. erfordert das Wahrnehmen der Harmonie und Kontraste mehr als bloß scharfe Sinne. Es braucht ein offenes, zugleich intensives und differenziertes Hinschauen, den absichtslosen Blick, der offen ist für Qualitäten, die nicht restlos auf quantifizierbare Sinnesdaten rückführbar sind.[175]

Es ist richtig, dass das Zeichnen nicht durch das schrittweise Beibringen einer Technik gelehrt werden kann, jedoch ist Drücke zuzustimmen, wenn er meint: „Man lernt zeichnen nur durch Zeichnen, so wie man sprechen nur durch Sprechen lernt."[176]

Montessoris Haltung dem freien Zeichnen gegenüber ist zweifellos vom Kunstverständnis ihrer Zeit geprägt. Wenn sie schreibt, „je mehr sie (Anm. die Einbildungskraft/Phantasie) sich an die Formen der geschaffenen äußeren Welt hält, um so höher ist der Wert ihrer inneren Schöpfung"[177], und wenn sie darauf hinweist, dass es den Kindern in ihren Schulen gelinge, „Blumen, Vögel, Landschaften und sogar selbsterdachte Skizzen in beneidenswerter Weise zu zeichnen"[178], wird deutlich, dass sie von einem konventionellen Kunstverständnis des 19. und frühen 20. Jahrhunderts geprägt ist, in dem die „Naturwahrheit" zum Ideal erhoben wird.

Dass dieses Kunstverständnis mit ihrer Vorstellung von der Entwicklung des Kindes nicht so recht in Einklang zu bringen ist, dürfte sie auch selbst empfunden haben, jedenfalls relativiert sie im selben Abschnitt ihre ablehnende Haltung dem freien Zeichnen gegenüber, indem sie folgende Stellungnahme einer Psychologin anführt: „Die Montessori-Schule unterdrückt das freie Zeichnen nicht, sondern sorgt vielmehr dafür, dass die Kinder dabei größtes Vergnügen empfinden, wobei sie gleichzeitig ihren Farb- und Formensinn frei entfalten sowie ständig Hand und Auge üben."[179]

5.6.7.4 Montessori würdigt die Arbeit der Cizek-Schule und das Wirken Trude Hammerschlags

Montessori besuchte bei ihrem ersten Aufenthalt in Wien (1924) die Kinder- und Jugendmalklasse von Cizek und sah, wie Hammerschlag schreibt, in der Arbeit Ähnlichkeiten zu ihrer Methode. „Als Frau Montessori vor vielen Jahren in Wien die Jugendklasse Professor Cizeks sah, schien ihr gerade dort auf künstlerischem Gebiet das erfüllt zu sein, worauf ihr gesamtes erzieherisches Streben gerichtet war.

Und als sie in späteren Jahren in Mailand einen Ausbildungskurs für Montessori-Lehrerinnen abhielt, war es gerade Wien, und gerade jemand, der mit der Cizek-Tradition behaftet war, den sie hinkommen ließ, um den künstlerischen Teil dieser Ausbildung zu übernehmen."[180] Es war Trude Hammerschlag selber, die zu diesem Kurs eingeladen wurde.

Dass Hammerschlag von Montessori mehrere Male als Referentin zu Ausbildungskursen im Ausland eingeladen wurde, ist ein deutlicher Hinweis auf die Verbindung und hohe Wertschätzung der Arbeit. Montessori selber drückt 1930 in einem Schreiben nach dem tragischen Tod von Hammerschlag die große Wertschätzung für deren Arbeit persönlich aus und rückt damit gleichzeitig ihre Haltung gegenüber der kreativen Kunst in ein etwas anderes Licht.

Dieser in italienischer Sprache vorliegende und bisher nicht veröffentlichte Nachruf soll hier angeführt werden:

„Zwischen der kreativen Kunst und dem heranwachsenden Kind sind vielfältige Beziehungen, das haben alle gespürt, die das Kind oder die Kunst ernst genommen haben. Aber bis jetzt ist es nur wenigen gelungen, in sich selbst diese doppelte Synthese entstehen zu lassen: die der Welt der kreativen Kunst und die des Lebens. Trude Hammerschlag konnte diese Synthese machen.

Farben, Formen, Bewegung, diese Elemente der künstlerischen Arbeit sind auch die Elemente der enormen Arbeit, durch die das Kind seine Seele bildet. Das unvergessliche Werk in den letzten Jahren des Lebens Trude Hammerschlags war die Beobachtung der Beziehungen zwischen diesen zwei Welten. Trude hatte sich mit wissenschaftlichem Ernst an die neue Pädagogik gewandt, und mit ihrer Intuition konnte sie später unsere Arbeit bereichern und erweitern. Ihr grundlegendes pädagogi-

sches Wesen befähigte sie, Kindern auf der Suche nach einer eigenen künstlerischen Schöpfung zu helfen: und auch die neuen Lehrer dazu zu unterrichten.

In unsere Vorbereitungskurse hat Trude Elemente von sich geprägt, die wir den neuen Erziehern nicht mehr vorenthalten möchten: das heißt die Fähigkeit eines Arbeitsfeldes zu finden, in dem die künstlerische Originalität des Kleinkindes sich äußern kann. Was Trude erkannt hatte und lehrte, war die absolute Gleichheit zwischen kreativer Arbeit und ernster Arbeit, der menschlichen Arbeit, die eine größere Bedeutung und eine höhere Stelle einnimmt als alle anderen Sachen. – Das Kind und vielleicht nur es allein, kann sich so der Arbeit widmen: wie an etwas, dessen Wert ganz oben im Leben steht. – Trude hat das gespürt und dadurch dem Kind einen Dienst erwiesen; deswegen ehren wir sie: weil sie der Arbeit des Kindes und damit der zukünftigen Welt einen Dienst erwiesen hat.“[181]

5.6.8 Das Sommerheim – Die Montessori-Schule zieht aufs Land

In den Sommermonaten Mai/Juni übersiedelten die Kinder und Erzieherinnen der Montessori-Schule für sechs Wochen aufs Land. Emma Spira, die aus der Jugendbewegung kam und Erfahrung mit der Betreuung von Jugendgruppen auf dem Land mitbrachte, hatte am Ende des ersten Jahres gefunden, „die Kinder müssen unbedingt aufs Land fahren, man kann doch nicht das ganze Jahr in der Stadt sein. Und irgendwie war die Welt damals so konstruiert, dass man, wenn man Ideen hatte und bereit war sich einzusetzen, daraus etwas machen konnte.“[182]

Nach Aufenthalten in Petronell (1923) und Schauboden (1924) wurde der Montessori-Schule ab 1925 in Küb am Semmering von Dr. Eugenie Schwarzwald, Leiterin eines Mädchengymnasiums (Schwarzwald-Schule), ein Heim zur Verfügung gestellt. Das „Haus in der Sonne“ lag in einer landschaftlich wunderschönen Gegend an einem Nadelwald, abseits vom Ort.
Mit dem Aufenthalt im Sommerheim wurde ein zweifaches Ziel verfolgt:

- Erholung, körperliche Kräftigung,
- Lernmöglichkeiten in einer neuen Umgebung.

Abb. 26:
Das Sommerheim in Küb am Semmering

Abb. 27:
Beobachtungen in der Natur

„Das Hauptziel war die körperliche Kräftigung der Kinder, denen es zu Hause an so vielem fehlte."[183] Wie bereits erwähnt, war der gesundheitliche Zustand vieler Wiener Kinder in der Zeit nach dem Ersten Weltkrieg alles eher als zufriedenstellend. Deshalb wurde vom Wiener Jugendhilfswerk für jedes Kind, das bei der ärztlichen Untersuchung einen schlechten Befund hatte, ein Kostenzuschuss für einen Erholungsaufenthalt gewährt.

1924 wurde mit etwa 30 Kindern das Heim in Schauboden am Semmering bezogen. Es gab dort schöne Schlafräume für jeweils 4–5 der 3- bis 6 1/2-jährigen Kinder. „Die lungengefährdeten und schwächlichen Kinder schliefen auf einer offenen Veranda."[184] Natürlich wurde ein großer Teil der Zeit mit den Kindern im Freien verbracht.

Wie in der Schule in Wien waren die Kinder auch hier in die Hausarbeit eingebunden. Sie lüfteten und machten die Betten, dabei waren die älteren Kinder den jüngeren behilflich. Sie putzten die Schuhe, was auch für die jüngeren Kinder aufgrund der vielen Übungen des praktischen Lebens kein Problem war. „Die Küche musste von den Erwachsenen in vollkommener Ordnung gehalten werden, um den Kindern die Möglichkeit zu geben, in geordneter Umgebung zu arbeiten und alle Verrichtungen der Erwachsenen genau zu sehen."[185]

In dieser vorbereiteten Umgebung verlangten die Kinder immer wieder nach Arbeiten wie „Kartoffelschälen, Kartoffelschneiden, Zitronen pressen, Zucker im Mörser stoßen, Zucker und Schokolade reiben, Grüngemüse schneiden, Schnittbohnen und Erbsen vorbereiten, mit dem Wiegemesser hacken, Brot schneiden und mit Butter bestreichen, Hülsenfrüchte sortieren, Beeren und Pilze sammeln usf."[186]

Die Umgebung bot eine Menge neuer Lernmöglichkeiten. Besonderes Interesse fanden die Kinder an einem Steinbruch. Spira schreibt dazu: „Die älteren Kinder bauten mit mir einen Herd, der ohne Reparatur den ganzen Sommer funktionierte."[187] Bei Spaziergängen kamen die Kinder dorthin und kochten kleine Gerichte. Am Herd selber machten sie ebenfalls interessante Beobachtungen. „Im Herd war eine Öffnung zum Einheizen und ein Abzugloch für den Rauch freigelassen worden. Beim Einheizen sah Karli, dass der Rauch immer wieder vom Wind zurückgeschlagen wurde. Die Sache gab ihm zu denken und bald fand er heraus, dass das Abzugloch immer in der jeweiligen Windrichtung liegen müsste."[188]

Höchstes Interesse erregten einige Zeit die verschiedenen Steine. Die Kinder „trugen oft schwere Steine einen langen Weg nach Hause, wuschen und polierten sie mit einem Tuch. Die Schiefer schuppten kleine Glimmerplättchen ab, Quarz wurde glänzend, beim Kiesel aber sah man die schönen Zeichnungen am deutlichsten, wenn er feucht war."[189]

Nicht alle Kinder wurden von diesen Phänomenen in gleicher Weise erfasst, und im Sinne der freien Entscheidung für eine Arbeit wurden auch nicht alle angehalten, sich damit zu beschäftigen.

Die Lehrerinnen hatten einen Teil des Montessori-Materials mitgenommen, wollten aber mit der Herausgabe warten, bis die Kinder danach verlangten. Man würde annehmen, dass die Kinder in dieser Zeit nichts von „Schule" sehen und hören wollten. Dem war jedoch nicht so, berichtet Spira, denn schon „im Laufe der ersten Woche baten die älteren Kinder um ihre Hefte und Bücher und setzten sich nach dem Frühstück zur Arbeit, wie sie das in Wien gewöhnt waren.

Wir erkannten, dass es bei den Kindern keinen Wunsch nach Ausruhen gibt, den die Erwachsenen so stark fühlen, wenn sie aufs Land kommen."[190]

So ergab sich aus dem Bedürfnis der Kinder, dass von 8–1/2 11 Uhr im Haus gearbeitet und dann ein Programm im Freien angeboten wurde. Spira weist darauf hin, dass manchmal ein Kind so in eine Arbeit vertieft war, dass es keine Zeit hatte, mit den anderen ins Freie zu gehen, wie das folgende Beispiel zeigt:

Tilde (5 3/4 Jahre) „kannte von Wien her fast alle Buchstaben, hatte aber mit dem Zusammensetzen der Wörter große Schwierigkeiten. In Küb hatte sie lange Zeit nur gezeichnet und gemalt. Eines Vormittags nahm sie zum ersten Mal die Lesekärtchen und las zum ersten Mal mit weniger Schwierigkeiten. Nachher nahm sie das Buch ‚Meine Schule ist das Haus der Kinder' und begann es abzuschreiben und konnte auf einmal fließend schreiben."[191]

Tilde war über ihren Lernerfolg so glücklich, dass sie den ganzen Vormittag im Haus blieb und arbeitete, nicht einmal zum Mittagessen wollte sie kommen. Ein Kind, der „Kellner", holte sie und sie kam, „ein vollbeschriebenes Blatt in der Hand haltend und rief: ‚Ich kann schreiben.'"[192]

Dies ist eine Bestätigung für ein von Montessori immer wieder beobachtetes Phänomen: „Die Kinder scheinen eine ‚Empfindung' für ihr geistiges Wachstum, das Bewusstsein der Errungenschaften zu haben, die sie machen, wenn sie innerlich weiterkommen. Sie geben das geistige Leben, das in ihnen erwacht ist, äußerlich durch lebhafte Freudenbezeugungen zu erkennen."[193]

Die vielen positiven Erfahrungen im Sommerheim, von denen Spira 1925 berichtet, dürften dazu geführt haben, dass in späteren Jahren Überlegungen angestellt wurden, Erholung und Arbeit auf dem Land als festen Bestandteil in die Montessori-Pädagogik einzubeziehen. Jedenfalls berichtet Plank-Spira 1990, dass sie von Mario Montessori einen Brief erhielt, in dem sich dieser genau über die Arbeit im Sommerheim erkundigte und erwähnte, dass daran gedacht sei, solche Aufenthalte am Land zu einem festen Element der Montessori-Methode zu machen.[194]

5.6.9 Zur Beobachtung der Kinder und zur Zusammenarbeit mit den Eltern

Die Beobachtungsgabe ist eine Grundqualifikation für die Gestaltung der Erziehungs-Beziehung und der Anregungsumwelt. Dem sich entfaltenden Leben kann die Lehrerin nur helfen, wenn sie im Stande ist, dem Kind zu folgen und die für seine Entwicklung notwendige Umgebung vorzubereiten.

Die Wiener Montessori-Lehrerinnen legten besonderen Wert auf die persönliche Schulung der Beobachtungsfähigkeit und entwickelten sowohl Beobachtungskriterien als auch Raster zur Aufzeichnung von Aktivitätszyklen.

Die Zusammenarbeit mit den Eltern war ein zentrales Anliegen und drückte sich in vielfältigen Aktivitäten aus:

- schriftliche Elterninformationen;
- monatliche Elternabende;
- wöchentliche Sprechstunden und Hospitationsmöglichkeiten;
- Hausbesuche;
- „Elternbuch" mit pädagogischen Bemerkungen (z. B. Lernfortschritte), Informationen über den Gesundheitszustand des Kindes und Informationen bezüglich des zu zahlenden Schulgeldes;
- Einladung der Eltern zur Mitarbeit in der Schule (Schürzen nähen, Tätigkeiten im Garten, u. a.).

5.6.9.1 Bedeutung der Beobachtung und Möglichkeiten der Auswertung

Um Aufschluss über den Entwicklungsstand des einzelnen Kindes zu bekommen und die Umgebung entsprechend vorbereiten zu können, sind exakte Beobachtungen notwendig, denn die Kinder einer Montessori-Klasse arbeiten an ganz unterschiedlichen Aufgaben und auf unterschiedlichen Niveaus. Nur durch regelmäßige und exakte Beobachtungen kann die Lehrerin jedes einzelne Kind auf seinem Weg unterstützen.

Hedwig Schwarz drückt den pädagogischen Optimismus, mit dem eine Lehrerin Kindern begegnen soll, so aus: „Sie steht dem Kind als Mensch zu Mensch gegenüber. Wunderbare Lebenskraft offenbart sich ihr in den Kindern, die kann sie nur erfassen, wenn sie selbst von starker Lebensfreude erfüllt ist."[195] Die wunderbare Lebenskraft, die sich vor allem im Phänomen der Polarisation der Aufmerksamkeit äußert, muss die Lehrerin sehen, sich dafür interessieren und mit Geduld auf das Auftreten warten können.

Roubiczek zeigt die Bedeutung der Beobachtungsfähigkeit an folgendem Beispiel auf:
„Kinder, die neu in eine Montessori-Klasse kommen, verhalten sich je nach ihrem Temperament verschieden. Einige gehen herum, andere stören die anderen Kinder und nehmen alles in die Hand, legen aber alles nach kurzer Zeit wieder weg, bis sie einmal eine Betätigung finden, die alle ihre Kräfte in Anspruch nimmt und sie voll befriedigt. Dann merkt man sofort an dem Gebaren des Kindes, dass es nun nicht mehr aus Neugierde, sondern aus einem inneren Bedürfnis handelt."[196]

Um diese fruchtbaren Momente zu erkennen, fordert Montessori: „Warte und beobachte!"[197] Sie meint damit die teilnehmende Beobachtung, die liebende Anteilnahme am Tun des Kindes, ohne in seine Tätigkeit einzugreifen.

Die Polarisation der Aufmerksamkeit, die Versunkenheit, erkennt man an der Beziehung des Kindes zur Sache. Die Beziehung drückt sich in der Körperhaltung, in der Bewegung der Hände, im Gesichtsausdruck bzw. Blick aus. Wie das Kind bei Fehlern oder auf Störungen reagiert, wie lange es sich einer Arbeit hingibt und wie konstant es bei der Sache bleibt, das alles gibt wertvolle Aufschlüsse über die Entwicklung des Kindes und ist nur über exakte Beobachtung zu ergründen.

Daher ist es eine wesentliche Aufgabe einer Montessori-Lehrerin, sich eine gute Beobachtungsfähigkeit anzueignen. Eine der Voraussetzungen zur Beobachtung ist die persönliche Fähigkeit, sich voll und ganz auf eine Arbeit konzentrieren zu können, die scheinbar einen geringen Zweck hat oder ein geringes Ergebnis einbringt.

Wie ernst die Wiener Arbeitsgemeinschaft diese Forderung nahm, zeigt folgende Auskunft von Emma Plank: „Um die Fähigkeit der exakten Wahrnehmung, der genauen Beobachtung von Details zu verbessern, nahm ich im Sommer an einem Mikroskopierkurs, der vom Institut für Biologie angeboten wurde, teil. Ich hab' dort Miskroskopieren und Sehen gelernt."[198]

- **Beobachtung und Aufzeichnung von Aktivitäten**

Die folgenden Tagebuchaufzeichnungen – sie sind ein Beispiel für Aufzeichnungen, wie sie zu jedem Kind in der Klasse gemacht wurden – zeigen die Bedeutung exakter Beobachtung und Wahrnehmung sowie Möglichkeiten der Aufzeichnung und Auswertung.

„Poldi, der gegenwärtig großes Interesse für Zahlen hat, vertauscht bei unserem großen auswechselbaren Kalender die ‚9' gegen die ‚10'. Als er die Karte mit ‚Dienstag' gegen eine andere vertauschen will, wird er schwankend und sucht bei Karli Rat. Einige Zeit geht er im Zimmer auf und ab, schließlich holt er sich das Schuhputzzeug und beginnt seine Sandalen zu putzen. Das Resultat befriedigt ihn offenbar sehr, er wäscht sich ganz schnell die Hände, holt bunte Stifte und beginnt zu zeichnen. Dabei ist er aber nicht sehr konzentriert, er spricht ununterbrochen, erzählt, was er in den beiden freien Tagen zu Hause gemacht hat, und schneidet dabei gewaltig auf. Die Zeichnung, die er dabei zustande bringt, ist natürlich nicht sehr schön. Er räumt seine Sachen fort und beginnt Blumen zu gießen. Er macht es sehr ordentlich.

Als er zum Mauskäfig kommt, wird sein Interesse so gefangen genommen, dass er sich mit dem Kännchen in der Hand auf den Boden hockt und sich nicht früher wegrührt, bis das Gabelfrühstück gebracht wird. Bevor er selbst trinkt, gießt er der Maus Milch in ihr Schälchen.

Gleich nach dem Frühstück nimmt er die große Farbenschachtel und arbeitet lange und interessiert damit auf einem Spielteppich. Dann nimmt er sich ein Zählspiel. Bohnen legt er in Gruppen von 1 bis 10 zusammen und legt eine Karte mit der entsprechenden Zahl dazu. Er arbeitet sehr gut und interessiert und lässt sich von keinem Kind ablenken. Als er damit fertig ist, schließt er seine Hände rückwärts über der Stuhllehne zusammen.

Er betrachtet sein Werk sehr zufrieden, wiegt den Oberkörper hin und her und singt leise. Als er alles fortgeräumt hat, ist seine heutige Arbeitskurve am Ende. Die anderen Kinder sind noch ins Spiel vertieft, und wir gehen daher noch nicht in den Garten. Poldi aber braucht Ablenkung und da er keine andere haben kann, so stellt er sich schließlich zum Fenster, sieht hinaus und berichtet den anderen Kindern immer mit lauter Stimme, was draußen vorgeht. Schließlich schicke ich ihn in den Garten, um Bohnen zu ernten."[199]

Die beobachteten Tätigkeiten wurden dem konzentrierten Ausdruck entsprechend in einen Raster eingetragen. Bei Poldi entstand folgende Kurve[200]:

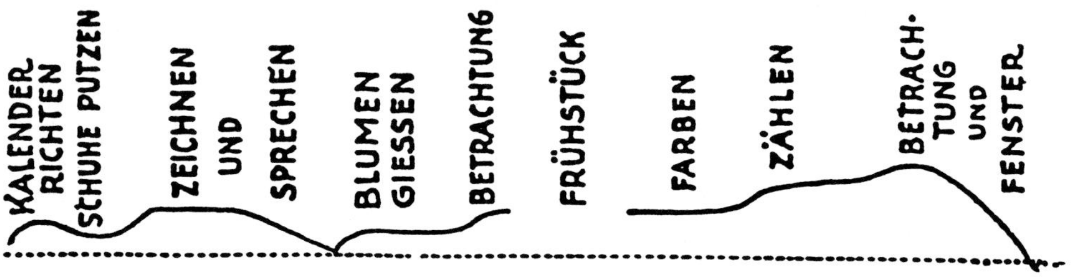

Die strichlierte Linie markiert die „Ruhe". Betätigt sich das Kind, so steigt die Kurve (entspricht der Konzentration bei der Arbeit) an. Fällt die Kurve unter die „Ruhelinie", bedeutet dies, dass das Kind z. B. andere stört oder sich destruktiv betätigt.

Roubiczek weist darauf hin, dass so eine Beobachtung nie ganz exakt sein kann, „da sich geistige Energie nicht messen lässt. Nur das möglichst geschulte Auge der Lehrerin liest diese aus dem ganzen Gebaren und dem Gesichtsausdruck des Kindes und aus der Art, wie das Kind auf ablenkende Reize der Umgebung reagiert."[201]

- **Analyse des beobachteten Verhaltens**

Roubiczek schließt aus der bei Poldi entstandenen Aktivitätskurve, dass sich das Kind bereits konzentrieren kann, aber seine „starke motorische Natur immer wieder durchbricht"[202].

Sie hebt die Notwendigkeit einer unterschiedlichen Bewertung der Beobachtung der Maus und der Beobachtung der Natur durch das Fenster heraus und meint, „man muss das gänzlich verschiedene Gebaren und den verschiedenen Gesichtsausdruck des Kindes gesehen haben, um die Bewertung zu verstehen".[203] Solche Feinheiten können nur durch detaillierte Aufzeichnungen über den Ausdruck des Kindes erschlossen werden.

Die Aktivität von Poldi weist drei Phasen auf, die bei der Freiarbeit immer wieder festgestellt werden können.

Die erste Phase ist von Suchen und unstetem Tun gekennzeichnet. Das Kind wird zwar von verschiedenen Gegenständen angesprochen, zu einer intensiven Beschäftigung kommt es aber nicht. Montessori schreibt über ähnliche Beobachtungen, das Kind „ist unruhig, steht auf, geht hin und her, stört aber die anderen nicht. Es ist, als ob es auf der Suche wäre nach dem, was es am meisten interessiert, als ob es sich für die ‚große Arbeit' vorbereite."[204] In dieser Phase wäre es nach Montessori noch möglich, indirekt zu lenken, d.h. zum Beispiel die Aufmerksamkeit durch Materialangebote zu wecken. Poldis Lehrerin wartet ab und tatsächlich richtet er beim Mauskäfig die ganze Aufmerksamkeit auf das Geschehen im Käfig. Von diesem Zeitpunkt an steigt die Konzentrationskurve und erreicht den Höhepunkt beim Zählen der Bohnen.

Montessori schreibt über die Arbeitshaltung der Kinder in dieser Phase: „Es richtet seine ganze Aufmerksamkeit darauf, vertieft sich in sie, gibt sich mit ganzer Seele hin und löst sich gleichsam von seiner Umgebung los: das ist das, was wir die ‚große Arbeit' nennen."[205]

Die dritte Phase ist durch besinnliche Verarbeitung erworbener Eindrücke gekennzeichnet. In dieser sinnenden Periode – Poldi schließt seine Hände rückwärts an der Stuhllehne zusammen und betrachtet zufrieden sein Werk – spürt man beim Kind die Genugtuung über die geleistete Arbeit. Am Ende dieser Phase legt das Kind seine Materialien an den vorgesehenen Platz zurück.

Diese Tagebuchaufzeichnungen waren Grundlage für regelmäßige Besprechungen der Montessori-Lehrerinnen mit der Leiterin Lili Roubiczek.

5.6.9.2 Zusammenarbeit mit Eltern – das Elternbuch

Da die Kinder nahezu den ganzen Tag in der Montessori-Schule verbrachten, hielten die Lehrerinnen möglichst engen Kontakt mit den Eltern. Spira nennt dafür folgende Gründe: „Erstens, um eine geschlossene pädagogische Arbeit zu ermöglichen, die nur in vollster Zusammenarbeit zwischen Elternhaus und Schule zu erreichen ist, und zweitens, um die Elternschaft mit den Erziehungszielen der Anstalt bekannt zu machen und in praktischen und geistigen Dingen von den Eltern unterstützt zu werden."[206]

Bereits bei der Anmeldung erhielten die Eltern ein Informationsblatt mit den wesentlichen Erziehungszielen und folgenden Hinweisen auf die Bedeutung einer engen Zusammenarbeit:
„Aber auch eure Mitarbeit, Eltern, ist vonnöten!
Ihr empfängt die Kleinen allabendlich wieder aus unseren Händen und sollt ihnen eine Behandlung angedeihen lassen, die frei ist von allem, was die Kinder beschämen oder niederdrücken könnte. Ein unbedachtes Wort kann wochenlange Erziehungsarbeit zunichte machen!"[207]

Durch monatliche Elternabende und Vorträge von Fachleuten über die wesentlichen körperlichen und seelischen Bedürfnisse des Kindes sollte das Interesse der Eltern für die Erziehung im Sinne der Prinzipien Montessoris geweckt werden. Weiters wollten die Lehrerinnen die Eltern genau informieren, „in welchem geistigen, seelischen und körperlichen Zustand sich ihr Kind befindet. In vielen Fällen ändert das Kind sein Wesen in der Kindergemeinschaft weitgehend und zeigt Eigenschaften und Fähigkeiten, die sich zu Hause nicht gezeigt hatten oder nicht bemerkt wurden"[208].

Um solche Entwicklungen und den Umgang der Erzieherinnen mit den Kindern zu beobachten, konnten die Eltern an einem Tag der Woche bei der Arbeit mit den Kindern zusehen. Einmal pro Woche war es auch möglich, am Abend zu einem Gespräch in die Schule zu kommen. Dort stand den Eltern zudem die pädagogisch-naturwissenschaftliche Bibliothek zur Verfügung. Zur Herstellung bzw. Intensivierung von Kontakten waren Hausbesuche vorgesehen. Roubiczek schreibt 1925: „Ein großer Teil der Eltern betrachtet das Heim bereits als ihr ‚Heim', sie helfen uns bei Handwerksarbeiten und unterstützen vor allem unsere Erziehungsarbeit."[209]

Eine ständige Verbindung zwischen Elternhaus und Schule wurde durch das „Elternbuch" geschaffen. Dieses Heft, das in der Hand der Eltern war, bestand aus drei Teilen: dem Gesundheitsblatt, den pädagogischen Bemerkungen der Erzieherin und dem Vermerk für Zahlungen (Schulgeld). Da die Zahlungen einmal pro Woche erfolgten, war ein regelmäßiger Kontakt mit den Eltern gegeben.

Auf dem Gesundheitsblatt wurde wöchentlich das Gewicht vermerkt und einmal im Monat die Größe des Kindes eingetragen. Besondere Auffälligkeiten, die die Schulärztin Dr. Steffi Feilendorf bei der monatlichen Untersuchung feststellte, wurden ebenfalls über das Elternbuch mitgeteilt.

Bei den pädagogischen Bemerkungen handelte es sich um Auszüge aus den Tagebuchnotizen der Lehrerin über das soziale Verhalten des Kindes, erworbene Kenntnisse, Art, Tempo und Besonderheiten seiner Tätigkeit, berücksichtigenswerte Eigenschaften u. a. Zur Bedeutung dieser Aufzeichnungen schreibt Spira: „Das Elternbuch gibt also die Möglichkeit, die exakten Beobachtungen des Kinderhauses in einfacher Form den Eltern zu übermitteln, das Interesse an den Lebensäußerungen ihrer Kinder wachzurufen oder weiter zu entwickeln."[210]

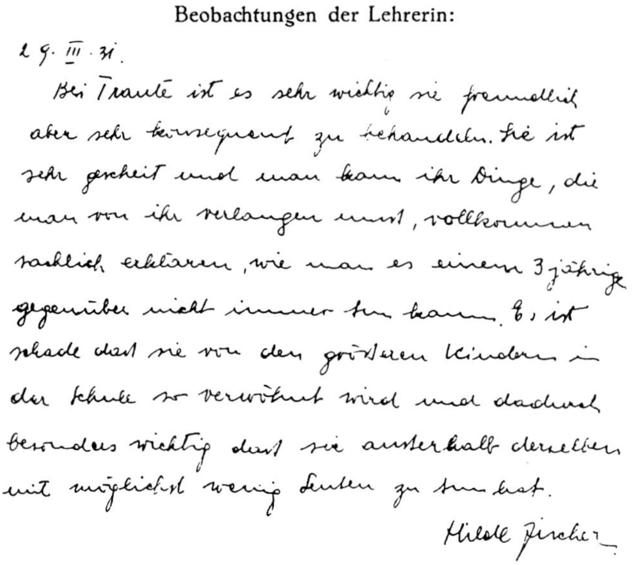
Beobachtungen der Lehrerin:

29. III. 31.

Bei Trautl ist es sehr wichtig sie freundlich aber sehr konsequent zu behandeln. Sie ist sehr gescheit und man kann ihr Dinge, die man von ihr verlangen muss, vollkommen sachlich erklären, wie man es einem 3jährigen gegenüber nicht immer tun kann. Es ist schade dass sie von den größeren Kindern in der Schule so verwöhnt wird und dadurch besonders wichtig dass sie außerhalb derselben mit möglichst wenig Leuten zu tun hat.

Hilde Fischer

Abb. 28: Elternbuch – Auszüge aus dem Tagebuch, das die Lehrerin zu jedem Kind führte

5.7 Außerschulische Aktivitäten der Arbeitsgemeinschaft

Die Arbeitsgemeinschaft der Montessori-Schule beschränkte sich nicht nur darauf, ihre Schule aufzubauen, sondern trug die Arbeit an die Öffentlichkeit und hatte in der Presse auch entsprechenden Widerhall.

Hauser schreibt dazu 1930: „Bei dieser Zurückhaltung (gemeint ist die vorsichtige Übernahme von Elementen in die öffentlichen Kindergärten; Anm. F. H.) gegenüber der ‚reinen' Montessori-Methode fällt es auf, dass in der Zeitschrift ‚Die Quelle' die Abteilung ‚Das Kleinkind', die vom städtischen Kindergarteninspektor Ph. Frankowski redigiert wird, die Anhängerinnen der Bewegung verhältnismäßig recht viel zu Worte kommen."[211] Tatsächlich veröffentlichten Lili Roubiczek und ihre Mitarbeiterinnen eine Vielzahl an Beiträgen über die Montessori-Methode und die Arbeit in der Wiener Montessori-Schule.

Schon 1925 veranstaltete die Arbeitsgemeinschaft einen ersten Montessori-Kurs als Vorbereitungskurs für eine mehrmonatige Montessori-Ausbildung im Ausland. Einige Mitglieder der Arbeitsgemeinschaft wurden später von Montessori zu diesen Kursen als Referentinnen bzw. Assistentinnen eingeladen.

Das Interesse an der Arbeit in der Montessori-Schule nahm rasch zu, sodass Führungen durchs Haus und Hospitationsmöglichkeiten angeboten werden mussten. Eine Einrichtung, die helfen sollte, die materielle Grundlage zu sichern, war der Verlag, in dem mustergültige Montessori-Materialien und Kindermöbel hergestellt wurden.

5.7.1 Führungen durch die Schule – Hospitationsmöglichkeiten

Für Interessierte wurde die Möglichkeit geschaffen, jeweils am Samstag um 16 Uhr an einer Führung teilzunehmen, bei der die Prinzipien der Montessori-Pädagogik erläutert, die vorbereitete Umgebung gezeigt und die Bedeutung der Materialien sowie die Arbeitsmöglichkeiten der Kinder vorgestellt wurden.

Für Eltern, aber auch für andere Interessierte, wurde an einem Tag der Woche in der Zeit von 8.30 bis 11 Uhr eine Hospitationsmöglichkeit geboten. Von der Galerie aus konnten die Kinder und die Erzieherinnen bei ihrer Arbeit beobachtet werden.[212]

5.7.2 Der Montessori-Verlag

Schon 1923 setzten die Vorbereitungen für den Aufbau eines eigenen Montessori-Verlags ein. Die Arbeit sollte sich auf zwei Bereiche konzentrieren:

- Herstellung von mustergültigem Montessori-Material sowie Kindermöbeln und Gebrauchsgegenständen
- Herausgabe von Broschüren und Büchern.

Die Übersetzung von Vorträgen Montessoris und deren Veröffentlichung im Buch „Das Kind in der Familie" gehörte zu den ersten großen Vorhaben. Die ersten hundert Exemplare des Buches erschienen 1928 im Selbstverlag der Montessori-Schule und wurden von Montessori handschriftlich signiert.

Von diesem Werke wurden im Auftrage der Montessori-Schule Wien, X. in Schölers Buchdruckerei und Verlag, Wien-Döbling, 100 Exemplare als Vorzugsausgabe gedruckt und von Frau Doktor Maria Montessori handschriftlich signiert.

Dieses Exemplar ist

Nr. 81

E si udì sulla terra
una voce tremante,
che non si era mai
udita;
uscente da una gola
che non aveva vibrato
giammai....

Maria Montessori

Und man hörte auf der Erde eine zitternde Stimme,
die man noch nie gehört hatte –
sie kam aus einer Kehle,
die noch niemals vibriert hatte.

Mit dem Verlag sollte eine materielle Grundlage für die Schule geschaffen werden. In erster Linie hatte er für Lili Roubiczek aber eine wissenschaftliche Funktion, wenn sie schreibt: „Vor allem aber ist es der Zweck des Verlages, die an der Schule geleistete sorgfältige Beobachtungsarbeit an den Kindern zugleich zur Verbesserung aller Dinge zu verwerten, mit denen das Kind in Schule und Haus umgeben ist, also: Möbel, Gebrauchsgegenstände u.s.w. zu verwerten, mit anderen Worten, wir versuchten die an der Schule geleistete wissenschaftliche Arbeit auf möglichst kurzem Wege wirtschaftlich nutzbar zu machen."[213] Diese exakte Beobachtungs- und Forschungsarbeit ist ein deutlicher Hinweis auf die wissenschaftliche Arbeit an dieser Schule.

Geführt wurde der Verlag von Mitzi Brauner und Marianne Wimmer. Es arbeiteten aber auch Eltern und Studenten mit. Sie organisierten Verkaufsausstellungen mit Kindermöbeln, Spielsachen, Kinderbüchern[214] und präsentierten 1925 im Wiener Messepalast einen ganzen Kinderwarteraum, der auf größtes Interesse stieß. In der Zeitschrift „Die Mutter" wurde dieser ausführlich vorgestellt und verschiedensten Institutionen (z. B. Warenhäusern) angepriesen.[215]

Auch Montessori weist auf die vorbildhaft hergestellten Möbel des Verlages hin und stellt einige in ihrem Buch „Il metodo"[216] vor.

Abb. 29:
Mitzi Brauner, Leiterin des Montessori-Verlages

Abb. 30:
Kindermöbel aus der Werkstätte des Montessori-Verlages

5.7.3 Die Montessori-Gesellschaft

Über die Entstehungsgeschichte und die Arbeit der Montessori-Gesellschaft liegen keine schriftlichen Unterlagen vor. Kramer gibt eine Information von Emma Plank wieder und schreibt: „Roubiczek sorgte auch dafür, dass die Österreichische Montessori-Gesellschaft häufig Zusammenkünfte veranstaltete, bei denen Lehrer und Eltern mit führenden Fachleuten aus Kreisen der Wiener Mediziner und Psychologen ihre Probleme besprachen.“[217] Hauser weist 1930 darauf hin, dass sich die Montessori-Gesellschaft vorwiegend den „propagandistischen Aufgaben“ gewidmet habe.[218]

5.7.4 Ausbildungskurse für Montessori-Lehrerinnen und -Lehrer

Nachdem die Montessori-Schule in der Öffentlichkeit zunehmend Beachtung fand, kamen junge Leute in die Troststraße und wollten mitarbeiten bzw. eine Ausbildung absolvieren.

1925 wurde dann ein erster offizieller zweijähriger Kurs mit etwa 20 Teilnehmern begonnen. Der Kurs war zeitlich so angesetzt, dass daneben eine halbtägige Beschäftigung möglich war. Es nahmen daran Kindergärtnerinnen aus den städtischen Kindergärten teil, aber auch andere Interessierte aus dem In- und Ausland. Der als Psychologe berühmt gewordene Erik Erikson gehörte ebenso zu den Absolventen wie die erste Gattin von Bruno Bettelheim, Regina.

Abb. 31:
Einige Referentinnen und Teilnehmerinnen eines Ausbildungskurses; v. l. n. r.: Mena Hermann, Hilde Fischer, Regina Bettelheim, Anni Hermann u. a.

Neben der Einführung in die Grundgedanken der Montessori-Pädagogik durch Lili Roubiczek nahmen die Materialarbeit (wurde von einer Lehrerin der Schule durchgeführt) und die exakte Beobachtung der Kinder einen besonderen Stellenwert ein.

Hilde Steinemann, die den Kurs 1929 absolvierte, erinnert sich, dass Lili Roubiczek besonderen Wert darauf legte, dass die Beobachtungsgabe geschult wurde. „Wir bekamen Aufträge und mussten einzelne Kinder von der Galerie aus beobachten und die Beobachtungen aufschreiben.“[219] Andere Bereiche, die Roubiczek für eine erfolgreiche Arbeit mit Kindern für wichtig hielt und die deshalb in den Kurs eingebaut wurden, waren z. B:

- Musik und Rhythmik,
- Keramik,
- Biologie, besonders zur Schulung der exakten Beobachtung,
- psychoanalytische Pädagogik,
- Soziologie.

Die Teilnehmer wurden angehalten, nach diesem Vorbereitungskurs einen drei- bis viermonatigen Kurs bei Maria Montessori zu besuchen, um mit einem anerkannten Diplom eine Montessori-Klasse führen zu können.

Diese Möglichkeit nahm ein Teil der Kursabsolventen in Anspruch, und so konnte 1927 mit zwei ausgebildeten Montessori-Lehrerinnen das erste städtische Montessori-Kinderhaus im Fuchsenfeldhof, einer der frühesten städtischen Wohnanlagen großen Stils, eröffnet werden. Diesem Montessori-Kinderhaus folgte bald eines im Waldmüllerpark.[220] Bis 1928 gab es nach Hedwig Schwarz „in Wien zirka 20 ausgebildete Montessori-Lehrerinnen; von diesen arbeiteten 6 in der Mutterschule im 10. Bezirk, 6 in Privatschulen; 8 Montessori-Lehrerinnen arbeiteten in 5 Montessori-Gruppen in städtischen Kindergärten.“[221]

Im Herbst 1928 wurde Hedwig Schwarz von der Stadt Wien gebeten, einen Montessori-Kurs für städtische Kindergärtnerinnen zu halten. Schwarz war sich der schwierigen und nicht unproblematischen (die Erwerbung eines Montessori-Diploms ist an einen mehrmonatigen Kurs bei Montessori gebunden – das konnten sich aber nur wenige Kindergärtnerinnen in Wien leisten) Aufgabe bewusst. Einerseits wollte sie in einer Zeit der stürmischen Auseinandersetzung zwischen der Fröbel- und der Montessori-Methode die Möglichkeit schaffen, dass die Praxis den Beweis für die Wirksamkeit der Montessori-Methode erbringen kann, und andererseits war sie sich der begrenzten Möglichkeiten eines Kurzkurses bewusst. Sie entschied sich für die Durchführung des Kurses, zu dem sich 80 Teilnehmerinnen meldeten.

Die hohe Teilnehmerzahl führte jedoch dazu, dass die geplante Ausbildung lediglich als „Einführungskurs in die Montessori-Methode“ gehalten wurde. Dieser verlief aber sehr erfolgreich, jedenfalls schreibt Schwarz: „Die überaus eifrige Mitarbeit aller lässt die gute Hoffnung zu, dass der Kurs dazu beigetragen hat, den Ideen, die Dr. Maria Montessori so wunderbar vertritt, fähige und treue Anhänger zu gewinnen.“[222]

Natürlich nahm mit der Anzahl der Kursabsolventinnen auch die Vielfalt an Ausprägungen in der Praxis zu, d. h. viele entschieden sich für eine Mischform zwischen der Montessori- und der Fröbel-Methode. Jedenfalls wurde vom engeren Kreis der Montessorianerinnen bald beklagt, „dass manche zwar den zugkräftigen Namen, aber nicht den Geist der Meisterin angenommen haben“[223].

5.7.5 Mitarbeit in internationalen Montessori-Ausbildungskursen

Die Beziehung Montessoris zur Wiener Arbeitsgemeinschaft scheint in den 20er Jahren außerordentlich gut gewesen zu sein, denn einzelne Mitarbeiterinnen wurden von ihr immer wieder als Referentinnen bzw. Assistentinnen zu internationalen Ausbildungkursen eingeladen. Emma Plank betont, dass Montessori die Leiterin der Wiener Montessori-Schule, Lili Roubiczek, außerordentlich schätzte: „Montessori vertraute Lili ausdrücklich – ich glaube, sie war die einzige unter ihren Schülerinnen, die experimentieren und das System erweitern konnte. Lili begleitete sie oft auf ihren Reisen als Katalysator und Dolmetscherin.“[224] So war sie auch 1926 in Mailand bei einem Kurs als Assistentin tätig.

Lisl Herbatschek wurde von Montessori bereits 1925, während des Ausbildungskurses in London, eingeladen, ihr zu assistieren und ihre ausgewählten Musikstücke vorzustellen. „I was very excited when the Dottoressa asked me to be her assistent when she gave the lecture on music during the training course; I had to demonstrate the bells and tone-blocks, the materials for learning to write and read music. She also asked me to play several pieces of my selection and the students, space permitting, moved to them.“[225] 1926 war sie ebenso wie L. Benjamin (Mitbegründer der Wiener Montessori-Schule) im Ausbildungskurs in Mailand für den Bereich Musik eingesetzt. Trude Hammerschlag referierte bei diesem Kurs über sechs Wochen die Bereiche „Freies Zeichnen“und „Handfertigkeiten“. Sie berichtet, dass es bei dieser Ausbildung möglich war, „vollkommen unabhängig und in unbeschränkter Freiheit den Handfertigkeitsunterricht durchzuführen – das erste Mal, dass diese Art künstlerischen Schaffens im Rahmen eines Montessori-Kurses gelehrt wurde“[226].

Anmerkungen

1 Die Informationen über Lawrence Benjamin und sein Wirken in Wien habe ich von Emma Plank und Lisl Braun Barnett.
2 Roubiczek, L.: Die Arbeitsgemeinschaft der Montessori-Schule Wien X. In: The Call of Education. 1. Jg.,1924, H. 3/4, S. 323
3 Roubiczek, L.: Das Haus der Kinder. Sonderabdruck aus „Neues Wiener Abendblatt" vom 13. Juni 1928
4 Roubiczek, L.: Das Kinderhaus. Montessori-Grundsätze und Architektur. In: Der Aufbau, 1. Jg., 1926, H. 8/9, S. 140–144
5 Roubiczek, L.: Über die Umwelt des Kindes. In: Die Quelle, 78. Jg., 1928, S. 767
6 Vgl. Plank, E.: Lili E. Peller – Memorial. Gedenkschrift, die von Emma Plank am 17.12.1966 anlässlich des Todes von Lili Peller-Roubiczek bei einer Gedenkstunde im Hotel Waldorf Astoria in New York verlesen wurde. (Kopie in Händen F.H.)
7 Braun Barnett, E.: Recollections of Lili, my Friend and Montessori Mentor. Unveröffentlichtes Manuskript, o. J. S. 1 (Kopie in Händen F. H.)
8 Roubiczek, L.: Das Kinderhaus. Montessori-Grundsätze und Architektur. In: Der Aufbau, 1. Jg., 1930, H. 8/9, S. 140–144
9 Ebd., S. 144
10 Interview mit Emma Plank (geb. Spira) am 18.2.1990
11 Vgl. Plank, E.: Lili E. Peller-Memorial, a. a. O., S. 2
12 Roubiczek, L.: Die Arbeitsgemeinschaft der Montessori-Schule Wien X. In: The Call of Education. 1. Jg., 1924, H. 3/4, S. 233
13 Ebd., S. 233
14 Familienname ist nicht mehr eruierbar.
15 Tonbandaufnahme von einem Vortrag, den Emma Plank im Februar 1990 auf Einladung der „Arbeitsgruppe Freie Lernphase Wien" am Pädagogischen Institut der Stadt Wien hielt (in Händen F. H.)
16 Ebd.
17 Interview mit Hilde Uhlir (geb. Fischer) am 19.9.1992
18 Kramer, R.: Maria Montessori. Leben und Werk einer großen Frau. München 1977, S. 289
19 Braun Barnett, E.: Recollections of Lili, my Friend and Montessori Mentor, a. a. O., S. 2
20 Interview mit Emma Plank (geb. Spira) am 18.2.1990
21 Vortrag von Emma Plank im Februar 1990
22 Roubiczek, L.: Die Arbeitsgemeinschaft der Montessori-Schule Wien X., a. a. O., S. 233
23 Vgl. ebd., S. 234
24 Ebd., S. 235
25 Ebd., S. 235
26 Vgl. ebd., S. 235
27 In der Literatur sind unterschiedliche Daten zu finden, z. B. 23. August 1923. Sowohl Emma Plank als auch Hilde Uhlir bestätigen jedoch den Beginn mit Herbst 1922.
28 Information von Hilde Uhlir
29 Hauser, R.: Die Montessori-Bewegung in Oesterreich. In: Vierteljahreszeitschrift für wissenschaftliche Pädagogik, 6. Jg., 1930, S. 589
30 Kramer, R.: Maria Montessori, a. a. O., S. 271
31 Die Formulierung war am 14.2.93 in der Sonntagsbeilage der Tageszeitung Kurier von Ernst Mauritz getroffen worden. Dass diese Aussagen nicht zutreffen, teilte mir Herr Skalla am 6.9.1993 in einem Interview mit.
32 Kramer, R.: Maria Montessori, a. a. O., S. 232
33 Spira, N.: Das Elternbuch. In: Die Quelle. 77. Jg.,1927, S. 1085
34 Roubiczek, L.: Die Grundsätze der Montessori-Methode. In: Die Mutter. 1. Jg. 16.4.1925, Nr. 10., S. 8
35 Roubiczek, L.: Das Wiener „Haus der Kinder". In: Schulreform. 4. Jg., 1925, H. 4, S. 198
36 Schwarz, H.: Über die Aufgaben einer Montessori-Lehrerin. In: Die Quelle. 7. Jg., 1928, S. 235
37 Interview mit Emma Plank (geb. Spira) am 18.2.1990
38 Roubiczek, L.: Aus der Praxis der Montessori-Schule. In: Die Quelle. 7. Jg., 1928, H. 6, S. 688
39 Interview mit Emma Plank (geb. Spira) am 18.2.1990
40 Spira-Plank, E.. Schriftliche Ausdrucksformen von 6 bis 8jährigen Kindern. In: Aus dem Arbeitskreis der Wiener Montessori-Schule. 1929, S. 45
41 Roubiczek, L.: Aus der Praxis der Montessori-Schule, a. a. O., S. 688
42 Vgl. Roubiczek, L.: Über die Montessorimethode. In: Schulreform, 3. Jg., 1924, H.4, S. 166
43 Roubiczek, L.: Montessori-Erziehung. Selbstverlag der Montessori-Schule Wien, 1925, S. 4
44 Roubiczek, L.: Montessori-Methode und Kindergartenreform. In: Neue Erziehung, 8. Jg., 1926, S. 261
45 Vgl. Roubiczek, L.: Allgemeines über die Hausarbeit. In: Die Quelle, 78. Jg., 1928, S. 914
46 Roubiczek, L.: Betätigungsweisen der frühen Kindheit. In: Neue Erziehung, 10. Jg., 1928, S. 884

47 Roubiczek, L.: Über einige Grundsätze der Montessori-Methode. In: Die Quelle, 75. Jg., 1925, H. 2, S. 304
48 Roubiczek, L.: Allgemeines über die Hausarbeit, a. a. O., S. 912
49 Roubiczek, L.: Über einige Grundsätze der Montessori-Methode, a. a. O., S. 396
50 Vgl. Roubiczek, L.: Allgemeines über die Hausarbeit, a. a. O., S. 912
51 Ebd., S. 913
52 Roubiczek, L.: Die Grundsätze der Montessori-Erziehung, a. a. O., S. 318f
53 Montessori, M.: Die Entdeckung des Kindes. Freiburg – Basel – Wien ^{10}1991, S. 154
54 Prager, M.: Das Buch meines Lebens. Graz 1981, S. 29
55 Montessori, M.: Die Entdeckung des Kindes, a. a. O., S. 150
56 Ebd., S. 151
57 Ebd., S. 155
58 Ebd., S. 102
59 Roubiczek, L.: Montessori-Methode und Kindergartenreform. In: Neue Erziehung, 8. Jg., 1926, S. 261
60 Roubiczek, L.: Über die Montessorimethode, a. a. O., S. 167
61 Ebd., S. 167
62 Vgl. Montessori, M.: Das kreative Kind. Freiburg – Basel – Wien ^{9}1992, S. 162–166; Montessori, M.: Die Entdeckung des Kindes. Freiburg – Basel – Wien ^{10}1991, S. 183–192
63 Roubiczek, L.: Über die Montessorimethode, a. a. O., S. 167 f.
64 Roubiczek, L.: Das Lesenlernen in der Montessorischule. In: Schulreform. 6. Jg., 1927, S. 535
65 Ebd., S. 535
66 Roubiczek, L.: Über die Montessorimethode, a. a. O., S. 168
67 Roubiczek, L.: Das Lesenlernen in der Montessorischule. a. a. O., S. 535
68 Roubiczek, L.: Montessori-Erziehung, a. a. O., S. 7
69 Vgl. Roubiczek, L.: Das Lesenlernen in der Montessorischule, a. a. O., S. 535
70 Ebd., S. 536
71 Ebd., S. 536
72 Ebd., S. 536
73 Ebd., S. 536
74 Ebd., S. 537
75 Ebd., S. 537
76 Interview mit Hilde Uhlir (geb. Fischer) am 29.1.1993
77 Vgl. Spira, E. N.: Schriftliche Ausdrucksformen von 6–8jährigen Kindern. In: Aus dem Arbeitskreis der Wiener Montessori-Schule. Wien 1929, S. 45
78 Ebd., S. 32
79 Ebd., S. 32
80 Ebd., S. 33
81 Ebd., S. 33. Die folgenden Texte von Kindern werden hier wie bei Spira ohne Fehlerkorrektur wiedergegeben
82 Ebd., S. 33
83 Ebd., S. 33
84 Ebd., S. 33
85 Ebd., S. 34
86 Ebd., S. 34
87 Ebd., S. 35
88 Ebd., S. 39
89 Ebd., S. 42
90 Ebd., S. 44
91 Spira, N. E.: Einführung ins Rechnen im Montessori-Kinderhaus. In: Die Quelle, 82. Jg., 1932, S. 138–140
92 Montessori, M.: Mein Handbuch. Grundsätze und Anwendung meiner neuen Methode der Selbsterziehung der Kinder. Stuttgart 1928, S. 101
93 Spira, N. E.: Einführung ins Rechnen im Montessori-Kinderhaus, a. a. O., S. 138
94 Ebd., S. 139
95 Ebd., S. 140
96 Ebd., S. 139
97 Montessori, M.: Selbsttätige Erziehung im frühen Kindesalter, a. a. O., S. 311
98 Spira, N. E.: Einführung ins Rechnen im Montessori-Kinderhaus, a. a. O., S. 139
99 Ebd., S. 139
100 Ebd., S. 139

101 Vgl. ebd., S. 140
102 Ebd., S. 140
103 Ebd., S. 140
104 Siehe z. B. Montessori, M.: Die Entdeckung des Kindes. Freiburg – Basel – Wien, [10]1991, S. 315 ff.
105 Vgl. ebd., S. 154
106 Ebd., S. 153
107 Vgl. ebd., S. 153
108 Ebd., S. 322
109 Interview mit Elise Braun Barnett (geb. Herbatschek) am 21. 3. 1994
110 Montessori, M.: Die Entdeckung des Kindes, a. a. O., S. 317
111 Braun Barnett, E.: Montessori & Music. Rhythmic Activities for Young Children. New York 1973, S. 9
112 Ebd., S. 18
113 Ebd., S. 13
114 Montessori, M.: Die Entdeckung des Kindes, a. a. O., S. 317
115 Ebd., S. 316
116 Ebd., S. 317
117 Ebd., S. 317
118 Interview mit Elise Braun Barnett (geb. Herbatschek) am 21.3.1994
119 Vgl. dazu: Maccheroni, A. M.: Developing the Musical Senses. The Montessori Approach to Music for the Ear, Voice, Eye and Hand. Greenwood Press. New York, o. J., S. 4
120 Montessori, M.: Die Entdeckung des Kindes, a. a. O., S. 315
121 Vgl. Braun Barnett, E.: The Montessori Approach to Music. In: The Piano Quarterly, 15. Jg., 1966/67, Heft 58, S. 3
122 Interview mit Elise Braun Barnett (geb. Herbatschek) am 21.3.1994
123 Montessori, M.: Die Entdeckung des Kindes, a. a. O., S. 315. Diese Textstelle lässt den Eindruck entstehen, dass Benjamin die Stücke ausgewählt habe. Wie Braun Barnett jedoch erklärt, hat die Musikstücke weitgehend sie ausgesucht und harmonisiert, sodass angenommen werden muss, dass der von Montessori auf Seite 317 erwähnte Beitrag von Benjamin „An introduction to music for little children“ sich an der Arbeit von Braun Barnett orientierte
124 Interview mit Elise Braun Barnett am 22.3.1994
125 Ebd.
126 Braun Barnett, E.: Montessori & Music, a. a. O., S. VII
127 Die Informationen entstammen einem Gespräch mit Frau Elise Braun Barnett am 23.3.1994
128 Bremer, H.: Mit Ohr und Stimme – mit Auge und Hand. Die Musik in der Montessori-Pädagogik. In: Montessori Werkbrief. Organ der Montessori-Vereinigung e. V., Sitz Aachen. 23. Jg., 1985, H.4, S. 125–133
129 Interview mit Elise Braun Barnett am 23.3.1994
130 Interview mit Hilde Uhlir am 29.1. 1993
131 Baer-Frissell, Ch.: Die Bewegungsmöglichkeiten des Kindes im begrenzten Raum. In: Aus dem Arbeitskreis der Wiener Montessori-Schule, 1929, S. 27
132 Baer-Frissell, Ch.: Bunte Reifen in einer Rhythmikstunde. In: Das werdende Zeitalter. Eine Monatszeitschrift für Erneuerung der Erziehung. IX. Jg., 1930, Heft 7, S. 344
133 Ebd., S. 335
134 Ebd., S. 335
135 Montessori, M.: Die Entdeckung des Kindes, a. a. O.,S. 90
136 Vgl. Baer-Frissell, Ch.: Bunte Reifen in einer Rhythmikstunde, a. a. O., S. 336 f.
137 Bei einem Treffen von Frau Uhlir mit ihren Schülern (sie sind zwischen 60 und 70 Jahre alt) am 22.6.1994 berichteten sie von diesen Übungen in der Rhythmikstunde
138 Baer-Frissell, Ch.: Bunte Reifen in einer Rhythmikstunde, a. a. O., S. 339
139 Ebd., S. 339
140 Interview mit Hilde Steinemann am 7.4.1993
141 Schwarz, H.: Christine H. Baer-Frissell. In: Die Quelle, 82. Jg., 1932, S. 922
142 Interview mit Elise Braun Barnett (geb. Herbatschek) am 21.3.1994
143 Ebd.
144 Montessori, M.: Die Entdeckung des Kindes, a. a. O., S. 90 f.
145 Montessori, M. zit. nach Suffenplan, W.: Was wurde bewegt in den Arbeitskreisen zur Bewegung? In: Montessori Werkbrief. Organ der Montessori-Vereinigung e.V. Sitz Aachen. 23. Jg., 1985, H. 1/2, S. 43
146 Montessori, M.: Die Entdeckung des Kindes, a. a. O., S. 91
147 Ebd., S. 93
148 Roubiczek, L.: Professor Cizek's Methods. In: Times Educational Supplement. London, 30. July 1921, S. 351
149 Vortrag von Emma Plank im Februar 1990

150 Hammerschlag, T.: Werkunterricht. In: Aus dem Arbeitskreis der Wiener Montessori-Schule, 1. Folge 1928, o. Seitenangabe

151 Interview mit Hilde Uhlir (geb. Fischer) am 29.1.1993

152 Hammerschlag, T.: Werkunterricht in der Montessori-Schule. In: Die Quelle, 79. Jg., H. 1, 1929, S. 123

153 Hammerschlag, T.: Zur Methodik des Zeichnens und der Handfertigkeit im Kindergarten. In: Die Quelle, 79. Jg., 1929, H.5, S. 556

154 Ebd., S. 556

155 Trude Hammerschlag in einem Gespräch mit R. Hauser: Die Montessori-Bewegung in Österreich. In: Vierteljahreszeitschrift f. wissenschaftliche Pädagogik. 6. Jg., 1930, S. 592

156 Hammerschlag, T.: Zur Methodik des Zeichnens und der Handfertigkeit im Kindergarten, a. a. O., S. 555

157 Hammerschlag, T.: Die Kinderwerkstatt. In: Die Quelle, 80. Jg., 1930, H. 3, S. 425

158 Hammerschlag, T.: Werkunterricht, a. a. O., o. Seitennummerierung

159 T. Hammerschlag in einem Gespräch mit Hauser, R., in: Die Montessori-Bewegung in Österreich, a. a. O., S. 593

160 Vgl. Hammerschlag, T.: Werkunterricht, a. a. O., o. Seitennummerierung

161 Ebd.

162 Hammerschlag, T.: Sinn und Widersinn in der Handfertigkeit. In: Die Quelle, 79. Jg., 1929, H. 2., S. 249

163 Ebd., S. 249

164 Hammerschlag, T.: Werkunterricht in der Montessori-Schule, a. a. O., S. 124

165 Hammerschlag, T.: Werkunterricht, a. a. O., o. Seitenangabe

166 Köhler, E.: „Werkunterricht in der Montessori-Schule". Eine Entgegnung auf den Artikel Dr. T. Hammerschlags. In: Die Quelle, 79. Jg., 1929, H. 3, S. 342

167 Ebd., S. 342

168 Hammerschlag, T.: Eine Erwiderung auf die Entgegnung Frau Professor Köhlers. In: Die Quelle, 79. Jg., H. 3., 1929, S. 347

169 Ebd., S. 347

170 Montessori, M.: Die Entdeckung des Kindes, a. a. O., S. 310

171 Ebd., S. 312

172 Drücke, P.: Kunst und Kunsterziehung in der Montessori-Pädagogik. In: Montessori-Werkbrief. Organ der Montessori-Vereinigung e.V. Sitz Aachen. 1988, 2. Beiheft, S. 5 f.

173 Montessori, M.: Die Entdeckung des Kindes, a. a. O., S. 210

174 Montessori, M.:Schule des Kindes, a. a. O., S. 232

175 Vgl. Drücke, P.: Kunst und Kunsterziehung in der Montessori-Pädagogik, a. a. O., S. 12f

176 Ebd., S. 11

177 Montessori, M.: Schule des Kindes, a. a. O., S. 230

178 Montessori, M.: Die Entdeckung des Kindes, a. a. O., S. 310

179 Ebd., S. 314

180 Hammerschlag, T.: Eine Erwiderung auf die Entgegnung Frau Professor Köhlers, a. a. O., S. 347.

181 In memoriam Dr. Gertrud Hammerschlag. Im Sinne der Freunde überreicht von Hofrat Dr. Drucker, Wien III, Marxergasse 2. Neben Montessoris Nachruf (für die Übersetzung danke ich Frau Marida Kratochwil) finden sich hier Geleitworte vom Stadtrat Prof. Dr. Julius Tandler, von Anton Tesarek, vom Leiter des Montessori Training College in London und vom Verein Montessori-Pädagogik Deutschlands. Welchen Verlust der Tod Hammerschlags für die Wiener Montessori-Schule darstellte, drückt ihre Helferin Hilde Steinemann aus: „So ein feiner Mensch, den man noch so dringend gebraucht hätte, so begabt, so gütig, so weitherzig und weitsichtig. Schrecklich, schrecklich!"(Interview am 7.4.93 in Zürich)

182 Vortrag von Emma Plank im Februar 1990

183 Spira, N: Das Sommerheim der Wiener Montessorischule. In: The Call of Education, 2. Jg., 1925, H. 3, S. 220

184 Ebd., S. 220

185 Ebd., S. 222

186 Ebd., S. 222

187 Ebd., S. 222

188 Ebd., S. 222 f.

189 Ebd., S. 223

190 Ebd., S. 221

191 Ebd., S. 224

192 Ebd., S. 224

193 Montessori, M.: Montessori-Erziehung für Schulkinder, a. a. O., S. 98

194 Interview mit Emma Plank (geb. Spira) am 18.2.1990

195 Hauser, R.: Die Montessori-Bewegung in Österreich. In: Vierteljahreszeitschrift f. wissenschaftliche Pädagogik, 6. Jg., 1930, S. 590.
196 Auf diese Hospitationsmöglichkeiten wurde unter anderem in der Zeitschrift „Die Mutter" im Mai 1925 in der 11. Nummer hingewiesen.
197 Schwarz, H.: Die Aufgaben einer Montessori-Lehrerin. In: Die Quelle, 78. Jg., 1928, S. 238
198 Roubiczek, L.: Aus dem Tagebuch einer Montessori-Lehrerin. In: Soziale Arbeit, 22. Jg., H. 5/6, 1924, S. 67
199 Montessori, M.: Mein Handbuch, a. a. O., S. 77
200 Interview mit Emma Plank (geb. Spira) am 18.2.1990
201 Roubiczek, L.: Aus dem Tagebuch einer Montessori-Lehrerin, a. a. O., S. 62
202 Ebd., S. 62
203 Ebd., S. 66
204 Ebd., S. 66
205 Ebd., S. 66
206 Montessori, M.: Montessori für Schulkinder. Stuttgart 1926, S. 103 f.
207 Montessori, M.: Das Kind in der Familie. Wien 1928, S. 65
208 Spira, N.: Aus der Praxis der Montessori-Schule. Das Elternbuch. In: Die Quelle, 77. Jg., 1927, H.11, S. 1084
209 Informationsblatt für Eltern, herausgegeben von der Montessori-Schule, o. J.
210 Spira, N.: Aus der Praxis der Montessori-Schule. Das Elternbuch, a. a. O., S. 1084
211 Roubiczek, L.: Das „Wiener Haus der Kinder". In: Schulreform, 4. Jg., 1925, H. 4, S. 199
212 Spira, N.: Aus der Praxis der Montessori-Schule. Das Elternbuch, a. a. O., S. 1085
213 Roubiczek, L.: Die Arbeitsgemeinschaft der Montessori-Schule Wien X. In: Call of Education, Nr. 3/4 1924, S. 236 f.
214 Hinweise auf eine Verkaufsausstellung finden sich beispielsweise in der 41. Nummer der Zeitschrift „Die Mutter" am 18. September 1926
215 Artikel über den Kinderwarteraum mit vier Bildern in „Die Mutter", 1. Jg., 1925, 14. Nr., S. 15
216 Montessori, M.: Il Metodo della Pedagogia Scientifica applicato all'educazione infantile nelle Casa dei Bambini. Maglione & Strini, Rom o. J., S. 56 f.
217 Kramer, R.: Maria Montessori. Leben und Werk einer großen Frau. München 1976, S. 276
218 Hauser, R.: Die Montessori-Bewegung in Österreich. In: Vierteljahreszeitschrift für wissenschaftliche Pädagogik. 6. Jg., 1930, S. 589
219 Interview mit Hilde Steinemann am 7.4.1993
220 Siehe Schwarz, H.: Zur Eröffnung des ersten städtischen Montessori-Kinderhauses in Wien. In: Die Quelle, 77. Jg., 1927, H. 5. S. 536-540
221 Schwarz, H.: Über einen Montessori-Kurs für städtische Kindergärtnerinnen. In: Die Quelle, 80.Jg., 1930, H. 8, S. 887
222 Ebd., S. 891
223 Hauser, R.: Die Montessori-Bewegung in Österreich, a. a. O., S. 590
224 Plank, E.: Lili E. Peller – memorial. Unveröffentlichtes Manuskript einer Gedenkschrift zum Tod von Lili Peller-Roubiczek, 1966
225 Braun Barnett, E.: My personal contacts with Dottoressa Maria Montessori. Manuskript in Maschinschrift, o. J., S. 3. (Kopie in Händen F. H.)
226 Hammerschlag, T.: Corso Nazionale Montessori. In: Die Quelle, 76. Jg., 1926, H. 11, S. 1098

6. Das „Haus der Kinder“ – Modell eines Montessori-Kinderhauses

Während die Montessori-Einrichtung in der Troststraße geradezu modellhaft Kinderhaus und Schule kombinierte, konnten im Haus der Kinder (Wien I, Rudolfsplatz) nur Kinder im Alter von 3 bis 6 Jahren betreut werden. Zwar hatte man, wie Emma Plank (geb. Spira) berichtet, auch für den Rudolfsplatz eine Kombination von Kinderhaus (Kindergarten) und Schule vorgesehen, aber der Andrang in das Kinderhaus – und dafür hatte die Stadt Wien das Gebäude geplant – war so groß, dass Emma Plank schon nach dem ersten Jahr mit der Gruppe der schulpflichtigen Kinder in die Schubertschule in den 9. Bezirk übersiedelte und in dieser öffentlichen Volksschule eine Montessori-Volksschulklasse einrichtete.

Mit dem Kinderhaus am Rudolfsplatz entstand eine Montessori-Einrichtung, die noch heute in mancherlei Hinsicht Modellcharakter hat.

6.1 Zur Entstehungsgeschichte

1927 trat Julius Tandler, Stadtrat für Wohlfahrtswesen und soziale Verwaltung, an die Leiterin der Montessori-Schule heran und stellte den Bau einer Montessori-Einrichtung in der Innenstadt in Aussicht. Die Mittel für den Neubau sollten im Rahmen des fürsorglichen Ausbauprogramms von der Gemeinde Wien zur Verfügung gestellt werden. Die Finanzierung der Einrichtung musste der „Verein zur Gründung und Erhaltung eines Montessoriheims Wien“ übernehmen.

Nachdem der Mietvertrag für die Räumlichkeiten in der Troststraße nur bis Ende der 20er Jahre lief und daher ein neues Gebäude gesucht werden musste, wurde das Angebot aufgegriffen und das Vorhaben angegangen. Für die Finanzierung der Einrichtung wurde ein Verein gegründet, der über eine Bausteinaktion den notwendigen Betrag hereinbringen sollte.

Das Angebot der Gemeinde Wien, einen Kindergarten zu finanzieren, der nach den pädagogischen Prinzipien Montessoris geführt werden sollte, weist auf eine hohe Wertschätzung der Montessori-Methode und der Wiener Montessori-Arbeitsgemeinschaft hin. Franz Schuster, der Architekt des Kinderhauses, interpretiert das Angebot der Gemeinde Wien so: „Es sollte der Leiterin des Wiener Hauses der Kinder, Frau L. E. Peller-Roubiczek, die Möglichkeit gegeben werden, die grundlegenden Gedanken Frau Dr. M. Montessoris über die Erziehung des Kleinkindes in einer besonders dafür geschaffenen Umwelt zu erproben und zu erweitern, um so dem großen erzieherischen Reformwerk der Gemeinde auch von dieser Seite her Anregung und Studienmöglichkeiten zu geben.“[1]

Als Standort für dieses „pädagogische Laboratorium“[2] wurde der Rudolfsplatz im 1. Wiener Gemeindebezirk gewählt. Es war nicht jene Umgebung, die man sich für ein Haus der Kinder wünschen würde, aber es war durchaus im Sinne Lili Roubiczeks, dieses Projekt an einem Platz durchzuführen, der „von fünfgeschoßigen Mietskasernen eingesäumt“[3] war, in denen Familien aller Schichten wohnten.

6.2 Das Gebäude und die Räumlichkeiten

6.2.1 Die Planungsarbeiten mit dem Architekten Franz Schuster

Mit der Planung des Kinderhauses wurde Prof. Franz Schuster, damals Chefarchitekt des Österreichischen Verbandes für Siedlungs- und Kleingartenwesen, betraut.

Schuster war von 1913 bis 1916 Schüler des Architekten Prof. Tessenow an der Kunstgewerbeschule in Wien und folgte ihm 1919 als Mitarbeiter nach Dresden-Hellerau, wo dieser die „Handwerkergemeinde" (ein Zusammenschluss von Meistern und Gesellen zur Erneuerung handwerklicher Gesinnung) gründete. Hier unterwies Schuster als Assistent die Meister und älteren Gesellen im theoretischen Unterricht. Ab 1922 war Schuster als selbständiger Architekt in Hellerau tätig; 1923 kehrte er nach Wien zurück.

Ein Kind der Familie Schuster besuchte die Montessori-Schule in der Troststraße und somit war Prof. Schuster mit der Pädagogik Montessoris vertraut und wusste um die Bedeutung der „vorbereiteten Umgebung".

Gemeinsamkeiten zwischen Montessoris Vorstellung einer kindgerechten Lernumgebung und Schusters Leitsatz für architektonisches Schaffen sind unverkennbar, wenn er schreibt: „Die Art des Lebens und Wirkens der Menschen bestimmt die Formen der Umwelt, von der Landschaft, der Stadt, dem Dorf, den Arbeitsstätten und Wohnungen bis zu Raum und Gerät. Das Wohlergehen, aber auch die Nöte des Einzelnen wie der Gemeinschaft sind daher rückwirkend wesentlich von diesen abhängig. Das verpflichtet den Gestalter der Umwelt mit höchster, wertender Verantwortung den mannigfachen Anforderungen des Lebens gegenüber, diesen ohne einseitige Überschätzung von Material, Technik oder Form hilfreich und wegweisend zu werden."[4]

Für Schuster ist das Leben – in einem Kinderhaus oder einer Schule die Lebensbedürfnisse der Kinder – die Grundlage für die bauliche Gestaltung. Montessoris Vorstellung von einer „vorbereiteten Umgebung" zielt ebenfalls darauf hin, dass sich das Leben der Kinder in dieser gestalteten Lernumgebung äußern kann, d. h. dass die Architektur einen Beitrag leisten muss, die Lebensenergien der Kinder anzufachen statt sie zu behindern oder gar auszulöschen. Eine Lernumgebung soll nach Montessori so gestaltet sein, dass sie eine Welt für Kinder, in der jedes seine Fähigkeiten entwickeln kann, darstellt.[5]

Es galt also, ein Gebäude zu errichten, das den mannigfachen Anforderungen des Lebens von Kindern gerecht wurde. Eine kleine Welt für Kinder sollte gebaut werden, eine existenzgerechte Umwelt, eine Welt, in der sich kindliches Leben ohne Behinderungen durch unangemessene Architektur entfalten konnte.

Schuster plante das Projekt in enger Zusammenarbeit mit den Montessori-Lehrerinnen. Es wurde eine Arbeitsgruppe gebildet, die regelmäßig mit dem Architekten Planungsgespräche führte. Annie Hermann erinnert sich: „Wir sind in der Schwarzwaldschule zusammengesessen und haben einen Plan für eine neue Schule besprochen."[6] Und Hilde Uhlir berichtet: „Da haben wir monatelang beinahe jeden Samstagnachmittag und manchmal auch am Sonntagvormittag mit dem Schuster genau jedes Detail besprochen. Ob das jetzt ein Sessel war oder ein Lichtschalter oder eine Klomuschel, es ist jedes kleinste Ding mit ihm besprochen worden."[7]

6.2.2 Der Baukörper

Beim Entwurf des Baukörpers orientierten sich Schuster und die mitplanenden Lehrerinnen an folgenden Überlegungen:

Es sollte eine Montessori-Einrichtung für etwa hundert Kinder im Alter von 3 bis 6 Jahren geschaffen werden. Man entschied sich, das Gebäude in drei Einzelhauskörper für je eine Gruppe von 30–35 Kindern zu gliedern. Dazu schreibt Schuster: „Jede Gruppe ist eine in sich abgeschlossene Welt, in der alle Räume und Geräte eine klare Bestimmung haben, die dem Kind verständlich und übersichtlich bleibt."[8]

Die Räume sollten so angeordnet sein, dass auch kleine Kinder sich selbständig von einem in den anderen begeben konnten. Schuster ist der Meinung, wenn Nebenräume nur über lange Gänge oder Treppen zu erreichen sind, „werden sie in ihrem Wert fast aufgehoben durch den Aufwand, der nötig ist, sie zu erreichen".[9] So hatte jeder dieser Einzelhauskörper einen eigenen Eingang von der Straße, einen Windfang, einen Flur, eine Garderobe mit WC und Waschraum sowie einen großen Arbeitsraum mit Nebennischen und eine Terrasse.

Abb. 32:
Das Haus der Kinder, ein dreigliedriger Baukörper mit Garten

Die einzelnen Räume einer Gruppe waren untereinander mit Glastüren verbunden, um auch bei geschlossener Türe den Blick in den Nachbarraum freizugeben.

Die Aufteilung der Gruppen auf drei Gebäudeteile wurde wie folgt begründet: „Es ist etwas anderes für das Kind in einer Gemeinschaft von 20–30 zu leben, als täglich mehrmals sich in einer Masse von 100 zu fühlen. Zu dreißig Kindern kann es Beziehungen – wenn auch nur lose – noch finden; aber hundert bleiben eine unübersichtliche, fremde und daher feindliche Masse."[10] Auch das Gefühl der Verantwortlichkeit dem Raum und den Dingen gegenüber wird eher erwachen, wenn das Kind eine Beziehung zu den Dingen aufbauen kann. Wenn Räume von 100 Kindern benutzt werden, wird „das Kind zu diesen beziehungslos und unverantwortlich bleiben, wie der Erwachsene in einem Wartesaal"[11].

Bei der Planung der Fenster und Türen wurden ebenfalls die Bedürfnisse der Kinder beachtet. „Man hatte lange nicht bedacht, dass kleine Kinder in unseren Wohnräumen mit den normal hohen Fensterbrüstungen etwa den Raumeindruck haben, wie wir ihn von Kellerräumen mit hochliegenden Fenstern haben."[12] Aus dieser Erkenntnis plant Schuster die Fenster so, dass im oberen Teil die Lüftungsflügel lagen, die mittleren Hauptflügel beim Öffnen so weit angelegt werden konnten, dass sie nicht in den Raum hineinragten, und dass die Kinder einzelne untere Fensterflügel selbst öffnen und beim Fenster hinaussehen konnten. Die untere niedrige Fensterreihe (64 cm vom Boden) hatte zudem den Vorteil, dass dort Blumen oder Gegenstände stehen konnten, ohne dass sie das Öffnen der Hauptflügel behinderten.

Abb. 33:
Einzelne Bauelemente, wie z. B. Fenster, sind auf die Größe der Kinder abgestimmt

Damit die einzelnen Räume nicht zu abgeschlossen und einengend wirkten, wurden die Türen verglast, die Scheiben reichten so weit hinunter, dass den Kindern eine Durchsicht in andere Räume möglich war. Die Türklinken (85 cm vom Boden) und Lichtschalter (75 cm vom Boden) waren ebenfalls in einer für Kinder erreichbaren Höhe angebracht, „denn es ist ja ihr Haus und ihre Welt, die sie beherrschen und vernünftig gebrauchen lernen sollen“[13].

Sowohl über eine Terrasse und den Garten als auch über einen schmalen Flur gab es eine Verbindung zwischen den einzelnen Gruppen. Im Garten konnten sich zwanglos kleinere oder größere Kindergruppen bilden.

Wie die Räume des Hauses war auch der Garten den Bedürfnissen der Kinder entsprechend strukturiert. Es gab dort „Rasenflächen zum Spielen, Kiesflächen zum Laufen und Turnen, Terrassen, Wege und Wiesenpfade, ein Planschbecken, ein Gerätehaus mit Stall für Kaninchen und Hühner und Gemüse- und Blumenbeete, die von den Kindern betreut wurden.“[14] Die Beete waren mit Holzbrettern eingefasst, damit beim Umgraben oder ähnlichen Arbeiten die Erde nicht mit dem Kies der Wege vermengt wurde.

Die Terrassen (11 x 4,5 m) waren windgeschützt, hatten jedoch in ihrer Umschlossenheit noch die Qualität eines Raumes und stellten damit eine Erweiterung der Arbeitssäle dar.

Abb. 34:
Die Terrasse – Erweiterung der vorbereiteten Umgebung

Plan: Haus der Kinder, Wien I., Rudolfsplatz

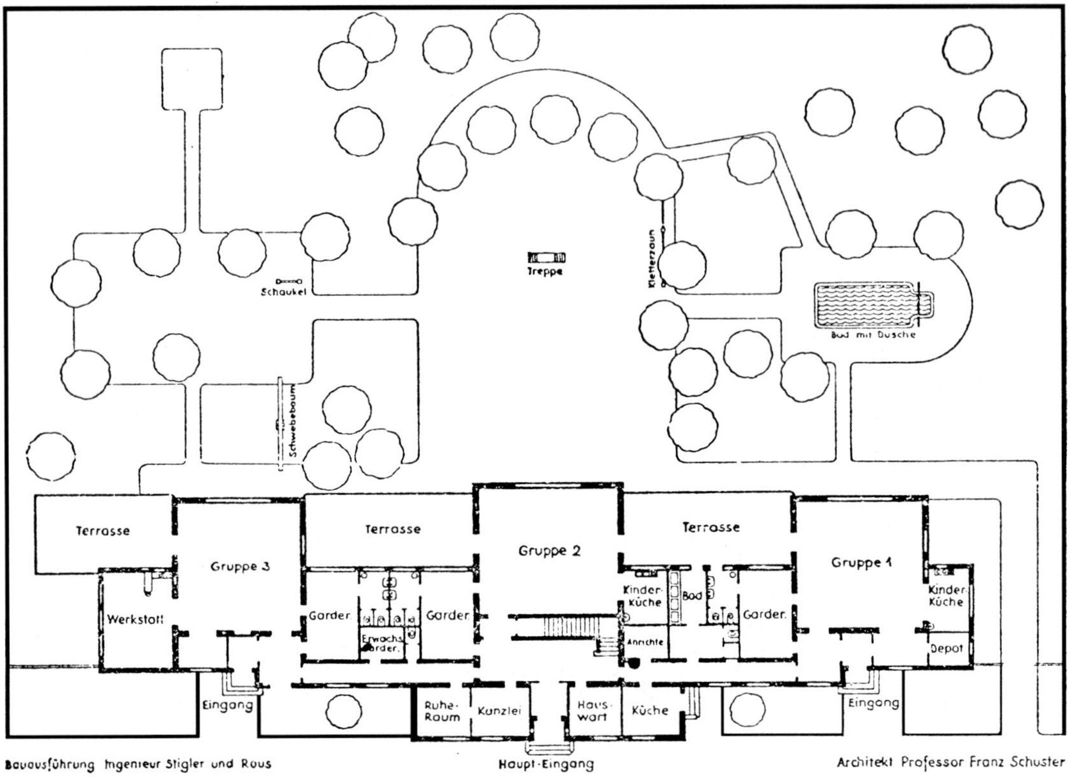

6.2.3 Gruppenräume und Einrichtung

Die Grundfläche der drei großen Arbeitsräume betrug etwa 60 m², jeder Arbeitsraum hatte also jene Fläche, die es bei etwa 35 Kindern erlaubt, dass etwa die Hälfte des Raumes unbestellt bleiben, was für die Arbeits- und Bewegungsmöglichkeiten der Kinder von großer Bedeutung ist.

Abb. 35:
Arbeitsraum einer Kindergruppe

Um jedem Kind die Möglichkeit zu geben, sich ungestört seiner Arbeit hinzugeben, waren kleine und größere Tische im Raum verteilt: runde und quadratische Tische für ein Kind, rechteckige Tische für zwei Kinder und runde, zusammenklappbare Tische für 6–8 Kinder.

Wie die Tische waren auch die Stühle der Größe und den Kräften der Kinder angepasst. Zu den Proportionen der Stühle schreibt Schuster: „Stühle können nicht Verkleinerungen von Stühlen Erwachsener sein; ihre Sitzfläche muss verhältnismäßig groß sein, da die Oberschenkel der Kinder relativ lang sind."[15]

Außer den Stühlen und Tischen gab es noch Hocker und Pulte. Bei einer Beschäftigung am Pult verwendeten die Kinder Polster, die es erleichterten, mit ausgestreckten Beinen oder im Türken- oder Fersensitz bei der Arbeit zu sitzen.

Um die exakt durchdachte Planung zu verdeutlichen, seien hier einige Maße angeführt[16]:

- Stühle und Tische für die 3- bis 5-jährigen Kinder:
  Sitzhöhe: 25 cm und 30 cm
  Tischhöhe: 45 cm und 50 cm
- Stühle und Tische für die 5- bis 6-jährigen Kinder:
  Sitzhöhe: 31 cm und 34 cm
  Tischhöhe: 51 cm und 54 cm
  Pulte: 44,5 x 55,5 x 34 cm

Für Arbeiten am Boden wurden Teppiche oder Strohmatten aufgelegt, die an Wandhaken aufbewahrt werden konnten.

Der Mittelpunkt des Raumes war ein niedriger langer Tisch, auf dem das Material übersichtlich geordnet auflag. Zur Bedeutung des offen zugänglichen Materials meint Roubiczek: „Das Kind weiß meist ungefähr, was es tun möchte, aber es ist dies kein klares Wissen, das etwa in Worten formuliert werden könnte. Da hilft ihm nur das ausgestellte Material."[17] Der Aufforderungscharakter des Materials kommt dann zur Geltung, wenn dieses gut geordnet und für das Kind jederzeit erreichbar ist.

In einem Schrank hatte jedes Kind eine eigene Lade mit seinem Zeichen. Hier waren Hefte, Stifte, aber auch Kamm und Bürste untergebracht. Der Schrank der Lehrerin war in die Wand eingebaut, und zwar in einer Höhe, die den Kindern signalisierte, dass es sich hier um einen Schrank handelte, der nicht für sie bestimmt war.

Zum ästhetischen Anspruch an eine kindgerechte Einrichtung schreibt Roubiczek: „Die Einrichtungsgegenstände und die Arbeitsgeräte sollen anziehend in Farbe und Form sein; der Wunsch des Kindes, sie zu gebrauchen, wird so erhöht. Um die Sorgfalt des Kindes zu erwecken, sind die Dinge versehrbar, hell gefärbt oder aus zerbrechlichem Material."[18]

In einer Lernumgebung, in der Kinder sich selbst für eine Arbeit und das dazu benötigte Arbeitsmaterial entscheiden, ist es unumgänglich, eine sorgfältige Auswahl zu treffen und die Materialien gut zu ordnen. Denn Wählen kann das Kind nur unter Dingen, die es kennt bzw. deren Platz es kennt. Zur Wirkung der geordneten Umgebung meint Roubiczek: „Wie sich das Kind sicherer fühlt in einem Hause, in dem alle Gegenstände seiner eigenen Größe entsprechen, so fühlt es sich auch sicherer, wenn eine ihm vertraute Ordnung der Dinge herrscht."[19] Der Ordnungsrahmen gibt jene Sicherheit, in der sich freie Tätigkeit entfalten kann.

Zur vorbereiteten Umgebung gehört auch die Einbeziehung der Natur. In jedem Arbeitsraum gab es einen kleinen Zimmergarten mit Pflanzen, die unterschiedliche Pflege erforderten. Ein Aquarium und ein Froschhäuschen mit mehreren Bewohnern waren ebenfalls der Obhut der Kinder anvertraut. Pflanze und Tier sollten in ihrer Verbundenheit miteinander und in ihren besonderen Erfordernissen dem Stadtkind nahe gebracht werden.[20] Hilde Uhlir hatte in ihrem Gruppenraum zwei Lachtauben. „Sie flogen in der Pause hinaus und nach der Pause waren sie mit dem Gong – noch vor den Kindern – schon wieder herinnen."[21]

An diesen Gruppenraum – die Gruppe von Hilde Uhlir war die Hospitiergruppe – grenzte eine kleine Nische mit Sesseln. Von hier aus konnten die Hospitierenden ihre Beobachtungen machen.

6.2.4 Ruheraum

Im Obergeschoß befand sich ein Ruheraum, der durch seine Atmosphäre bereits die besondere Bedeutung anzeigte: „Ruhe, Beherrschen der Stimme und der Bewegungen“[22]. Ein großes Fenster konnte durch ein blaues Rollo, das von unten nach oben (!) gezogen wurde, verdunkelt werden. Dadurch, dass die Beleuchtung unten dunkel und oben an der Decke heller war, ergab sich ein eigenartiges Dämmerlicht, das den Kindern Ruhe und Stille signalisierte. Die Betten aus Stahlrohr konnten die Kinder selbst aufschlagen und auch die Decken und Polster herrichten.

Dieser Raum wurde zusätzlich als Vortragssaal benutzt. Hier fanden die Ausbildungskurse statt, Vorträge der Montessori-Gesellschaft und regelmäßig Elternabende.

6.2.5 Werkstatt

Die Gruppe der 5- bis 6-jährigen Kinder hatte eine Werkstatt an ihren Arbeitsraum angeschlossen. Durch eine große Schiebetür konnte sie je nach Arbeitslärm vom anderen Raum abgegrenzt werden.

Abb. 36:
Kinderwerkstatt

In der Werkstatt standen eine Hobelbank und Arbeitstische (zum Teil mit Zinkblechbelag für besondere Arbeiten). An der Fensterfront war ein durchgehender Arbeitstisch montiert. Sowohl die Utensilien für handwerkliches Arbeiten als auch bildnerisches Gestalten waren in diesem Raum übersichtlich geordnet und für die Kinder leicht zugänglich.

6.2.6 Garderobe

Jede Gruppe hatte eine eigene für sich abgeschlossene Garderobe – auffallend ist ihre Größe von 5,70 x 3,40 x 2,80 m. Während in anderen Schulen und Kindergärten Garderoben meist in Gangnischen untergebracht sind, wurde hier ein eigener Raum geplant. Schuster begründet die Trennung von Gang und Garderobe folgendermaßen: „Breite Gänge mit Garderobenischen bedeuten die Vermengung von zwei Funktionen, zum Schaden von allen beiden.“[23] Sich in Ruhe an- und ausziehen ist im Haus der Kinder eine so wichtige Angelegenheit wie jede andere Beschäftigung während des Tages.

Statt Garderobehaken wurden Kleiderbügel (sie sind für die Kleider schonender als Haken) verwendet. Dabei erlernten Kinder wichtige Handgriffe des Aufhängens und Ordnens und wurden zur Sorgfalt hingeführt. Spiegel, die in Kinderhöhe angebracht waren, erleichterten das Zuknöpfen von Jacken und Mänteln. Roubiczek schreibt über die Wirkung: „Ermahnungen, die von anderen Menschen kommen, drücken das Kind nieder; Ermahnungen, die von Dingen ausgehen, sind ein Ansporn, es besser zu machen. Anstatt das Kind mit Ermahnungen zu verfolgen (‚Du bist zerzaust!‘, ‚Dein Mund ist schmutzig!‘), geben wir ihm die Möglichkeit, in den Spiegel zu schauen.“[24]

Jede Garderobe hatte eine sehr niedrige Sitzstufe aus Holz, die oben mit einer Linoleumplatte überzogen war. Dort konnten die Kinder die Schuhe leichter an- und ausziehen als auf Hockern oder Sesseln oder am Boden sitzend.

Dazu schreibt Roubiczek: „Das Anziehen der Schuhe ist für das kleine Kind eine mühevolle Arbeit; unser Bestreben war, die Garderobe so einzurichten, dass das Kind beim Anziehen die ihm bequemste Lage einnehmen kann. – Hindert man das Kind nicht daran, so wird es sich beim Schuheanziehen immer auf den Boden setzen; auf einem Stuhl ist die Arbeit viel anstrengender. Auf unserer Stufe aber kann es bequem sitzen und die Füße in der entsprechenden Höhe halten.“[25]

Abb. 37: Garderobe

Da die Garderobe während des Tages nicht abgesperrt war, erfüllte sie noch weitere Funktionen:

- Kinder konnten sich auch zwischendurch die Haare kämmen;
- sich zeitweilig aus dem großen Raum zurückziehen;
- mit ein oder zwei anderen Kindern Bücher ansehen u.a.;
- die Lehrerin konnte hier mit einer kleinen Gruppe singen, ihnen etwas erzählen oder vorlesen.

6.2.7 Hauswirtschaftsnische

Die Gruppen A und B hatten eine kleine Küche (3 x 3,50 m) mit einem Arbeitstisch, einem elektrischen Herd, der von den Kindern zum Kochen benutzt wurde, und einem Schrank mit Borden und Geschirr. In dieser kleinen Küche konnten die Kinder beim Herrichten der Mahlzeiten helfen. Die

Abb. 38:
Der „Kellner“ bei der Arbeit

hierbei verwendeten Geräte waren kein Spielzeug, sondern Geräte, wie sie der Erwachsene gebraucht, nur in der dem Kind entsprechenden Größe. Über eine Durchreiche wurde den „Kellnern“ das Essen zum Servieren gereicht.

6.2.8 Arbeitsnische

An jeden Arbeitsraum war eine kleine Nische mit verfliestem Boden und verfliesten Wänden angeschlossen. Dieser Raum war für jene Beschäftigungen vorgesehen, bei denen die Kinder Wasser benötigten und die Schmutz verursachten. Die Waschbecken mit Fließwasser waren alle in einer Höhe von 59 cm angebracht; die Wasserhähne 80 cm vom Boden.

6.2.9 Waschraum, WC und Dusche

Im Waschraum wurde für Zahnputzgläser und Zahnbürsten eine besondere Vorrichtung installiert, sodass die hängenden Zahnbürsten unter den Gläsern leicht trocknen konnten und vor Staub geschützt waren.

Die der Größe der Kinder angepassten Klomuscheln (38 cm vom Boden) hatten seitlich am Deckel einen Porzellangriff, sodass der Deckel leicht hochgehoben werden konnte. Nicht alle Kinder hatten zu Hause die Möglichkeit, ein warmes Bad zu nehmen. Im Haus der Kinder stand ein verfliester Raum mit vier Duschen zur Verfügung. Die Armaturen wurden in einer Höhe montiert, dass sie von den Kindern selbst bedient werden konnten.

Die Stühle im Umkleideraum waren so konstruiert, „dass jedes Kind auf seinem Stuhl die Schuhe auf ein besonderes Bord stellen, die Strümpfe auf einer eigenen Stange aufhängen und die Kleider sorgfältig an die Lehne hängen konnte.“[26]

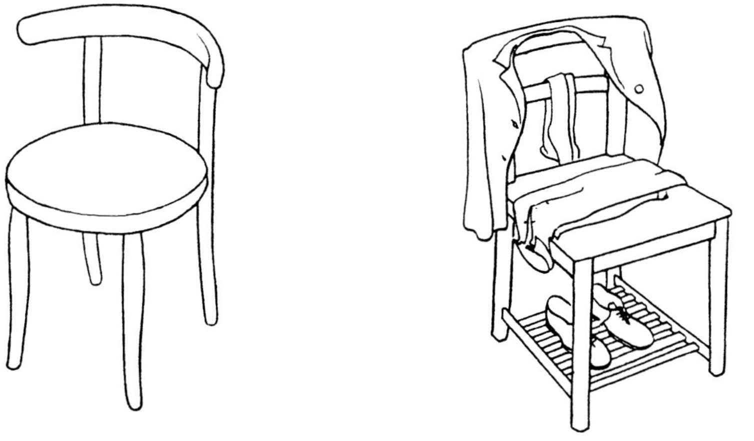

Abb. 39:
Die Sessel sind den Kindern und dem Verwendungszweck angepasst.

6.3 Die Erzieherinnen

In der Montessori-Schule Troststraße hatte sich in fast einem Jahrzehnt eine feste Arbeitsgruppe gebildet, deren Wirken in Wien Anerkennung fand.

In den dreißiger Jahren veränderten sich jedoch mit dem Aufkommen des Nationalsozialismus die politischen Verhältnisse dramatisch und die Montessori-Pädagogik bzw. die jüdischen und/oder sozialdemokratisch eingestellten Erzieherinnen bekamen immer mehr die Ablehnung durch das System zu spüren, sodass die ersten bereits 1934 das Land verließen. 1938 wurden alle noch verbliebenen Erzieherinnen entlassen und das Haus der Kinder geschlossen.

Etwa hundert Kinder im Alter von 3 bis 6 Jahren – größtenteils vom Jugendamt der Stadt zugewiesen – besuchten ab 1930 das Haus der Kinder. Auch unter ihnen waren nicht wenige, die durch das Nazi-Regime ein tragisches Schicksal erlitten.

6.3.1 Eine engagierte Arbeitsgemeinschaft und ihr schicksalhafter Weg in den dreißiger Jahren

Die Lehrerinnen und Helferinnen der Montessori-Schule Troststraße übersiedelten 1930 an den Rudolfsplatz. Die Funktionen waren wie folgt aufgeteilt:

- Lili Peller-Roubiczek: Leitung
- Steffi Kohaut (verh. Schlamm)): Organisation
- Emma Spira (verh. Plank): führte die Gruppe der 5-jährigen Kinder
- Mena Hermann: Assistenz bei Emma Plank
- Hilde Fischer (verh. Uhlir)): führte eine Gruppe der 3- bis 5-jährigen Kinder; diese Gruppe war die Hospitiergruppe, unter anderem für die Teilnehmer/innen des Montessori-Ausbildungskurses
- Edith Treuer (verh. Braun): führte eine Gruppe der 3- bis 5-jährigen Kinder
- Lisl Herbatschek (verh. Braun Barnett)): Musikalische Erziehung
- Weitere Assistentinnen bzw. Helferinnen am Rudolfsplatz waren: Bronja Silberstein (verh. Kalmann), Anni Hermann, Lene Beck, Hilde Saly (verh. Steinemann), Emmi Vischer (verh. Radanovicz).
- Enge Zusammenarbeit gab es weiterhin mit: Christine Baer-Frissell (Rhythmik) und Trude Hammerschlag (Freies Zeichnen und Werken).
- Anfang der dreißiger Jahre begann zudem eine intensivere Zusammenarbeit mit Anna Freud.

Die Zeit von 1930 bis 1938 brachte aufgrund der sich verändernden politischen Verhältnisse und tragischer Todesfälle in der Arbeitsgemeinschaft größere Veränderungen mit sich, über die hier ein kurzer Überblick gegeben werden soll:

- 1930: Trude Hammerschlag stirbt bei einem tragischen Unfall in ihrer Werkstatt in der Ausbildungstätte für Kindergärtnerinnen.
  Annie Hermann übernimmt in der Gruppe der 5-jährigen Kinder die Werkstattarbeit, sie ersetzt Hammerschlag auch im Ausbildungskurs.
- 1931: Emma Plank übersiedelt mit 16 schulpflichtigen Kindern in die Schubertschule, Grünentorgasse, im 9. Bezirk, da im Haus der Kinder der Platz für Kindergartenkinder benötigt wird. Die Schweizer Lehrerin Emmi Vischer übernimmt 1932 eine erste Klasse.
  Am Rudolfsplatz übernimmt Mena Hermann die Stelle von Emma Plank.
- 1932: Christine Baer-Frissell stirbt an einer schweren Krankheit; die Rhythmik am Rudolfsplatz wird von ihren Mitarbeiterinnen (z. B. Luci Bittrich) weitergeführt.
- 1934: Lili Peller-Roubiczek (sie war wie ihr Mann jüdischer Herkunft) verlässt mit Sigismund Peller Wien und übergibt die Leitung am Rudolfsplatz an Hilde Uhlir.
  Dr. Ernst Buschbeck, Kurator am Kunsthistorischen Museum, wird als Regierungsbevollmächtigter zum Kontrollorgan des Kinderhauses bestellt.
- 1935: Steffi Schlamm verlässt mit ihrem Mann aus politischen Gründen Wien. Die Arbeit im Büro wird von Marianne Wimmer bzw. Dr. Ernst Buschbeck übernommen.
- 1936: Aufgrund der schlechten finanziellen Lage ist eine Weiterführung des Kinderhauses in Frage gestellt. Anna Freud eröffnet für ihre Forschungsarbeiten eine Kindergruppe (Jackson Nurseries) und kann dadurch die Weiterführung sichern. Annie Hermann arbeitet in ihrer Gruppe (Babies bis 2 1/2 Jahre) als Erzieherin.
- 1938: Die Montessori-Lehrerinnen werden am 28. 3. 1938 entlassen, das Haus der Kinder als Montessori-Einrichtung geschlossen. Die Montessori-Schule in der Grünentorgasse musste im Mai 1938 schließen.
  Die meisten Mitglieder der Arbeitsgemeinschaft (Emma Plank, Lene Beck, Annie Hermann, Edith Braun, Mena Hermann, Lisl Braun und natürlich auch Anna Freud) emigrieren.

6.4 Die Kinder

Der überwiegende Teil der Kinder (etwa 75 %) wurde – wie in den anderen Kindergärten der Stadt Wien – vom Jugendamt des Bezirks zugewiesen.

Emma Plank berichtet, dass einzelne Kinder aus so armen Verhältnissen kamen, dass sie ihnen in der Früh die schmutzigen und zerrissenen Kleider auszogen, ihnen frische Kleidungsstücke gaben und sie am Abend wieder mit den alten Kleidern nach Hause gehen ließen.[27] Und Hilde Uhlir erinnert sich, dass ihr Anna Freud zur Geburt ihres ersten Sohnes eine große, gehäkelte Decke schenkte, aus der sie dann für diese benachteiligten Kinder Handschuhe machte.[28]

Im Haus der Kinder trugen alle Kinder Arbeitsmäntel (auch um die großen Unterschiede bezüglich der Kleidung auszugleichen). Jedes konnte sich aus drei Farben (Hellblau, Grün, Rosa) diejenige wählen, die ihm am besten gefiel. Die Schürzen der Buben hatten den Schnitt von Arbeitsmänteln, die der Mädchen von Kleiderschürzen. Die Mäntel und Schürzen hatten den Verschluss vorne, sodass die Kinder sie allein anziehen konnten.

Auch behinderte Kinder wurden im Haus der Kinder aufgenommen. So berichtet beispielsweise Uhlir vom Kind eines Schuhmachers, das mit einer schweren Behinderung zur Welt kam und im Haus der Kinder gut integriert werden konnte.[29] Von Psychoanalytikern, mit denen die Arbeitsgemeinschaft in Verbindung stand, wurden ebenfalls Kinder mit besonderen Problemen zugewiesen, sodass man beim Haus der Kinder bereits von einer Einrichtung sprechen kann, in der Integrationsversuche erfolgreich durchgeführt wurden.

Etwa 25 % der Kinder wurden von interessierten Eltern privat angemeldet. Zu diesen gehörte z. B. Franz Leichter, ein Kind der in Wien bekannten Sozialistin Käthe Leichter: zu diesem und einem weiteren Kind nun einige Anmerkungen, die Einblick in das Schicksal von Kindern und deren Eltern in der NAZI-Zeit geben.

Käthe Leichter – sie war jüdischer Herkunft – hatte ihren Sohn Franz Mitte der dreißiger Jahre im Haus der Kinder untergebracht. Zu dieser Zeit arbeitete Käthe Leichter bereits als Funktionärin in der sozialistischen Arbeiterbewegung. Hilde Uhlir erhoffte sich vom Kurator Dr. Buschbeck Dekkung für die Anwesenheit dieses Kindes im Kinderhaus. Als Uhlir ihm mitteilte, dass der Sohn von Käthe Leichter im Kinderhaus sei, antwortete dieser: „Ja, grad so ein Kind braucht doch eine Behütung."[30] Dies war für Uhlir ein erhoffter, aber von einem Aufsichtsorgan des Dollfuß-Schuschnigg-Regimes nicht zu erwartender Beweis, dass er auf ihrer Seite stand.

Uhlir und andere rieten jedoch Käthe Leichter, mit den Kindern das Land rechtzeitig zu verlassen. Ihrem Mann und den Kindern gelang dies, doch Käthe Leichter kam in Gestapohaft und wurde 1942 „in einem finsteren Viehwaggon auf dem Transport vom Konzentrationslager Ravensbrück, in der Nähe von Magdeburg, mit 1500 jüdischen Leidensgefährtinnen von der SS-Begleitmannschaft ermordet"[31].

Hilde Steinemann[32] berichtet ebenfalls von einem Kind, dessen Schicksal sie als Helferin im Haus der Kinder miterlebte. Die Eltern des Kindes trennten sich, und die Mutter nahm in Deutschland eine Stelle als Radiosprecherin an. Das Kind wurde der Großmutter gegeben und kam, da die Tante der Kleinen im Haus der Kinder als Erzieherin tätig war, dorthin.

Nach einiger Zeit wollte die Mutter das Mädchen gegen seinen und den Willen des Vaters zu sich holen. Auch die Verwandten wollten das Kind nicht weggeben. Anna Freud war bereit, das Mädchen einige Zeit in ihrem Landhaus zu verstecken, doch dann wurde das Kind von den NAZIS geholt und nach Deutschland gebracht.

6.5 Zur Aufgabenstellung des Montessori-Kinderhauses

Während sich der Montessori-Schule im 10. Bezirk neben der pädagogischen Aufgabe in besonderer Weise eine fürsorgliche Aufgabe stellte, sah Roubiczek in den dreißiger Jahren in der sozialen Erziehung eine besondere Herausforderung für das Haus der Kinder.

In einer Gesellschaft, in der Kinder immer weniger an der Welt der Erwachsenen teilhaben und in diese langsam hineinwachsen können, müsse man ihnen durch absichtsvoll geplante Einrichtungen die Möglichkeit wirklichkeitsnaher Tätigkeit geben. Diese soziale Aufgabe sowie die pädagogischen und psychologischen Grundsätze ihrer Arbeit beschreibt Roubiczek 1932 in einem gemeinsam mit Franz Schuster verfassten Buchmanuskript mit dem Titel „Ein Haus der Kinder"[33]. Dieses Manuskript enthält zudem viele wertvolle Hinweise auf die konkrete Arbeit mit den Kindern und im Nachwort eine Stellungnahme Roubiczeks zur Frage, inwieweit sich die Arbeit im Haus der Kinder trotz neuer Einflüsse und Erkenntnisse (z. B. durch die psychoanalytische Pädagogik) noch an den Grundsätzen der Montessori-Pädagogik orientierte. Sie schreibt:

„Die Grundlagen unserer Arbeit bilden die Studien und Arbeiten Montessoris, die Einzelheiten des Hauses und seiner Einrichtung stellen unsere Auffassung dar. Es sind unsere Erfahrungen und Erwägungen, die hier Gestalt angenommen haben – aber wir wären niemals zu ihnen gelangt, wenn wir nicht auf den Arbeiten Montessoris aufbauen könnten. Stellt das Haus und der Geist, in dem es geführt wird, auch nicht eine geradlinige Fortsetzung der Arbeit Montessoris dar, so ist es doch aus ihrer Lehre hervorgegangen."[34]

In den folgenden Ausführungen sollen die der Arbeit im Haus der Kinder zugrunde liegenden pädagogischen Grundsätze und Zielsetzungen ausführlich dargestellt und analysiert werden.

6.5.1 Die pädagogisch-psychologische Aufgabe

Roubiczek stellt das pädagogische und psychologische Konzept[35] für das Haus der Kinder vor und zeigt darin Voraussetzungen auf, die notwendig sind, damit sich das Kind „zu einem Menschen, der sich der sozialen Gemeinschaft einordnen kann, der leistungs- und erlebnisfähig ist“[36], entwickeln kann.

Drei Bereiche, in denen der Erwachsene die Entwicklung des Kindes unterstützen soll, hebt sie heraus: Er soll

- „für die Ernährung, die körperliche Pflege und Sicherheit des kleinen Kindes sorgen“;
- dem Kind mit Zärtlichkeit und Liebe begegnen;
- dem Kind Betätigungsmöglichkeiten geben, „die den vollen Einsatz all seiner Kräfte beanspruchen“[37].

Die Hauptaufgabe des Kinderhauses sieht Roubiczek in der Bereitstellung einer Umgebung, in der vielfältige Betätigungsmöglichkeiten vorhanden sind. Die im Haus der Kinder gebotenen Dinge sollen die Kräfte „in ihrer ganzen Intensität auslösen“[38] bzw. auf einen Gegenstand hinlenken und sammeln.

Von der Sammlung der Kräfte, von der Konzentration auf einen Gegenstand, erwartet sich Roubiczek – sie verweist auf entsprechende Aussagen bei Fröbel und Montessori – die eigentlich formenden Wirkungen und leitet daraus folgende Forderungen für das Erzieherverhalten ab:

- „Die Augenblicke der Konzentration sind für die geistige Entwicklung voll schöpferischer Kraft, und die Erziehung müsste also alles tun, um die entsprechende Fähigkeit des Kindes zu schützen und zu steigern. Der Erzieher müsste die äußeren Bedingungen studieren, die der Konzentration günstig oder abträglich sind.“[39]
- „Ein Kind, das in eine Arbeit vertieft ist, darf darin nicht gestört, sondern muss in jeder Weise geschützt werden.“[40]

Hier hebt Roubiczek ganz im Sinne Montessoris die Achtung vor der Arbeit des Kindes hervor, weist jedoch an anderer Stelle auch darauf hin, dass diese Achtung vor der Tätigkeit des Kindes nicht bedeute, dass die Haltung Rousseaus, das Kind sei von Natur aus gut, die Erziehung habe nur die Aufgabe, das ursprünglich vorhandene Gute zu schützen, neu belebt werde. Roubiczek hält diese Meinung für „ganz unrichtig“ und erklärt: „Wir heben nur eine wichtige Eigenschaft des Kindes hervor, die wirklich von Natur aus da ist und oft genug durch die heutige Erziehung vernichtet, zerrieben wird; die Fähigkeit zur Konzentration. Diese Eigenschaft des Kindes ist ‚gut‘, insofern sie für später, bis das Kind ein schaffendes Glied der menschlichen Gemeinschaft geworden sein wird, Fähigkeiten erhöht.“[41]

Damit das Kind sich nicht nur oberflächlich mit einer Aufgabe beschäftigt, sondern eine Arbeit den vollen Strom der kindlichen Betätigungsfreude auf sich ziehen kann, muss die Arbeit vom Kind frei gewählt werden können.

Um jedes Missverständnis bezüglich des verwendeten Arbeitsbegriffs zu vermeiden, erklärt Roubiczek unmissverständlich, dass sie „ausbeutende Kinderarbeit für ein schamloses Verbrechen“[42] halte, und beschreibt – orientiert am Arbeitsbegriff Montessoris – die Arbeit des Kindes: „Wir bezeichnen als Arbeit jede Betätigung des Kindes, die von ihm mit tiefstem Interesse ausgeführt wird; und zwar deswegen, weil jede solche Betätigung von entscheidendem Wert für den Aufbau der Persönlichkeit ist, gleichgültig ob sie in der Außenwelt einen Nutzen stiftet oder dem Erwachsenen nutzlos erscheint. Es ist üblich, eine Betätigung nach ihrem äußeren Nutzeffekt als Spiel oder als Arbeit zu werten; nicht selten wird diese Einteilung danach getroffen, ob etwas gern oder ungern, nur aus Pflichtgefühl, getan wird. Wir lehnen solche Kriterien des Arbeitsbegriffes ab. Uns scheint vieles, das der Sprachgebrauch, wertend, als kindliches Spiel betrachtet, ernsthafte Arbeit zu sein.“[43]

Die kindliche Arbeit unterscheidet sich nach Montessori von der Arbeit der Erwachsenen dadurch, dass das Kind nicht arbeitet, um ein äußeres Ziel zu erreichen – sein Ziel ist das Arbeiten selbst. Die Arbeit kann im Sinne Montessoris als Prozess aktiver Entwicklung des Menschen als Individual- und Sozialwesen gesehen werden. „Die Arbeit ist“, nach Montessori, „eine Aktivität, die weder mit der Belehrung noch mit dem Wunsch des Erwachsenen zusammenhängt. Die Arbeit eint das kindliche Wesen mit der Umgebung. Aber diese Arbeit zeigt sich nur bei Kindern, die in einer Umgebung leben, die ihnen angepasst ist."[44]

Eine Lernumgebung ist dann dem Kinde angepasst, wenn sie ein Anregungsfeld darstellt, das dem momentanen Entwicklungsstand des Kindes entspricht bzw. seinen zu diesem Zeitpunkt besonderen Interessen.

Roubiczek stellt auf dem Hintergrund der Bedeutung sensibler Phasen (sensibler Perioden) bei Montessori die Notwendigkeit ihrer Berücksichtigung im Entwicklungsprozess dar. „Es gibt Zeitabschnitte im Leben des Kindes, in denen eine besondere Empfänglichkeit, eine gesteigerte Bereitschaft zum Erwerb bestimmter Fähigkeiten besteht."[45] In einer sensiblen Phase zeigt das Kind ein gesteigertes Interesse auf einem bestimmten Gebiet. Auf dieses gesteigerte Interesse, das einige Zeit anhält, folgt ein allmähliches Abflauen. Roubiczek schreibt 1931 in einem Beitrag über „Sensitive Perioden", dass die Entfaltung, die Erstarkung der kindlichen Kräfte und Fähigkeiten nicht in geradlinig ansteigender Linie erfolge, sondern dass bei allen Fähigkeiten Perioden gesteigerten Wachstums von Stillstandsperioden abgelöst werden.[46]

Aufgabe des Erziehers ist es, die Anzeichen der Aufnahmebereitschaft durch genaue Beobachtung zu erkennen und dann zu überlegen, welche Materialien oder Übungen dieser am besten entsprechen. „Unser Erzieher", so Roubiczek, „wird das Kind beobachten, um ihm ein Material anzubieten, das seinem gegenwärtigen Interesse entsprechen dürfte."[47] Die Lektion, die Einführung des Materials, muss so anziehend und interessant wie möglich durchgeführt werden. Dabei hält sich der Erzieher mit Worten zurück, das Material selbst soll das spontane Interesse des Kindes hervorrufen. Gelingt das nicht, „dann wird er das Kind zur Betätigung nicht nötigen."[48]

„Die Anzeichen dafür, dass es uns gelungen ist, einer sensitiven Periode zu entsprechen, sind deutlich: die besondere Freude des Kindes an seiner Arbeit, und trotz großem Arbeitsumfang keinerlei Ermüdung."[49] Sensitive Perioden sind Zeitabschnitte, in denen eine Fähigkeit besonders leicht erlernt wird. Natürlich kann jede Fähigkeit auch außerhalb einer Zeit besonderer Aufnahmebereitschaft erworben werden, aber nicht so leicht und nicht mit so viel Freude.

Im Haus der Kinder, einer Lernumgebung mit Anregungs- und Aufforderungscharakter, findet das Kind jene auf seine Größe, Körperkräfte und seine besonderen Interessen abgestimmten und für die freie Wahl übersichtlich geordneten Gegenstände und Entwicklungsmaterialien vor, die es ihm ermöglichen, dem spontanen Interesse entsprechend zu arbeiten. Dabei machte Roubiczek, wie viele andere Erzieherinnen in Montessori-Einrichtungen, die Erfahrung, „dass Kinder, denen das größtmögliche Ausmaß von Freiheit gelassen wird, (...) Anstrengungen und Mühen jeder Art nicht scheuen, sondern im Gegenteil suchen"[50]. Sich selbst Anforderungen stellen, das Lernen in die eigene Hand nehmen, das ist ein vorrangiges Ziel der Montessori-Pädagogik und Roubiczek meint mit Recht: „Lernen – das ist Anwachsen der geistigen Kräfte, das Erobern eines unbekannten Landes – könnte doch eine aufregende, den ganzen Menschen ergreifende Tätigkeit sein."[51]

6.5.1.1 Zum Verhältnis Erzieherin und Kind

„Die wahre Hilfe (...) liegt nicht im Befolgen eines impulsiven Gefühls, sondern entspringt einer disziplinierten Liebe, die mit Verstand angewandt wird."[52]

Damit formuliert Montessori ein wesentliches Merkmal ihres Erziehungsverständnisses. Für sie muss pädagogisches Handeln immer darauf ausgerichtet sein, den anderen frei und unabhängig werden zu lassen. Eine Erziehung, die sich weitgehend auf impulsive Gefühle verlässt, kann diesen Weg behindern, denn auch Liebe kann abhängig machen. Montessori fordert daher eine neue Beziehung zwischen Kind und Erwachsenem.

Während sie diese neue Beziehungskultur als Voraussetzung für die Selbstoffenbarung des Kindes von allen Erziehenden verlangt, unterscheidet Roubiczek zwischen Elternhaus und Kinderhaus bzw. Schule, sieht hier unterschiedliche Lebenswelten, aus denen auch unterschiedliche erzieherische Aufgaben erwachsen. „Das Kinderhaus ist ein völlig anderes soziales Gebilde als die Familienkinderstube. Es sind ganz andere soziale Kräfte in ihm wirksam, die Beziehungen der Menschen untereinander sind andere – also müssen auch die äußeren Formen andere werden.“[53]

Mit den äußeren Formen meint Roubiczek den Umgang mit dem einzelnen Kind in einer Gruppe von 30 und mehr Kindern. Allein aus dieser Situation sei es nicht möglich, als Erzieherin das Verhalten einer Mutter zu kopieren. Während beispielsweise in den Fröbel-Kindergärten versucht wurde, möglichst die Familiensituation nachzuahmen, was unter anderem dadurch zum Ausdruck gebracht werden sollte, dass die Erzieherin „Tante“ genannt wurde, ist Roubiczek der Meinung, dass dies gerade nicht versucht werden dürfe, weil der Versuch, ein Verwandtschaftsverhältnis zu kopieren, nur scheitern könne.

Roubiczek folgert daraus: „Die Kindergärtnerin muss sich darüber im Klaren sein, dass es nicht ihre eigenen Kinder sind, denen sie gegenübersteht. Sie kann zu 30 Kindern nicht jene Art der Beziehung gewinnen, die eine Mutter zu ihren Kindern hat. Versucht sie dies, so wird das Ergebnis entweder eine durchaus unechte Herzlichkeit sein, deren Verlogenheit die Kinder sehr bald spüren – oder sie wird unwissentlich einzelne Kinder aus der Masse herausheben und nur diese sehen – oder sie wird in ihren Beziehungen zu den Kindern launenhaft und unberechenbar sein. Wenn sie zu allen Kindern eine aufrichtige, herzliche und dauerhafte (stetige) Beziehung gewinnen will, muss sie sich zunächst der nötigen Distanz bewusst werden.“[54]

Erziehung ist im Sinne Montessoris auf Freigabe ausgerichtet, d. h. die Erzieherin sollte möglichst keine Erziehungshandlungen setzen, die das Kind an sie binden, von ihr abhängig machen, sondern solche, die auf Loslassen ausgerichtet sind und dem Kind helfen, auf „eigenen Beinen stehen“ zu können. Das setzt eine Beziehungsstruktur voraus, in der die Achtung vor dem anderen stets gewahrt ist. Zum Wesen der Achtung der Person gehört immer die Distanz.

Eine freigebende Erziehung anerkennt, dass das ganze unbewusste Bestreben des Kindes dahin geht, „sich durch die Loslösung vom Erwachsenen und durch Selbständigkeit zur freien Persönlichkeit zu entwickeln“[55]. Und deshalb, so meint Montessori, „müssen die aktiven Äußerungen von persönlicher Freiheit vom zarten Kindesalter an gelenkt werden, um zur Unabhängigkeit zu führen.“[56] Dem Kind muss geholfen werden, wo sich sein Bedürfnis dafür äußert. Doch schon ein Zuviel dieser Hilfe stört das Kind in seiner Entwicklung, denn wer ein Kind „bedient“, verbaut ihm Möglichkeiten, legt dem sich entwickelnden Leben Hindernisse in den Weg. So wie Montessori im Umgang mit dem Kind eine disziplinierte Liebe, die mit Verstand angewandt wird, fordert, gibt auch Roubiczek sehr deutliche Hinweise, wie sie sich den Kontakt der Erzieherin zum Kind vorstellt: „Die Pädagogin des Kleinkindes muss immer bereit sein, einem einzelnen Kind ihre besondere affektive Bereitschaft zu erweisen und ihm auch körperlich nahe sein. Aber – und erst hier beginnt sich unsere Anschauung von der heute herrschenden zu trennen – sie muss dabei ihre eigene Reaktion mit ihrem Verstande sehr genau überwachen und sie sehr genau abzustufen verstehen.“[57] Dafür ist ein Denken vom anderen und weniger vom Ich her notwendig.

Hilde Uhlir berichtet anhand eines Beispiels, wie Roubiczek die Erzieherinnen immer wieder darauf aufmerksam machte, dass ein zu naher Kontakt das Kleinkind in eine Abhängigkeit bringe, die auf dem Weg zur Selbständigkeit und Unabhängigkeit hinderlich sei. Sie erinnert sich: „Wir waren mit den Kindern auf Sommerlager in Küb und saßen auf einer Wiese. Da schenkte mir ein kleines tschechisches Kind eine Blume. Ich nahm sie mit sichtbarer Freude entgegen. Ich hätte das Kind ja vor Freude auf den Schoß nehmen können, aber das wollte Lili nicht. Lili fand meine Reaktion richtig und sagte, dass es gut sei, wenn man eine gewisse Distanz hält und die Freude des Kindes am Schenken nicht durch eine Umarmung schmälert.“[58]

Die Achtung vor dem Kind als Person sieht Roubiczek in der Zurückhaltung gewährleistet. Dies gilt ganz besonders in Situationen, in denen das Kind der Erzieherin seine geleistete Arbeit präsentiert. Lehrerinnen und Erzieherinnen neigen dazu, die Anerkennung einer gelungenen Arbeit durch eine körperliche Berührung (z. B. dem Kind über den Kopf streichen) auszudrücken. Montessori sagt dazu: „Wenn die Arbeit getan ist, verlangt das Kind nach der Bestätigung durch seine Lehrerin. Die Lehrerin muss dann mit einem Wort der Zustimmung antworten, mit einem Lächeln ermutigen. Wenn das Kind einmal sicher ist, wird es tatsächlich nicht mehr länger bei jedem Schritt die Zustimmung der Autorität suchen.“[59]

Hedwig Schwarz, Montessori-Erzieherin in Wien, weist ebenfalls auf die Sinnhaftigkeit der Zurückhaltung z. B. in jener Situation hin, wo ein Kind nach einer konzentrierten Arbeit glückstrahlend zur Lehrerin kommt: „Es verlangt keine Anerkennung, es kommt mit der stillen, sicheren Zärtlichkeit jener, die sehr glücklich sind und nun auch andere an ihrem Glück teilnehmen lassen wollen."[60] Diese Anteilnahme soll, wie aus der oben angeführten Aussage Montessoris zu schließen ist, über Sprache und Gestik erfolgen.

Roubiczek äußert sich dazu ebenfalls sehr konkret und schreibt: „Die Kindergärtnerin muss, wenn sie sich an das Kind wendet, ihr Auslangen mit der Sprache finden. Das kleine Kind, das an der sinnlich erfassbaren Form haftet, ist (verglichen mit dem Erwachsenen) für die Form der Sprache viel empfänglicher als für den Sinn der Worte. Die Kindergärtnerin soll daher ihre Gefühlseinstellung in der Sprache zum Ausdruck bringen können. Sie kann und soll auch Gebärden zu Hilfe nehmen, um sich dem Kind eindrucksvoller verständlich zu machen. Aber sie darf eines nicht: jedesmal, wenn sie mit dem Kinde spricht, auch den körperlichen Kontakt mit dem Kinde suchen. Indem sie ihm die Hand auf die Schulter oder den Kopf legt oder es nach beendetem Gespräch mit einem freundlichen ‚Schubs' in die Richtung drängt, in die es gehen soll."[61]

Für die auffällige Neigung des Erwachsenen, durch eine körperliche Berührung den Kontakt zum Kind zu verstärken, führt Roubiczek verschiedene Gründe an:

- „weil er annimmt, dass ihn das Kind leichter und schneller versteht";
- „weil er sich durch dieses Hilfsmittel der Aufmerksamkeit des Kindes vergewissern will";
- „aus einer gewissen ‚süßlich-weinerlichen' Zärtlichkeit heraus"[62].

Diese Motive sind für Roubiczek ein Hinweis dafür, dass der Erwachsene „das Kind nicht als ein selbständig denkendes und verständiges Wesen empfindet"[63]. Nur wenn der Erzieher in seinem Erziehungsverhalten zum Ausdruck bringe, dass er diesen Glauben an das Kind habe, sei er mehr als ein „guter Onkel oder Spielkamerad" – „ein Führer und Erzieher"[64].

Roubiczek lehnt jedoch den körperlichen Kontakt des Erziehers zum Kind nicht grundsätzlich ab, sie weist sehr wohl auch auf Situationen hin, in denen die Berührung absolut notwendig ist. „Es gibt Anlässe, bei denen der Erzieher sich mit besonderer Eindringlichkeit an das Kind wendet. Es gilt das Kind zu trösten und ihm eine besondere Zärtlichkeit zu erweisen – dann wird der Erzieher selbstverständlich auch den körperlichen Kontakt zu Hilfe nehmen, des Kindes Hände in die seinen nehmen, oder Ähnliches. Andererseits wird er auf dieses Mittel auch nicht verzichten, falls es einmal nötig ist, einem Kind Vorhaltungen zu machen und möglichst eindringlich mit ihm zu sprechen. Aber gerade dann muss diese betonte Nähe des Erwachsenen etwas Besonderes sein."[65]

Diese Gedanken sind durchaus im Sinne Montessoris' Forderung nach einer disziplinierten Liebe, die mit Verstand angewandt wird. Sie weisen auf eine Beziehungskultur, die Voraussetzung für die Selbstoffenbarung des Kindes und für das Ziel, Herr seiner selbst zu werden, ist.

Um zu verdeutlichen, dass es sich bei ihren Beispielen nicht um Nebensächlichkeiten handelt, sondern um ein Problem, bei dem es letztlich um die Würde des Kindes, um ein Menschenrecht, geht, zieht Roubiczek einen Vergleich zwischen der Psychoanalyse und der Hypnose heran. „In der psychoanalytischen Behandlung wird die moralische und geistige Integrität des Analysanden voll geachtet – in der hypnotischen Behandlung sind Übergriffe, mit der Begründung, es geschähe zum Besten des Behandelten, selbstverständlich."[66] Auch in der Erziehung muss die moralische und geistige Integrität des Kindes stets gewährleistet bleiben.

6.5.2 Die soziale Aufgabe

„Unter den heutigen Wirtschafts- und Wohnbedingungen – insbesondere dort, wo diese am ausgeprägtesten sind, d.h. in der Großstadt– gibt nur eine eigens und absichtsvoll für die Kinder geschaffene Stätte den Kindern Gelegenheit zu wirklichkeitswahrer Tätigkeit. Das ist die soziale Aufgabe des Hauses der Kinder."[67]

Nach Roubiczek erwächst die soziale Aufgabe aus den sich verändernden gesellschaftlichen Bedingungen. Während früher die Familie die fruchtbarste Erziehungseinrichtung gewesen sei, könne sie heute durch die Trennung von Lebens- und Arbeitswelt das Wachstum und die Entfaltung der Kinder nicht mehr gewährleisten. Sie schreibt dazu: „Auf der Stufe einer Gesellschaft, in der sich Leben und Wirtschaften im kleinen übersichtlichen Bereiche abspielen – in der Bauernwirtschaft, in der Meisterwerkstatt, im Kaufmannshaus – ergibt sich, dass das Kind in eine arbeitende Gemeinschaft hineinwächst, deren Kern die Familie bildet."[68]

Das „gefühlsmäßige, einsichtige und aktive Mitleben im Kreise der Erwachsenen", die Anteilnahme der Kinder am „elterlichen Geschäft" – Roubiczek bezieht sich hier auf Fröbel – sei nicht mehr möglich.[69] Während Fröbel für seine Kindergärten die Vorstellung hatte, dort möglichst die Familienatmosphäre nachzuahmen, ist Roubiczek der Meinung, dass das Haus der Kinder eine völlig andere Aufgabe als die Familie zu erfüllen habe: „das ‚Haus der Kinder' ein Leben in Aktivität inmitten von gleichaltrigen Kameraden, die Familie eine engere menschliche Bindung und den das Kind anspornenden inneren Kontakt mit dem Erwachsenen. – Das Kind kann sich ausgezeichnet diesen zwei verschiedenen Gemeinschaften anpassen, vorausgesetzt freilich, dass man sich in beiden gleich verständnisvoll ihm gegenüber verhält."[70] Das Haus der Kinder wird damit zu einem zweiten Lebensraum, zu jener selbstverständlichen Lebensumgebung für das Kind, die es in der häuslichen Umgebung kaum mehr gibt.

Das Haus der Kinder soll als absichtsvoll gestaltete Lebensumgebung dem Kind gestatten, „an der Erfüllung seiner eigenen Lebensbedürfnisse, an dem Leben seiner Umwelt, an ihrer Gestaltung tätigen Anteil zu nehmen, soweit ihm dies auf jeder Entwicklungsstufe seine körperlichen und geistigen Kräfte zulassen."[71]

Durch die tätige Anteilname in der Kindergemeinschaft beginnt der Prozess, sich in die konkrete Gesellschaft einzugliedern. Roubiczek sieht in der Erziehung einerseits die Aufgabe, „das Individuum der Gesellschaft einzuordnen"[72], erkennt aber andererseits die Gefahr für das Individuum, wenn es bloß auf die Ansprüche einer konkreten Gesellschaft hin erzogen wird, und schreibt: „Ein schwerer Konflikt ist im Prozess der Erziehung zu überwinden: den natürlichen Trieben, Wünschen und Bedürfnissen des zur Welt gekommenen Einzelwesens stehen die historisch gegebenen Anforderungen der Gesellschaft entgegen. Sie müssen sich am Ende durchsetzen, weil sonst das Individuum zugrunde ginge. – Uns, den neuen Erziehern, geht es darum, Bedingungen zu schaffen, unter denen das Kind gesellschaftsfähig werden kann, ohne dies mit dem Verkümmern seiner Persönlichkeit bezahlen zu müssen."[73]

Hier wird das Grundproblem der Wahrung des Freiheitsspielraumes innerhalb des Wechselwirkungsprozesses von Individuum und Gesellschaft deutlich. Roubiczeks Meinung über die Aufgabe der Erziehung orientiert sich hier an einer Aussage von Sigmund Freud, die sie an anderer Stelle zitiert: „Sie (die Erziehung; Anm. F. H.) habe das Individuum mit der geringsten Einbuße an Aktivität kulturfähig und sozial verwertbar zu machen."[74] Diese Aussage weicht von Montessoris Verständnis von Sozialisation ab.

Nach Montessoris Auffassung sind in der Erziehung zwei Dinge notwendig: die Entwicklung der Individualität und die Anwendung der individuellen Aktivität auf ein soziales Leben. Nicht die Einzelwesen sollen sozial verwertbar gemacht werden, sondern jedem Individuum soll von Beginn der Entwicklung an geholfen werden, seine Unabhängigkeit zu erwerben und zu bewahren. Nur Einzelwesen, getrennte Individuen, können sich ihrer Meinung nach zu einer Gesellschaft zusammenschließen. Sie sind in der Lage, nicht nur eine Anhäufung, sondern eine wirkliche Vereinigung vorzunehmen, in der Arbeit und soziale Funktionen aufgeteilt sind. „Die Individualität bildet", so Montessori, „das Grundelement, den Ausgangspunkt für den Aufbau der Gesellschaft, die sich aus vielen Individuen zusammensetzt, die alle alleine arbeiten, aber mit den anderen durch einen gemeinsamen Zweck verbunden sind."[75] Dass Roubiczek das Kind nicht in erster Linie unter dem Aspekt sozialer Verwertbarkeit sieht – womit sie sich von Montessoris Vorstellung von sozialer Erziehung entfernt hätte –, sondern ihm den notwendigen Freiheitsspielraum für Selbstbestimmung, Selbstgestaltung und Selbstverwirklichung im Sozialisationsprozess ermöglichen will, dokumentiert sie mit folgendem Bekenntnis: „... wir bekennen uns zum Bestreben, dem Kinde ein hohes Niveau und gehobene Vorstellungen von Sauberkeit, Schönheit und Würde ins Leben mitzugeben; wir wollen, dass es dann als Erwachsener trachtet, dieses Niveau wieder zu erreichen. Denn im Haus der Kinder erziehen wir nicht Menschen, die verzichten und sich fügen, sondern erlebnisfähige und Glück verlangende Menschen. Im Haus der Kinder brechen wir die Lebensansprüche nicht, wir steigern sie."[76]

Zusammenfassend kann festgestellt werden, dass sich die pädagogischen und psychologischen Grundsätze, die Roubiczek ausführlich darstellt und begründet, weitgehend an den Grundsätzen der Pädagogik Montessoris orientieren, auch wenn durch die besondere Hervorhebung der sozialen Aufgabe auch andere Einflüsse sichtbar werden. Sie könnten als Hinweis gewertet werden, dass in diesem Punkt die Arbeit Montessoris im Haus der Kinder am Rudolfsplatz keine geradlinige Fortsetzung fand.

6.6 Aus der pädagogisch-didaktischen Arbeit im Haus der Kinder

Anhand der umfassenden Darstellung[77] der Tätigkeitsbereiche und der verwendeten Materialien im Haus der Kinder von Lili Roubiczek und Franz Schuster sowie mündlichen Mitteilungen von Lehrerinnen des Kinderhauses lässt sich die pädagogisch-didaktische Arbeit weitgehend rekonstruieren. Sowohl die schriftlichen Dokumente und Fotos als auch die mündlichen Mitteilungen lassen den Schluss zu, dass die tägliche Arbeit sowohl vom Ablauf als auch vom verwendeten Material her einem Montessori-Kinderhaus völlig entsprach.

So standen die Übungen des praktischen Lebens und die Arbeiten mit dem Sinnesmaterial im Zentrum der täglichen freien Arbeit, die beinahe den ganzen Vormittag einnahm. Dazu kamen noch didaktische Materialien zu den Bereichen Lesen, Schreiben und Rechnen. Weitere Lernbereiche waren Musik, Rhythmische Erziehung und freies Zeichnen bzw. Werkarbeit.

6.6.1 Die Übungen des praktischen Lebens

Im Haus der Kinder soll, wie Roubiczek schreibt, „den Kindern reichlich Gelegenheit zu einfachen Arbeiten des täglichen Lebens geboten werden"[78]. Sie misst wie Montessori diesen Übungen besondere Bedeutung für die Entwicklung geordneter Bewegungen und die Gestaltung des sozialen Lebens in der Gruppe zu. Aus psychoanalytischer Sicht sieht Roubiczek in diesen Übungen eine geeignete Möglichkeit, dem Kind den Übergang vom Lust- zum Realitätsprinzip zu erleichtern. Sie meint, dass die Tätigkeiten die „Entladung der Kräfte"[79] ermöglichen, jedoch sei die sogenannte Hausarbeit nicht nur als bloßes Ventil zu sehen, sondern diese münde in eine Tätigkeit, die in der Realität Bedeutung habe. Aus der Sicht der psychoanalytischen Pädgogik stellen die Übungen des täglichen Lebens Betätigungen dar, „die dem Kinde nicht nur eine Entladung für seine Strebungen, sondern auch einen auf höhere Stufe gehobenen Kontakt mit der Realität, die es umgibt, ermöglicht"[80].

Es gilt daher, „das Leben und Tun des Kindes so zu lenken, so zu organisieren, dass alles, was das Kind aus innerster Freude, aus tiefstem Bedürfnis tut, auch in der sozialen Welt, in der es lebt, bejaht und positiv gewertet wird"[81]. Im Folgenden sollen einige jener Übungen des täglichen Lebens vorgestellt werden, die im Haus der Kinder angeboten wurden.

6.6.1.1 Übungen zur Pflege der eigenen Person

Das bei den Kindern beliebte „Händewaschen" und die positiven Wirkungen auf die Konzentration und Ausdauer wurden bereits bei den Ausführungen zu den Übungen des täglichen Lebens in der

Montessori-Schule Troststraße ausführlich dargestellt. Bei der Arbeit am Rudolfsplatz hebt Roubiczek besonders die Arbeit mit den Knüpfrahmen und das „Schuheputzen" hervor.

Zur Bedeutung und Wirkung dieser Übungen schreibt sie: „Den Abglanz menschlicher Würde spiegelt jedes Kind, das sich selbst genügen kann, das seine Schuhe und Kleider allein an- und ausziehen kann, in seinem Glück und seinem Frohsinn wieder. Denn die menschliche Würde kommt aus dem Gefühl der Unabhängigkeit."[82]

Die Arbeit mit den Knüpfrahmen, an denen die gebräuchlichsten Verschlüsse der Kleidung angebracht sind, dient einerseits der Bewegungsentwicklung und andererseits verhilft sie dem Kind zur Unabhängigkeit vom Erwachsenen beim An- und Ausziehen der Kleidungsstücke. Montessori beschreibt die einzelnen Rahmen und die entsprechende Handhabung:

„Es handelt sich dabei um einen Holzrahmen mit zwei Rechtecken aus Stoff, die miteinander verbunden werden können. Jeder Rahmen hat eine andere Verbindungsart: Knöpfe, Haken, Schnürsenkel, Bänder, Schnallen, mechanische Verschlüsse usw. Dieses Entwicklungsmaterial geht von den praktischen Handgriffen beim Anziehen aus. Die beiden Stoffstreifen sind zunächst so nebeneinander zu legen, dass die Schließvorrichtungen gegeneinander stehen. Falls es sich dabei um Ösen handelt, in die ein Schnürsenkel eingefädelt werden soll, oder um Knopf und Knopfloch oder um zu knüpfende Bänder, so sind dazu verschiedene Handgriffe erforderlich.

Der Knopf muss mit der einen Hand geneigt werden, während die andere das Knopfloch so zieht, dass es über dem hochkant gestellten Knopf liegt: dann wird der Knopf durchgezogen, danach flach gelegt."[83]

Die handlichen Knüpfrahmen haben, wie Roubiczek erwähnt, „den Vorteil, dass die für das kleine Kind recht schwierige Arbeit in bequemer Haltung, in Muße und jederzeit vorgenommen werden kann. Die Besorgnis, das Kind würde durch ein unnötiges und künstliches Material von der Wirklichkeit entfernt, erweist sich in der Praxis als unbegründet. Kaum beherrscht das Kind die nötigen Handgriffe, so sucht es in seiner Umgebung nach Anwendungsmöglichkeiten und ist meist gerne bereit, Kameraden, die noch ungeschickt sind, zu helfen. Dabei ist – besonders anfangs – deutlich zu sehen, dass die Freude dem neu gefundenen Tätigkeitsfeld gilt, weniger der sozialen Beziehung und Hilfe."[84] Dieses Beispiel bestätigt die oben erwähnten Stufen vom anfänglichen Selbstzweck einer Tätigkeit bis zur sozialen Handlung.

6.6.1.2 Übungen zur Pflege des Raumes bzw. der Umgebung

Zur Pflege des Raumes gehörte zum Beispiel das Waschen der Möbel oder das Kehren des Bodens. Zum Kehren hatten die Kinder eine besondere Schaufel, die sich schloss, wenn man sie vom Boden hob.

Abb. 40:
Übungen des praktischen Lebens mit angepassten Arbeitsgeräten

Auch die Pflege der Pflanzen übernahmen die Kinder. In jedem Gruppenraum befand sich eine niedrige Blumenbank, damit die Kinder die Blumen erreichen konnten. „Wir haben“, so Roubiczek, „keine Angst, dass die Kinder solche Gelegenheiten zum Zerstören der Blumen benützen würden.“[85] Die sachgemäße Pflege der Schnittblumen wurde den Kindern sorgfältig gezeigt.

In der wärmeren Jahreszeit, wenn auf der Terrasse gearbeitet werden konnte, wuschen die Kinder selber Wäsche. Dafür gab es eine Rumpel aus Holz, damit sie sich nicht verletzen konnten. Roubiczek schreibt zu dieser Tätigkeit: „Eine Arbeit, ‚bei der man nur so tut‘ – eine Arbeitsgeste als Vorwand fürs Spiel – gibt es im Haus der Kinder nicht; sonst wären die Wäscherinnen auch nicht mit solchem Ernst bei der Sache.“[86]

6.6.1.3 Vorbereiten und Servieren der Mahlzeit

Eine täglich wiederkehrende und im Haus der Kinder außerordentlich beliebte und wichtige Arbeit war das Vorbereiten und Servieren der Mahlzeit. Im Haus der Kinder erhielten die Kinder drei Mahlzeiten (Vormittagsjause, Mittagessen und Nachmittagsjause). Vom Elternhaus durfte kein Essen mitgegeben werden. Ungleichheiten bezüglich der Herkunft sollten auch beim Essen (wie bei der Kleidung) nicht das Zusammenleben in der Gemeinschaft behindern. „Ob das Frühstück und die Vesper vom Elternhaus mitgegeben oder vom Kinderheim beigestellt werden, erscheint uns“, so Roubiczek, „daher nicht als eine organisatorische Frage untergeordneter Bedeutung, sondern als eine mitentscheidende pädagogische Frage. Es muss gar nicht erst der drückende Unterschied zwischen gutem und schlechtem Essen sein – schon die Formverschiedenheit kann Neid, Missgunst und Gefühle des Zurückgesetztseins hervorrufen.“[87]

Um die Esslust der Kinder zu heben, wurde einerseits auf gutes Aussehen der Speisen großer Wert gelegt und andererseits durften sich die Kinder an den Vorbereitungsarbeiten beteiligen. Bei der Vorbereitung der Jause konnte, wie Roubiczek berichtet, der größte Teil der Arbeit von den Kindern selbst geleistet werden: „Brote streichen, Malzkaffee reiben, Gemüse putzen und schneiden, Topfen passieren, Zitronen auspressen, Zucker stoßen, Erbsen auslösen u. s. f.“[88] Für das Gemüseschneiden wurden richtige Messer, die nur kleiner als die der Erwachsenen waren und eine abgerundete Spitze hatten, verwendet.

Roubiczek erwähnt, dass es dabei äußerst selten Unglücksfälle gab. „Die Kinder sind überaus vorsichtig, ihre Bewegungen geschickt und gelassen. – Unglücksfälle werden sich dort ereignen, wo das Kind einen ihm sonst streng verbotenen Gegenstand zufällig erblickt und nun schnell ‚ausprobieren‘ will.“[89]

Das Prinzip der Selbsttätigkeit wurde auch beim Servieren der Mahlzeiten berücksichtigt. Zuerst wurde von den Kindern der Tisch schön gedeckt. Auch die Papierservietten falteten die Kinder ohne Hilfe der Erwachsenen. Über diese Arbeit schreibt Roubiczek, sich von Faltübungen, wie sie in den Fröbel-Kindergärten ohne praktischen Bezug durchgeführt wurden, distanzierend: „Falten von Papier ist eine bei den Kindern sehr beliebte Tätigkeit; es wird im Fröbel-Kindergarten zur Herstellung verschiedener Formen verwendet, die uns häufig verspielt und unkünstlerisch erscheinen. Außerdem sind sie für die Kinder zu kompliziert und schwierig. Das Falten der täglich benützten Papierservietten ist eine sehr einfache Arbeit, die zur Realität, in der das Kind lebt, direkte Beziehung hat.“[90] In einem sorgfältig und nett gedeckten Tisch sieht Roubiczek „die beste Voraussetzung für saubere Essgewohnheiten der Kinder“[91].

Die freiwilligen „Kellner“ holten die Speisen an einer Durchreiche, gaben sie auf einen Servierwagen und boten sie den Kindern an.[92] Jedes Kind nahm sich selber so viel es wollte aus der Schüssel. Jede Speise wurde öfters angeboten. Das Abtischen und Abwaschen des Geschirrs übernahmen ebenfalls die Kinder.

Als 1930, anlässlich eines Besuches von Maria Montessori, ein Reporter im Haus der Kinder war und die Kinder beim Abwaschen ihres Geschirrs beobachtete, sagte dieser zu den abwaschenden Kindern: „Aha, ihr müsst hier sogar euer Geschirr selber abwaschen!“ Darauf antwortete ein Bub: „Müssen tun wir gar nicht, aber alle, die wollen, dürfen.“[93]

6.6.1.4 Übungen zur Bewegungskoordination und Bewegungskontrolle

Eine Reihe von Gegenständen und Materialien im Kinderhaus sind besonders dafür geeignet, die Koordination von Auge und Hand zu üben bzw. Bewegungsabläufe in kleinsten Schritten bewusst zu vollziehen. So wird beispielsweise das Tragen eines Sessels ebenso geübt wie das Öffnen und Schließen einer Tür.

Zur Verfeinerung der Bewegungen besonders geeignet sind die sogenannten Schüttübungen, bei denen das Kind aus einem großen Gefäß Körner oder Wasser in kleinere Gefäße schüttet oder löffelt. Roubiczek schreibt unter anderem von der Verwendung von Eprouvetten, die in verschiedener Höhe einen Strich hatten und bis zu diesem mit gefärbtem Wasser gefüllt werden sollten.[94]

Das Charakteristikum bei diesen Schüttübungen sind, wie Roubiczek beobachten konnte, „ungezählte Wiederholungen. ‚Sinnlose Wiederholungen und Spielereien' nennt es der Erwachsene; das Kind muss die Möglichkeiten dazu oft mit großer Hartnäckigkeit erkämpfen. Für das Kind sind sie eine Lebensnotwendigkeit; es erwirbt dadurch eine Fülle primitivster (und daher sehr wichtiger) technischer und sensueller Erfahrungen."[95]

Zu den Übungen der Bewegungskoordination und -kontrolle gehört auch das „Gehen auf der Linie". Im Haus der Kinder waren am Boden zwei ellipsenförmige Bahnen markiert. Die Kinder konnten sich aussuchen, auf welcher Bahn sie gingen. Manchmal wurde das Gehen auf der Linie als Gemeinschaftsübung mit allen Kindern durchgeführt, zwischendurch hatten die Kinder aber durchaus die Möglichkeit, mit einem Gegenstand in der Hand oder ohne, ihr Gleichgewicht und die Koordination der Bewegung auf diesen Bahnen zu üben.

Auf der Linie gingen die Kinder so, dass die Ferse des einen Fußes die Zehenspitzen des anderen Fußes berührte. „Diejenigen, die das Spiel schwieriger und kunstvoller gestalten wollten, nahmen gefüllte Wassergläser, Schalen oder andere Gegenstände, deren Tragen Aufmerksamkeit erfordert, in die Hand."[96]

6.6.1.5 Die Übungen der Stille

Bei der „Lektion der Stille", sie wurde am Rudolfsplatz „Stillestunde" genannt, handelt es sich um eine Übung, die von allen Kindern (die dazu bereit sind) durchgeführt wird. Im Gegensatz zur freien Arbeit ist die Übung der Stille eine „kollektive Aktion"[97], die unabhängig von der anderen Arbeit durchgeführt wird.

Montessori schlägt im Aufbau der Stilleübungen zwei Stufen vor:

a) Übungen zur vollkommenen Einstellung der Bewegung;
b) Übungen, auf seinen Namen zu hören und sich möglichst leise an einen anderen Ort zu begeben.

Zu a) Nach Beendigung einer Arbeitsphase nimmt die Lehrerin auf einem Sessel oder einem anderen Platz sitzend oder stehend eine möglichst regungslose Position ein. Sie lenkt die Aufmerksamkeit der Kinder auf sich und schweigt. Die Kinder versuchen die Haltung nachzuahmen. Montessori berichtet: „Sie sehen mich verblüfft an, wenn ich mitten im Saal stehen bleibe und es wirklich so ist, als ‚wäre ich nicht da'. Dann wetteifern sie alle darin, mich nachzuahmen, und versuchen, es mir gleichzutun. Ich stelle fest, dass sich hier und dort ein Fuß fast unmerklich bewegt. In dem sehnlichen Willen, die Unbeweglichkeit zu erreichen, lenken die Kleinen ihre Aufmerksamkeit auf alle Teile des Körpers. Während sie sich in diesem Bemühen versuchen, entsteht wirklich eine Stille, die anders ist als das, was man gewöhnlich darunter versteht."[98] In dieser Phase nehmen Kinder plötzlich feinste Geräusche (das Ticken einer Uhr, zwitschernde Vögel) wahr, die sie vorher vielleicht noch nie mit dieser Bewusstheit erlebten.

Zu b) Wenn die Kinder in der Lage waren, die Bewegungen ganz ruhig zu halten, verdunkelte Montessori die Fenster und sagte zu den Kindern: „Hört nun die leise Stimme, die euch beim Namen ruft." Sie ging in ein Nebenzimmer und rief „mit flüsternder, doch die Silben langziehender Stimme, so wie man nach jemanden in den Bergen rufen würde"[99], den Namen jedes Kindes. Jeder Aufgerufene erhob sich leise und ging möglichst ohne ein Geräusch zu machen ins Nebenzimmer. Diese

Übungen faszinierten die Kleinen offensichtlich, jedenfalls meint Montessori: „Ihre gespannten Gesichter, ihre geduldige Unbeweglichkeit enthüllten uns ihr Suchen nach einer großen Freude."[100]

Im Haus der Kinder am Rudolfsplatz stellte Hilde Uhlir in ihrer Gruppe gegen Ende des Vormittags, wenn die Kinder ihre Tätigkeiten schon langsam beendeten, auf dem Klavier (dort konnten die Kinder sie gut sehen) Buchstabentafeln auf, die das Wort „Stille" ergaben. Dies war ein Hinweis, dass die Kinder ihre Arbeit beenden und sich auf die Übung der Stille vorbereiten sollten. Wenn alle Tafeln standen, setzte sie sich auf einen Sessel und wartete regungslos, bis die Kinder mit ihren Sesseln in den Kreis kamen und sich ebenso leise hinsetzten. Nun herrschte absolute Stille. Manchmal zeigte sie in dieser Phase langsam vor, wie man einen Sessel leise trägt, eine Tür leise schließt oder jemanden freundlich grüßt.

Oft zog sie in der Stillestunde die Vorhänge zu, ging in einen Nebenraum und rief jedes Kind leise flüsternd bei seinem Namen. Dieses stand auf und ging so leise wie möglich in den anderen Raum.

Montessori war bei einer Hospitation im Haus der Kinder von der Ruhe, die Frau Uhlir ausstrahlte, außerordentlich angetan. Diese Ruhe, die sich auf die Kinder übertrug, stieß auch bei ihren Kolleginnen auf Bewunderung. Frau Baer-Frissell fragte sie einmal, was sie denn Besonderes mache, dass in ihrer Gruppe eine so ruhige und stille Arbeitsatmosphäre herrsche. Uhlir antwortete, sie mache nichts Besonderes. Darauf meinte Baer-Frissell: „Doch, du atmest anders. Man macht alles mit dem Atem. Du strahlst durch deinen Atem Ruhe aus."[101]

Diese Begebenheit führte dazu, dass vom Wiener Burgtheater jemand eingeladen wurde, um mit den Montessori-Lehrerinnen eine Schulung in Atemtechnik durchzuführen.

6.6.2 Zur Arbeit mit den Sinnesmaterialien

Innerhalb der Dinge, die im Haus der Kinder Verwendung fanden, nahm das Montessori-Sinnesmaterial breiten Raum ein. Alle damals erhältlichen Sinnesmaterialien standen in der Freiarbeit den Kindern zur Verfügung.

Die Bedeutung der Sinnesschulung im Alter von drei bis sechs Jahren, also in jener Zeit, in der die Kinder die „Welt" nicht mehr unbewusst absorbieren, sondern in dieser Zeit der Ich-Entdeckung sich diese bewusst, differenzierend und be-greifend aneignen, dürfte immer wieder in Frage gestellt worden sein. Jedenfalls nimmt Roubiczek bei ihrer Beschreibung der Wirkung des Sinnesmaterials zu verschiedenen Einwänden Stellung.

6.6.2.1 Bedeutung der Sinnesmaterialien für die Entwicklung des Kindes

Das Sinnesmaterial kommt dem Drang des 3- bis 6-jährigen Kindes, Eindrücke und Erfahrungen zu analysieren, entgegen. Es hilft dem Kind, die Fülle der durch die Tätigkeit des absorbierenden Geistes aufgenommenen Eindrücke oder Bilder zu differenzieren, einzuordnen und somit bewusst zu beherrschen.

Die einzelnen Materialien sind, wie Roubiczek schreibt, „klar, eindeutig und einfach; sie haben Richtqualität und diese drei Umstände wirken zusammen, dass im Kinde organisch die Fähigkeit des Unterscheidens und des Urteilens wächst."[102]

Der Zweck des Materials besteht also darin, dass das Kind Begriffe und Vorstellungen selbständig ordnen, klären und fassen lernt. Natürlich würde sich das Kind auch ohne das Montessori-Material, das jeweils nur eine Eigenschaft hervortreten lässt (z. B. Größe, Farbe, Form), Begriffe und Vorstellungen von den Dingen aneignen, aber, wie Roubiczek meint, „mit weit mehr Mühe, auf ermüdendem Umweg und bestimmt nicht so klar"[103].

Mit dem Material sollen dem Kind nicht in erster Linie neue Eindrücke vermittelt werden, sondern es soll ihm eine Hilfe darstellen, Eindrücke klarer zu unterscheiden und einzuordnen, denn das Kind wird die Wirklichkeit umso lebendiger erfassen, je klarer ihre Eigenschaften ihm vorher begreiflich geworden sind. „Hat das Kind Wesen und Richtung einer Eigenschaft einmal begriffen, so kann es wegen dieser übersichtlichen Klarheit und Eindeutigkeit unseres Materials die Extreme nebeneinander halten, die verschiedenen Eigenschaften miteinander vergleichen, in Zusammenhang bringen usw."[104]

Weil diese Fähigkeit sich durchaus nicht auf die intellektuelle Sphäre beschränkt, sondern die ganze Persönlichkeit erfasst, kann man bei dieser Arbeit, wie Roubiczek meint, „von Bildung im besten Sinne des Wortes sprechen: vom Geistigen her, aber über dieses hinaus wird der ganze Mensch geformt und diszipliniert"[105].

Durch die Klarheit und Einfachheit ist das Material geeignet, spontanes Handeln auszulösen, also Selbsttätigkeit. Dem Einwand, dass es sich nicht um wirkliche Selbsttätigkeit handeln könne, wenn jedes einzelne Material nur in ganz bestimmter Art gebraucht werden darf, also die Tätigkeit weitgehend vorgeschrieben ist, entgegnet Roubiczek: „Dieser Einwand trifft nicht unseren Begriff der Selbsttätigkeit. Natürlich findet jedes einzelne Kind die Begriffe und Vorstellungen, deren Erwerb erst den gesellschaftsfähigen Erwachsenen ausmacht, als gegeben vor. Es kann unmöglich dem einzelnen Individuum überlassen bleiben, sich unbekümmert darum willkürliche Begriffe zu schaffen. Das ‚Was' der Begriffe ist von der Gesellschaft her im Vornhinein da und seine Sinngebung kann nicht der Selbsttätigkeit überlassen werden; so verstanden wäre Selbsttätigkeit völlig sinnlos. Was allein unter Selbsttätigkeit verstanden werden kann, ist nur: die objektiv und allgemein gegebene Aufgabe, einen ganz bestimmten und ausnahmslos für jedes Individuum gültigen Begriffsvorrat zu erwerben, soll vom einzelnen Kind auf seinem individuellen, seinen Fähigkeiten entsprechenden Weg freiwillig und nicht auf Grund von Direktiven vom Erwachsenen bewegt werden."[106]

Neben den klassischen Montessori-Materialien wurden den Kindern auch „Rohmaterialien" wie Ton, Papier, Plastilin zur Verfügung gestellt, um die gestaltenden, kreativen Kräfte zu fördern. Roubiczek weist jedoch darauf hin, dass das Rohmaterial nicht, wie das Kritiker des Montessori-Materials behaupten, den gestalterischen Kräften des Kindes mehr entspreche als das von Montessori entwickelte Material. Es sei nicht richtig, dass zum Unterschied vom Montessori-Material das Rohmaterial durch das Kind völlig willkürlich gebraucht werden könne. Allein durch den Materialcharakter gebe das Rohmaterial wie das Montessori-Sinnesmaterial bei der Verwendung eine bestimmte Direktive, habe eine Richtqualität. „Ein Material, das absolut untendenziös restlos der freien Verfügung durch das Kind bestimmt ist, gibt es eben nicht"[107], meint Roubiczek.

Die Arbeit mit dem Montessori-Material kann ebenso schöpferisch sein wie der Umgang mit Rohmaterial. Das Schöpferische zeigt sich hier aber nicht so sehr an den „äußeren Produkten als in der Auswirkung auf das Individuum. Zum Beispiel entdeckt das Kind an diesem Material selbständig bestimmte Eigenschaften, die es dann in der Umwelt immer von neuem in vielfachen Variationen wiedererkennt, und das ist für das Kind durchaus eine schöpferische Leistung."[108]

6.6.2.2 Einsatz der Sinnesmaterialien

Im Folgenden sollen einzelne Sinnesmaterialien, von deren Einsatz Roubiczek berichtet, nach Wahrnehmungsbereichen geordnet, vorgestellt werden.

- **Materialien zur Förderung visueller Wahrnehmung**

Zu diesem Bereich gehören Materialien zum Erkennen der Dimensionen (Einsatzzylinder, Rosa Turm, Braune Treppe, Rote Stangen), der Farben (Farbtäfelchen) und der Figuren (Geometrische Kommode).

– Die Zylinderblöcke

Bei diesem Material handelt es sich um drei (heute sind es vier) verschiedene Holzblöcke, in die Zylinder unterschiedlicher Maße eingeordnet werden. Beim Zylinderblock 1 verbreitern sich die Zylinder im Durchmesser, die Höhe bleibt gleich. Beim Zylinderblock 2 nehmen Durchmesser und Höhe zu, und beim dritten Block verbreitert sich der Durchmesser und zugleich verringert sich die Höhe der einzelnen Einsatzzylinder.

An der Arbeit eines Kindes mit den Zylinderblöcken zeigt Roubiczek auf, welche Energie ein selbstentdeckter „Fehler“ auslösen kann und wie unsinnig es ist, wenn Erwachsene bei geringsten fehlerhaften Versuchen eingreifen und „helfen“.

„Das Kind nimmt die Zylinder heraus und versucht sie alle wieder an ihren Platz zu bringen. Hat es unvermerkt einen oder den andern in eine zu große Vertiefung gegeben, so bleibt ihm zuletzt ein Zylinder übrig, den es nirgends unterbringen kann. Früher aber haben alle Zylinder Platz gehabt. – Das Kind sieht sich mitten in ein Problem gestellt, welches sein größtes Interesse wachruft. Es räumt die Zylinder so lange ein und aus, bis es ihm gelingt, die ursprüngliche Ordnung wieder herzustellen.“[109]

Der „Fehler“ löst jene Fragehaltung aus, die zu weiteren Versuchen und Überprüfungen drängt. Das Kind sucht nicht die Lehrerin auf, um sich die Lösung zeigen zu lassen. Das Erstaunen über den „Fehler“ beinhaltet eine Energie, die Antriebskraft für das Suchen einer neuen Lösung ist. Roubiczek schließt daraus: „Ein Helfen, Raten, Überwachen von Seiten des Erwachsenen erübrigt sich, – ja, das Kind ist vom Material so gefangen genommen, dass es alle ungeduldig beiseite schiebt, die ihm helfen wollen.“[110]

– Rosa Turm

Das Material besteht aus zehn rosa Kuben, die sich in drei Dimensionen unterscheiden (Höhe, Breite, Tiefe). Das Volumen der Würfel wächst von 1 cm^3 bis 1000 cm^3 gleichmäßig an.

Roubiczek schreibt über die Arbeit mit dem „Rosa Turm“: „Die erste Beziehung des Kindes zu diesem Material ist die Freude an den großen bunten Holzklötzen, die ihm Gelegenheit zu großen wei ausholenden Bewegungen geben. Bald merkt es, dass bei diesen Holzklötzen noch etwas ‚dahinter steckt‘. Es ahnt die sinnvolle Beziehung der einzelnen Teile zueinander und entdeckt sie allmählich. Das Kind wird durch solches Material zum ersten systematischen Beobachten hingeleitet.“[111]

Diese Aussagen deuten darauf hin, dass die Kinder mit einem Material nicht nur in der demonstrierten Weise umgehen durften, sondern nach einer Einführung selbständig Gesetzmäßigkeiten, die im Material stecken, entdecken konnten.

– Braune Treppe

Bei diesem Material wird das gleiche Ziel wie beim Rosa Turm verfolgt. Es dient zur Unterstützung der Wahrnehmung von Dimensionsunterschieden. Dabei handelt es sich um zehn Prismen von gleicher Farbe und Länge; sie unterscheiden sich in Breite und Höhe, also in zwei Dimensionen.

– Rote Stangen

Sie dienen der Wahrnehmung von Längenunterschieden und sollen indirekt die Motorik des ganzen Körpers entwickeln, den Eindruck von Reihen vermitteln, und sie sind außerdem eine Vorbereitung auf die blau-roten Rechenstangen.

– Farbtäfelchen

Dieses Material bestand aus Holztäfelchen, die mit verschiedenfarbiger Seide umwunden waren. Die Schattierungen jeder Farbe sollten von der dunkelsten zur hellsten aneinander gereiht werden.

Die Wirkung der Arbeit mit Materialien, die eine Eigenschaft isoliert repräsentieren, beschreibt Roubiczek an diesen Farbtäfelchen: „Es (das Kind) wird etwa Farbenpracht und Farbenunterschiedlichkeit der wirklichen Landschaft um so rückhaltloser genießen können, je schärfer und ausgebildeter sein Sinn für Farbenqualität entwickelt worden ist.“[112] Dies sei, so meint Roubiczek, gründlicher gewährleistet, wenn das Kind sich etwa am Montessori-Farbmaterial Verständnis für Leuchtkraft und Nuance der Farben „abstrakt“ angeeignet habe.[113]

- **Materialien zur Förderung der taktilen Wahrnehmung**

Eine Materialserie besteht aus Holztafeln, die mit unterschiedlichem Sandpapier beklebt sind.

– Tafel 1: Eine Holztafel, die zur Hälfte glatt lackiert und auf der anderen Hälfte mit rauem Sandpapier überzogen ist. Das Kind entdeckt an diesem Material bewusst die Kontraste von Glatt und Rau.

Abb. 41:
Arbeit mit den Tastbrettern

– *Tafel 2 :* Eine Holztafel mit insgesamt 10 Sandpapierstreifen, die denselben Rauheitsgrad aufweisen.

– *Tafel 3:* Eine Holztafel mit insgesamt 5 in ihrer Rauheit abgestuften Sandpapierstreifen.

Weiters gab es einen Satz Holztäfelchen, bei denen je zwei mit demselben Sandpapier beklebt waren, sodass die Kinder mit verbundenen Augen tastend die zusammenpassenden heraussuchen konnten. Plank berichtet, dass sie für das Finden gleicher Oberflächenstrukturen auch Stoffe mit verschiedenen Strukturen verwendete.[114]

Zum Ablauf und zur Wirkung dieser Tastübungen schreibt Roubiczek: „Die Unterschiede können nur wahrgenommen werden, wenn die Hand ganz leicht und locker über die Fläche gleitet; so bereiten die Tastübungen die ‚leichte Hand' vor, die für alle verfeinerten Tätigkeiten (auch für das Schreiben) erforderlich ist, später aber nur mit viel Mühe und bewusster Anstrengung erreicht werden kann; auf einer früheren Stufe genügt es, der großen Tatlust des Kindes durch ein mannigfaltiges Material entgegenzukommen."[115]

- **Materialien zur Förderung der auditiven Wahrnehmung**

Zur Ausbildung und Verfeinerung des Gehörsinns wurde mit Materialien bzw. Übungen zur Unterscheidung von Geräuschen gearbeitet.
Roubiczek beschreibt drei Materialien bzw. Übungen zur Förderung der auditiven Perzeption: Rasselbüchsen, Glocken, Gehörspiele.

– *Rasselbüchsen (Geräuschedosen)*

Über die Beschaffenheit und Handhabung dieses Materials schreibt Roubiczek: „Steinchen, Bohnen, Perlen verschiedener Größe sind in Holzbüchsen eingeschlossen, so dass diese beim Schütteln unterschiedliche Geräusche hervorbringen. Je zwei Büchsen sind gleich, und es gilt diese herauszufinden."[116]

– *Die Glocken*

Während die Rasselbüchsen zur Unterscheidung von Gräuschen dienen, kann mit den Glocken die Unterscheidung von Tönen geübt werden. „Die in doppelter Serie existierenden Glocken lassen sich einzeln umstellen; sie können also ‚gemischt' werden, genau wie die anderen Gegenstände zur Erziehung der Sinne"[117], schreibt Montessori, und Roubiczek erläutert die Möglichkeiten, die in dieser Materialserie stecken:

Abb. 42:
Wahrnehmungsübungen mit den Geräuschedosen

„Jede Glocke bringt, mit einem Holzklöppel angeschlagen, einen Ton der eingestrichenen Oktave hervor. Es sind von jedem Ton je 2 Glocken vorhanden. Das Kind kann also zunächst die ‚gleichen' zusammensuchen, später die diatonische und chromatische Tonleiter aufbauen. Noch später kann es Melodien, die es gehört hat oder die es selbst formt, auf den Glocken spielen. Zu dieser Zeit bekommen die Kinder auch schon verschiedene einfache Saiten- und Blasinstrumente in die Hand. Der Vorzug der Glocken gegenüber einem Musikinstrument ist die Beweglichkeit der einzelnen Töne. Auf dem Unterlagsbrett sind zwar die einzelnen Glocken durch Striche angedeutet, aber das Kind kann sie beliebig anordnen. Tonintervalle und bestimmte räumliche Intervalle sind nicht gekoppelt, – das ist es, was Interesse und Tätigkeit des Kindes auslöst."[118]

Die Schulung der Wahrnehmung von Tönen erfolgte auch über Gehörspiele, bei denen mehrere Kinder beteiligt waren. Sie saßen im Raum oder auf der Wiese in einem Kreis. Ein Kind setzte sich in die Mitte. Roubiczek schreibt über die dann folgende Aufgabe: „Mit verbundenen Augen soll die Richtung der angeschlagenen Glocke erkannt und mit dem Finger gezeigt werden."[119]

- **Materialien zur Förderung des Geruchssinns**

Die differenzierte Wahrnehmung von Gerüchen wurde über die sogenannten Geruchsbüchsen gefördert. Metalldosen mit Löchern enthielten stark riechende Gewürze, je zwei Dosen waren mit demselben Inhalt (Geruch) gefüllt. Die Kinder rochen daran und suchten die zusammenpassenden Gerüche. Weitere Dosen enthielten Wattebäuschchen, die mit ätherischen Ölen getränkt waren. Auch hier sollten jeweils zwei idente Gerüche identifiziert und die Dosen zugeordnet werden. „Besonderes Interesse an der Unterscheidung von Gerüchen zeigten", wie Roubiczek feststellen konnte, „die Kinder um das 3. Lebensjahr".[120]

6.6.3 Zur Arbeit im Bereich Sprache – Schreiben und Lesen

Im Haus der Kinder am Rudolfsplatz übernahm Emma Spira die Gruppe der 5- bis 6-jährigen Kinder mit der Absicht, sie im folgenden Jahr als Montessori-Schulklasse zu führen.

Die Mehrzahl dieser Kinder war bis zum Eintritt in das Kinderhaus entweder zu Hause oder in Kindergärten anderer Institutionen. Spira konnte beobachten, dass jene, die in der Montessori-Schule, Troststraße, im Alter von drei bis vier Jahren mit den Sinnesmaterialien gearbeitet hatten, im Ordnen von Sinneseindrücken eine große Geschicklichkeit und Sicherheit erworben hatten und sich bald „geistigen Arbeiten" zuwandten. Die anderen widmeten sich zuerst vorwiegend motorischen Tätigkeiten – was auf einen Nachholbedarf schließen ließ –, zeigten aber bald auch großes Interesse am Lesen und Schreiben. Spira schreibt zu dieser Entwicklung: „Sie kamen nach einiger Zeit starker motorischer Betätigung (viel Hausarbeit, eigens kompliziert, um diese großen Kinder anzuregen) fast alle zu einem starken intellektuellen Interesse."[121]

Bereits in der Troststraße machte Spira bei den Fünfjährigen die Erfahrung, dass sie ein besonderes Interesse am Lesen und Schreiben hatten.

Der Kritik, dass im Haus der Kinder intellektuelle Frühreife angestrebt werde, begegnet Roubiczek mit folgenden Argumenten: „Man beruft sich gegen uns auf die ganz allgemeine Erfahrung, dass die geeignete Zeit fürs Schreiben- und Lesenlernen die Zeit nach dem Schuleintritt sei. Merkwürdigerweise enthält diese Tatsache, die gegen unsere Anschauung geltend gemacht wird, deren Bestätigung – man muss nur die näheren Umstände mit berücksichtigen. Denn, da auf einer bestimmten Altersstufe von der überwältigenden Mehrzahl aller Kinder auf Geheiß des Lehrers die Fähigkeit des Lesens und Schreibens ohne erhebliche Schwierigkeit erworben werden kann, so ist diese Tatsache der Beweis, dass das Kind in seiner inneren Entwicklung schon seit langem zu diesem Schritt bereit gewesen sein muss. Es hätte ihn unter günstigen äußeren Verhältnissen, wie wir sie ihm bieten, und bei Sicherung des außerordentlich wirksamen Ansporns der Freiwilligkeit schon wesentlich früher bewältigen können."[122] Die Bereitschaft des Kindes (sensible Phase), sich im Alter von etwa 5 Jahren mit Buchstaben auseinander zu setzen, wird im Montessori-Kinderhaus nicht künstlich verzögert.

6.6.3.1 Über das Schreiben zum Lesen

Ausgangspunkt des Schreibens und Lesens waren in der Gruppe von Emma Spira die Namen der Kinder, die an den Garderobeplätzen und Laden eines Schrankes angebracht waren. „Diese geschriebenen Namen waren das Erste, was sie auf Lesen und Schreiben hinwies. ... Ein Junge kam auf den Einfall, sich immer eine Lade auf seinen Arbeitstisch zu holen und den darauf stehenden Namen abzuschreiben."[123]

Nach kurzer Zeit schrieben fast alle Kinder Namen, entweder nach einer Vorlage oder auswendig. Diejenigen, die von zu Hause schon einige Buchstaben kannten, hatten stärkeres Interesse an Blockbuchstaben (ihnen stand z. B. ein Filzalphabet in Blockschrift zum Legen der Namen und Setzen anderer Wörter zur Verfügung), während Kinder, die noch keine Buchstaben kannten, eher die Sandpapierbuchstaben oder das bewegliche Alphabet wählten, die durch die Größe und das Berühren sehr anziehend waren.[124]

Die das Schreiben und Lesen direkt vorbereitenden Materialien (über bestimmte Sinnesmaterialien erfolgt die indirekte Vorbereitung) sollen näher erläutert werden.

- **Handhabung des Schreibgeräts**

– *Metallene Einsätze*

Auf zwei Ständern liegen je vier quadratische Einsatzplatten aus Metall. In der Mitte jeder Platte befindet sich eine Einsatzfigur (z. B. Quadrat, Dreieck, Oval, Trapez) mit einem kleinen Knopf.

Das Kind nimmt zuerst den Rahmen einer Figur, legt ihn auf ein weißes Blatt und zeichnet mit einem Farbstift die Umrisse. Dann nimmt es die Platte weg, und auf dem Papier verbleibt die geometrische Figur. Dann legt es das Einsatzstück auf seine gezeichnete Figur und fährt dessen Umrisse mit einem anderen Buntstift nach. Danach füllt es die aufgezeichnete Figur mit einem Farbstift eigener Wahl aus. „Beim Ausfüllen einer einzigen Figur", so Montessori, „wiederholt das Kind die Handbewegungen, die nötig wären, um zehn Seiten mit kleinen Strichen zu füllen, und zwar ohne zu ermüden, weil das Kind, wenn es die zu diesem Zweck erforderlichen Muskelkontraktionen genau koordiniert, dies zwanglos tut in der Richtung, die ihm passt; es ist befriedigt darüber, dass vor seinen Augen eine große Figur in lebhafter Farbe entsteht.“[125] In späterer Folge kombinieren die Kinder verschiedene Figuren und füllen sie auf unterschiedlichste Weise aus.

Diese Übungen verleihen, wie Montessori schreibt, „der Hand Geschicklichkeit für die Benutzung des Schreibgerätes“[126]. Roubiczek erwähnt ebenfalls die Arbeit mit den metallenen Einsätzen und meint: „Das Schraffieren mit Buntstiften innerhalb einfacher geometrischer Formen ist eine Übung, die den Kindern unvermerkt die Sicherheit der Stiftführung vermittelt, also das Zeichnen und Schreiben vorbereitet.“[127]

- **Ausführung der Schriftzeichen**

– *Sandpapierbuchstaben*

Roubiczek beschreibt die Beschaffenheit der Tastbuchstaben und deren Einsatz im Unterricht:

„Aus rauhem Papier sind auf glattem Karton merkwürdig geformte Linien aufgeklebt. Die Kinder, deren Tastsinn durch allerhand Tastmaterial verfeinert wurde, lassen ihre Finger leicht darüber gleiten und hören vom Erwachsenen, dass jedem solchen Linienzug ein bestimmter Laut entspricht. Fordert man dann das Kind auf, den Laut zu nennen, der einem bestimmten Linienzug entspricht, so kann es geschehen, dass das Kind eine Linie erst wieder erkennt, wenn es sie nicht nur sieht, sondern neuerlich abtastet. Die taktil-motorischen Vorstellungen sind weit stärker am Aufbau der kindlichen Welt beteiligt als an der des Erwachsenen.“[128]

Durch das Berühren der Buchstaben in der Schreibrichtung und dem damit verbundenen langen Betrachten der Form sowie dem Sprechen des Lautes wird das Schriftzeichen in mehrfacher Form im Gedächtnis festgehalten.

Sehr bald beginnen die Kinder durch Zusammenfügen dieser Schriftzeichen Worte zu schaffen, was „am Anfang“, wie Montessori schreibt, „sehr viel anziehender ist, als sie zu lesen“[129]. Besonders bei den jüngeren Kindern konnte immer wieder beobachtet werden, dass das lautierende Aufbauen von Wörtern dem Lesen voranging.

Abb. 43:
Vorbereitung des Schreibens durch Sandpapierbuchstaben

– *Bewegliches Alphabet*
Mit dem sogenannten „beweglichen Alphabet“ steht für das Durchgliedern und Aufbauen von Wörtern ein weiteres Material zur Verfügung.

Mit diesem Material, so Roubiczek, bilden die Kinder die ersten Wörter. Es besteht aus großen, ausgestanzten und daher „greifbaren“ Buchstaben, dies macht die Tätigkeit anziehend. Das erste Wort, das die Kinder im Kinderhaus mit ihnen bildeten, war in der Regel der eigene Name.[130]

Bald fragten die Kinder nach anderen Wörtern, die sie dann zusammensetzten. Manche verwendeten dazu das „Filzalphabet“, das sind Filzbuchstaben, die an einer mit Stoff überzogenen Wandtafel haften.

6.6.3.2 Das Schreiben freier Texte

Die meisten Kinder konnten, wie Spira berichtet, sehr bald alle Buchstaben, zum Teil sogar in zwei Schriften, schreiben, während im Lesevermögen noch große Unterschiede bestanden. Trotzdem begannen die meisten Kinder „sehr frühzeitig, ohne sich um Orthographie, Grammatik und Stil zu kümmern, mit dem freien Aufschreiben; die erste Anwendung dieser Fähigkeit waren kleine Briefe, die die Kinder untereinander oder mit einem Erwachsenen wechselten.“[131]

- Die Kinder schrieben kurze Aussagen unter ihre Zeichnungen
  (z. B. DAS HAT SUSI GEMACHT.),
- informierten die Erzieherin über ein Ereignis
  (z. B. LIEBE ELLI ICH HAB ZU OSTAN EIN EI IN MEIN BET GESEN DAS WAR ROT UND ICH HAB EINEN OSTERHASEN GEHABT.),
- formulierten Aufforderungen
  (z. B. stand auf einem Arbeitsplatz: BITTE NICHT HERKOMMEN NUR DIE ELLI)
- oder traten mit jemandem in einen Briefwechsel. So schrieb beispielsweise eine Erzieherin der sechsjährigen Dita:
  „Liebe Dita, was machst Du am Sonntag?“ Dita antwortete darauf in einem Brief: *„Ich weis es nicht.“* Darunter schrieb die Erzieherin: *„Was möchtest Du gerne machen?“* Dita antwortete wieder schriftlich: *„im Bett liegen weist du warum weil ich eine Schlafmütze binn.“*[132]

Auf diesem Weg erlebten die Kinder, wie „die Kenntnisse, die der Einzelne erwirbt, in der Gemeinschaft wirksam werden“[133]. Sie benutzten Schrift als Mittel zur Verständigung von Mensch zu Mensch.

6.6.3.3 Die Arbeit mit dem Lesematerial

Über das Schreiben wurde natürlich auch das Interesse am Lesen geweckt. Für den Leselernprozess standen verschiedene Lesespiele zur Verfügung: „Bilder (Serien von Tieren, Pflanzen, Fahrzeugen usw.), zu denen je ein Kärtchen, auf dem der Name des betreffenden Bildes steht, gehört. Die Kinder legen zuerst die Bilder auf, nehmen dann ein Kärtchen, lesen den Namen und legen es zu dem dazugehörigen Bild.“[134]

Durch diese Vorgangsweise wird der Leseprozess in zwei Schritte geteilt, was nach Spira folgenden Vorteil hat: „Das Kind muss nicht aussprechen, was es liest, es hat also nur die eine Schwierigkeit: Das Zusammenziehen von Lauten zu einem sinnvollen Ganzen.“[135]

In einem nächsten Schritt konnte das Kind Kärtchen mit Namen von Gegenständen, die sich im Raum befanden (z. B. Teller, Glas, Tisch) verwenden. Es brachte den Gegenstand oder legte das Kärtchen zum entsprechenden Ding. Auch die Befehlskärtchen (z. B. „Wasch dich!“, „Tanz!“, „Spring!“, „Nimm die Mütze vom Kopf und verneige dich tief!“) stellten motivierende Leseanlässe dar, da sie mit der Durchführung einer Tätigkeit verbunden waren. Dadurch blieben „die ersten Worte, Sätze und kurzen Geschichten, die das Kind las, nicht holpriges Wortgeklingel, sondern wurden zu etwas durchaus Realem und Belebtem.“[136] Für das weiterführende Lesen stellte Spira geeignete Kinderbücher zur Verfügung.

6.6.4 Zur Arbeit im Bereich Mathematik

Der von Emma Spira 1932 erschienene Aufsatz über die „Einführung ins Rechnen im Montessori-Kinderhaus"[137] gibt ebenso Einblick in die Arbeit mit dem Montessori-Mathematikmaterial wie die Materialbeschreibungen von Lili Roubiczek, die sie in „Ein Haus der Kinder"[138] zusammenfasste. Beide stellen jedoch nur einige Materialien exemplarisch vor, sodass keine umfassende Darstellung der verwendeten Mathematikmaterialien möglich ist.

6.6.4.1 Materialien für die Arbeit mit den 2 1/2- bis 4-jährigen Kindern

In den Gruppen der 2 1/2- bis 4-jährigen Kinder wurde der von Montessori so bezeichnete „mathematische Geist" – sie versteht darunter die vorhandene Tendenz zum Sammeln, Vergleichen, Unterscheiden – an den Sinnesmaterialien (z. B. Rosa Turm, Braune Treppe, Rote Stangen) und den Mathematikmaterialien für den Zahlenbereich 1–10 geschult. Dazu gehörten die blau-roten Stangen mit den Ziffernbrettchen, die Sandpapierziffern, der Spindelkasten und die Ziffern mit Plättchen.

Zum Einsatz der blau-roten Stangen schreibt Roubiczek: „Hier macht das Kind Bekanntschaft mit der Zahl und erfährt gleich sehr deutlich, worin sie uns hilft. Die früheren Stäbe (rote Stangen; Anm. F. H.) konnte man nur beiläufig schätzen und nur ungefähr ihre gegenseitigen Beziehungen angeben. Hier können wir schon feststellen: Diese Stange ist um 'Eins' länger und jene um ‚Drei'. Natürlich wird das Kind auf diesen Unterschied nicht hingewiesen, sondern findet ihn mit der Zeit. Wichtig ist der ganz allmähliche Übergang vom Schätzen zum Zählen – vom sensoriell Wahrgenommenen zum intellektuell Präzisierten. Langsam und organisch wächst die geistige Arbeit aus der sensoriellen und der Muskelarbeit heraus. Damit ist eine bessere und breitere Fundierung der intellektuellen Betätigung gegeben."[139] In einem zweiten Schritt wurden die numerischen Stangen mit den Ziffernbrettchen kombiniert.

6.6.4.2 Materialien für die Arbeit mit den 5- bis 6-jährigen Kindern

Die 5- bis 6-jährigen Kinder bearbeiteten im Kinderhaus bereits Aufgaben, die sonst Volksschulkindern der ersten Schuljahre vorbehalten waren. So berichtet Plank, dass sie häufig beobachten konnte, „wie Kinder bis hundert und darüber hinaus an den Perlen zählten und sich anschließend irgend etwas in der Klasse suchten, was in großen Mengen vorhanden war, und dann zählten."[140]

Bei diesem Material handelt es sich um Perlenstäbchen in zehn verschiedenen Farben. „Jede Zahl hat", wie Spira schreibt, „ihre bestimmte Farbe: zum Beispiel die Fünf wird durch fünf blaue Perlen, die auf Messingdraht aufgefädelt sind, dargestellt; die Acht durch acht braune, die Zehn durch zehn gelbe Perlen usw."[141] Von jeder Einheit dieses handlichen Materials waren zehn Stück vorhanden. Die Kinder konnten mit den Perlenstäben das Zählen üben, aber auch mathematische Aufgaben legen und lösen: Addieren, Ergänzen, Subtrahieren, Multiplizieren.

Ein weiteres Material, das den Kindern zur Verfügung stand, waren die sogenannten Perlenketten, mit denen unter anderem das lineare Zählen im Zahlenraum 100 bzw. 1000 erarbeitet und gefestigt wurde.

- **Arbeit mit der Hunderterkette**

Das Material besteht aus 10 aneinander gehängten Perlenstäben mit je zehn Perlen. Dazu gehören Ziffernpfeile für die Einer, die Zehner und den Hunderter.

Bei der Einführung des Materials faltet die Lehrerin die Hunderterkette zu einem Quadrat und legt sie neben das ebenfalls aus Perlen bestehende Zehnerquadrat (Hunderterplatte), öffnet dann langsam die Kette, sodass das Kind verfolgen kann, wie das Quadrat in Zehnerstäbe zerlegt wird. Nun beginnt das Kind zu zählen. Es zählt jede Perle der Kette, legt neben die ersten 9 Einheiten die entsprechenden grünen Einerpfeile; bei 10 und den weiteren Zehnerzahlen bis 90 blaue Pfeile, und bei 100 den roten Pfeil.

Zur Durchdringung des Zahlenraums Tausend wird in gleicher Weise die Tausenderkette mit dem Tausenderkubus und Hunderterquadraten angeboten.

- **Der große Perlenkasten – Arbeit mit den Quadratketten**

An der Wand hängt ein offener Kasten mit Perlenketten und den dazugehörigen Quadraten und Kuben sowie Ziffernpfeilen.

Man wählt eine der Ketten, z. B. die Fünferkette, faltet sie zum Quadrat und legt sie neben das Fünferquadrat. Dann zieht man sie auseinander, damit das Kind erkennt, dass das Quadrat in Fünferstäbe aufgelöst ist. Quadrat und Kette sind trotz unterschiedlicher Gestalt gleichwertig hinsichtlich der Anzahl der Perlen. Die Perlen werden gezählt und die Pfeile aufgelegt: neben die Perlen des ersten Stäbchens die Ziffern 1 bis 5, ans Ende jedes weiteren Stäbchens die zugehörigen Pfeile 10, 15, 20 usw.

Roubiczek schreibt zu diesem Material und dessen Wirkung: „Bunte Perlen sind auf kurze Drahtstangen aufgereiht. Die Ketten sind verschieden lang und stehen zu den Würfeln und Platten in bestimmten (sterometrischen und mathematischen) Beziehungen. Die Kinder werden durch das bunte reichhaltige Material zum Zählen angeregt. Das lang geübte Zählen ist die beste Vorbereitung für alle späteren Operationen mit Zahlen.“[142]

Dass bereits im Kinderhaus Operationen mit mehrstelligen Zahlen durchgeführt wurden, zeigt Roubiczek mit der Beschreibung eines Multiplikationsspiels: „Das Multiplizieren wird nicht mechanisch geübt, sondern in die einzelnen Teilhandlungen aufgelöst. Die Abkürzungen und Vereinfachungen, die wir Erwachsene beim Multiplizieren benützen, können vom Kinde selbst im Akt und daher sinnvoll verwendet werden.“[143] Gemeint ist das **Goldene Perlenmaterial**, mit dem bereits Kinder im Vorschulalter ohne größere Probleme Additionen, Subtraktionen, Multiplikationen und Divisionen hantierend durchführen und lösen.

Am Beispiel einer Addition mit mehrstelligen Zahlen soll das gezeigt werden:
Material: 3 Kästen mit Sätzen kleiner Karten: je 9 Einer, 9 Zehner, 9 Hunderter und 3 Tausender; eine Schachtel mit einem Satz größerer Karten von 1 bis 9000; eine große Menge von Tausenderkuben, Hunderterquadraten, Zehnerstäbchen und losen Einerperlen; 3 Tabletts, 3 kleine Schalen für die losen Perlen, 1 größeres Tablett, 1 weitere Schale.

Bei der Einführung dieses Materials ist es günstig, wenn drei Kinder mitarbeiten. Die Kartensätze werden am Boden ausgelegt. Die Lehrerin entscheidet sich für drei Zahlen, die aus den Kartensätzen geholt und an die drei Kinder verteilt werden. Jedes Kind holt mit einem Tablett die entsprechende Perlenmenge, die von der Lehrerin überprüft wird. Dann werden die drei Mengen auf dem größeren Tablett zusammengelegt. Dabei wird das Vereinigen von Mengen erlebt. Um festzustellen, wie viel die drei Mengen zusammen ergeben, werden die Tausender, Hunderter, Zehner und Einer sortiert und ausgezählt. Wenn alles ausgezählt ist, holen die Kinder die entsprechenden Karten des großen Satzes und legen sie zu dem, was sie gezählt haben. Die Ziffern (sie sind unterschiedlich lang) werden so übereinander gelegt, dass das Ergebnis mit den Stellenwerten sichtbar wird.

Danach nimmt jedes Kind seine Zahl und legt sie auf. Unter die drei Zahlen kommt die große Zahl als Ergebnis. Es wird erklärt, dass die kleinen Mengen zusammen eine große Menge ergeben und so die große Zahl entsteht. Indem die Kinder die Operation durchführen, erfahren sie das Wesen des Addierens.

6.6.5 Zur Arbeit im Bereich Werken und freies Zeichnen

Nach dem Tod von Trude Hammerschlag (1930), die den Zeichenunterricht und die handwerkliche Arbeit bis dahin wesentlich mitgestaltet hatte und im Haus der Kinder begonnen hatte, anschließend an den Gruppenraum der 5- bis 6-jährigen Kinder eine Kinderwerkstatt einzurichten, übernahm Annie Hermann diese Aufgabe. Sie hatte die Kunstgewerbeschule absolviert und besuchte außerdem Kurse bei Prof. Franz Cizek, Trude Hammerschlag und bei Prof. Obsiger, der in der Ziegelfabrik Wienerberger eine Keramikwerkstätte führte und den Kursteilnehmern über das Material Ton ein Gefühl für die feinen Nuancen vermitteln wollte. Hermann erinnert sich an seine Forderung: „Man muss zuerst an sich erkennen, was man kann, und das üben, bevor man es mit Kindern macht. Man muss den Umgang mit dem Material selber erfahren haben, um mit Kindern daran arbeiten zu können.“[144]

6.6.5.1 Die Werkstätte und ihre Einrichtung

Die ersten Monate nach dem Tod von Trude Hammerschlag war Hermann noch mit dem Einrichten des Raumes beschäftigt. Sie ließ an eine Rückwand einen großen offenen Schrank montieren, in dem das Werkzeug für die Kinder übersichtlich und leicht zugänglich aufgehängt wurde. Hinter jedes Werkzeug malte sie seine Form in schwarzer Farbe an die Holzrückwand des Schrankes, damit die Kinder das benutzte Werkzeug wieder an den entsprechenden Platz zurückhängen konnten.

Abb. 44:
Verbindung von Gruppenraum und Werkstatt durch verglaste Schiebetür

Hermann ging von Tätigkeiten aus, die die Kinder in der häuslichen Umgebung beobachteten, aber durch das ungeeignete Werkzeug nur unter Verletzungsgefahr nachahmen konnten. Sie berichtet: „Die Kinder haben dem Vater beim Hämmern zugeschaut und wollten dann selber etwas machen, haben sich aber manchmal wegen des ungeeigneten Werkzeugs verletzt. Das hat mir zu denken gegeben, und da bin ich zu Prof. Obsiger und habe ihn gefragt, ob er mir eine ganze Serie von kleinen Hämmern herstellen könnte."[145]

6.6.5.2 Die Werkarbeiten der Kinder

Mit dem einer Kinderhand angepassten Werkzeug konnten die Kinder die verschiedensten Arbeiten selbständig ausführen. In der Regel befanden sich nur wenige Kinder in der Werkstatt. Sie kamen dann, wenn sie ein inneres Interesse für eine gestalterische Arbeit hatten. Roubiczek sieht den Zweck der Werkarbeit darin, dass „die Kinder mit den Materialien und Techniken vertraut gemacht werden, an denen sie ihre ‚darstellerischen' (schöpferischen) Qualitäten entwickeln können"[146].

Sehr beliebt waren bei den kleineren Kindern Nagelobjekte. Hermann berichtet: „Die Kinder machten eine Art ‚Stock im Eisen' und stellten die Objekte auf Ausstellungsborden aus."[147] Wenn die Kinder wollten, zeichnete Hermann ihnen Punkte auf das Holz, sodass bestimmte Figuren entstanden. Dies wollten die Kinder aber bald selber tun. Sie zeichneten sich Quadrate, Dreiecke usw. auf und schlugen die Nägel entsprechend ein. Schnell lernten sie auch, die Nägel mit einer Zange selbst herauszuziehen und nicht selten schlug ein Kind einen Nagel mit der Absicht ein, ihn wieder ziehen zu können. Die Freude an der Tätigkeit stand bei den jüngeren Kindern vor dem herzeigbaren Ergebnis. So sägten sie zum Beispiel mit großer Freude ein Brett entzwei oder hobelten Späne von einem Holzstück.

Abb. 45:
Arbeit in der Werkstatt

Die älteren Kinder kamen schon mit Ideen in die Werkstatt und bauten z. B. Flugzeuge, Autos, Hampelmänner oder bastelten einfache Musikinstrumente. Für Webe- und Flechtarbeiten standen ebenfalls die geeigneten Materialien und Geräte zur Verfügung.

6.6.5.3 Freies Zeichnen

In einem Ladenschrank waren Papier, Farben und Pinsel für das bildnerische Gestalten untergebracht. Damit die Kinder großflächig und stehend malen oder zeichnen konnten, schaffte Hermann ein Gestell, ähnlich einer Staffelei, an. Bei der Arbeit an der Staffelei ist das Kind in steter Bewegung; der ganze Mensch ist an der Arbeit. Nicht nur der schöpferische Geist, sondern der ganze Körper beteiligt sich mit dem Werden des Werkes. In der Regel stellte sie den Kindern kein Thema, sondern ließ sie frei gestalten (Stempeldruck mit Kartoffeln war eine der möglichen Techniken).

Hier teilt Hermann Cizeks Meinung, dass Kinder nicht Abbildungen schaffen sollten, sondern Gestaltungen, denn „nichts ist wertvoller als das aus der eigenen Seele, mit dem eigenen Geiste Hervorgebrachte“[148].

6.6.6 Zur Arbeit im Bereich Musik

Die vorbereitenden Übungen zur Musik wurden im Haus der Kinder in den einzelnen Gruppen durchgeführt, z. B. die Schulung der auditiven Wahrnehmung durch die Übungen der Stille, die Geräuschebüchsen, die Glocken und Gehörspiele.

Zweimal pro Woche kam Lisl Braun (geb. Herbatschek) – sie hatte 1930 geheiratet und gab nun vermehrt Klavierstunden außerhalb des Kinderhauses – und machte mit den Kindern Musik. Anfang der dreißiger Jahre entwickelte sie didaktische Materialien, die sie mit den Kinder ausprobierte und auch Maria Montessori vorstellte.

6.6.6.1 „Die Konzerte“ – Gehen und Bewegen zur Musik

Den Schwerpunkt der musikalischen Erziehung bildete auch im Haus der Kinder das Gehen und Bewegen zur Musik. Braun spielte für die Kinder die „Konzerte“, zu denen diese sich zwischen den beiden ellipsenförmigen Bahnen, die auf dem Boden aufgezeichnet waren, bewegten. Die Markierungen dienten, wie Roubiczek schreibt, „nur dazu, in die Kindergruppe eine ungefähre Ordnung zu bringen und Ermahnungen des Erwachsenen überflüssig zu machen.“[149]

Braun spielte verschiedene Rhythmen – vor allem Volkslieder, klassische Stücke und einfache Improvisationen – auf dem Klavier, und die Kinder machten dazu die entsprechenden Bewegungen des Gehens, Schreitens, Hüpfens oder Laufens.

Dieser Zugang zur Musik baut auf den beobachtbaren Reaktionen der Kinder auf gehörte Musik auf. Roubiczek schreibt dazu in Anlehnung an die Arbeit von Braun: „Die natürliche Reaktion des Kindes auf Musik ist Bewegung; es ist das die ihm gemäße Art des ‚Zuhörens‘; Rhythmus und Bewegung bilden für das Kind noch die ursprüngliche Einheit.“[150]

Braun hatte bereits ein großes Repertoire an Musikstücken gesammelt, die geeignet waren, bei den Kindern spontane Bewegungen auszulösen. Sie teilte die Stücke, orientiert am Alter und an den Bewegungsmöglichkeiten der Kinder, in drei Gruppen ein und stellte folgende Übungsprogramme zusammen:[151]

- **Gruppe 1: Spontane Bewegungen (3- bis 4-jährige Kinder)**

Braun spielte auf dem Klavier zuerst ein Stück, das zum Gehen (Marschieren) aufforderte, und wiederholte das Stück so oft, bis sie sah, dass die Kinder sich zur Musik fließend bewegten. Dann spielte sie ein Stück, das eine Kontrastbewegung verlangte – z. B. Laufen. Auch dieses Stück wiederholte sie einige Male. Dann baute sie ins Programm einen Wechsel dieser beiden Rhythmen ein, und die Kinder mussten sich in der Bewegung daran orientieren:

– *Ungarische Volksweise*[152]

– *Russische Volksweise*[153]

Abb. 46:
Bewegen zur Musik

Waren die Kinder in der Bewegung nach dieser Musik sicher, spielte sie andere Stücke für diese Bewegungsabläufe, z. B. fürs Gehen (Marschieren):

– *Holländische Volksweise*[154]

– *Serbische Volksweise*[155]

– *Aus „Carmen“ von Bizet*[156]

Die folgenden Beispiele wurden für die Laufbewegung eingesetzt:

– *Puertoricanische Volksweise*[157]

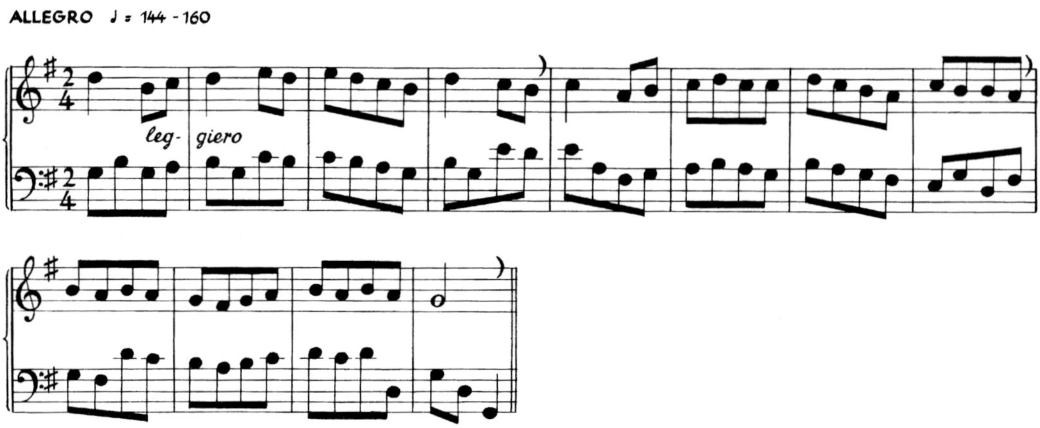

– *Tanz von Johann Strauß (Vater)*[158]

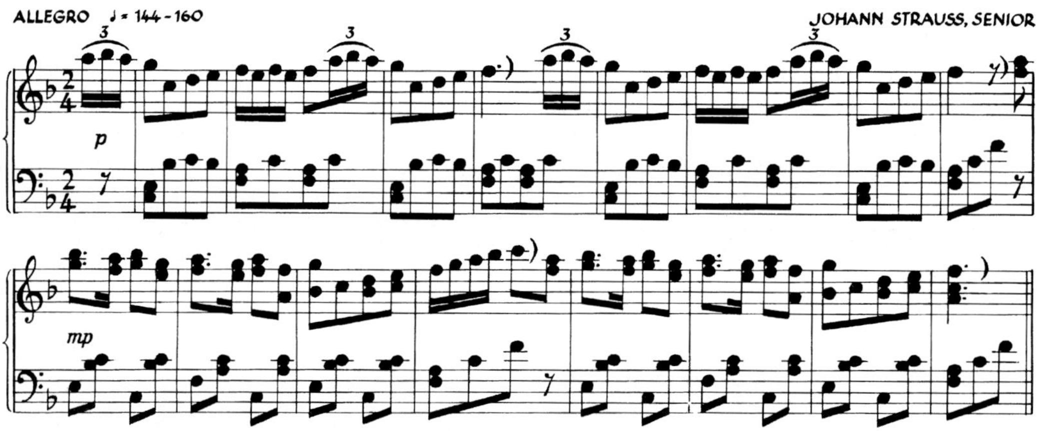

– *Dänische Volksweise*[159]

Wenn die Kinder in den Bewegungen zu diesen Musikstücken sicher waren, spielte sie solche, bei denen innerhalb des Stückes ein Rhythmuswechsel erfolgt, wie beispielsweise bei den folgenden:

– *Englische Volksweise*[160]

– *Deutsche Volksweise*[161]

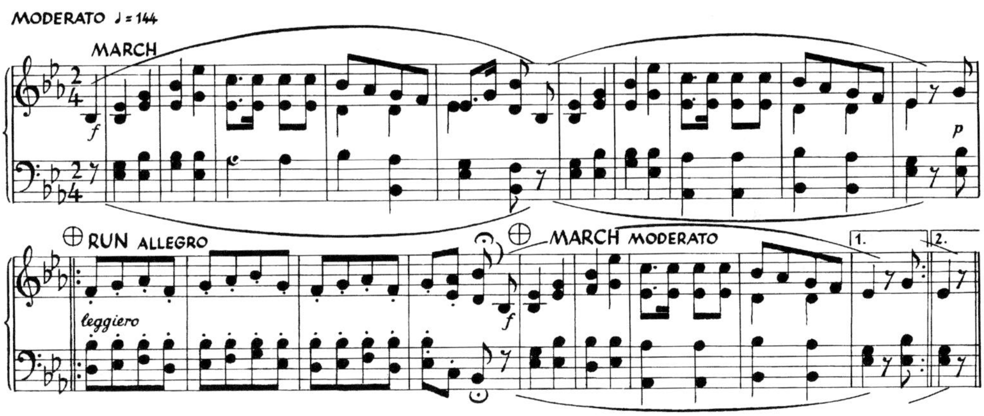

– *Polnische Volksweise*[162]

In einem nächsten Schritt wurden zu den bekannten Rhythmen neue eingeführt, z. B. Galoppieren und Hüpfen (ist eher für die Fünfjährigen geeignet). Ein Programm umfasste dann zum Beispiel folgende Stücke:

– *Französische Volksweise (Gehen)*[163]

– *Schottische Volksweise (Galoppieren)*[164]

– *Welsche Volksweise (Gehen)*[165]

– *Holländischer Bugle Call (Hüpfen)*[166]

Ein Stück, das einen Rhythmuswechsel vom Galoppieren zum Hüpfen beinhaltet, ist z. B. das folgende:

– *Deutsche Volksweise*[167]

- **Gruppe 2: Angepasste spontane Bewegungen (4- bis 5-jährige Kinder)**

Eine zweite Gruppe von Rhythmen schließt die Bewegungsmuster „langsames Laufen", „langsames Gehen" und „langsames Marschieren" ein.
Beispielhaft soll hier zu jedem Rhythmus ein Musikstück angeführt werden:

– *Amerikanische Volksweise (langsames Gehen)*[168]

– Mozart (langsames Laufen)[169]

– Aus: „Quintett op. 44" Schuhmann (langsames Marschieren)[170]

- **Gruppe 3: Tanzschritte (für Kinder, die sich bereits ein gutes Koordinationsvermögen angeeignet haben)**

Die dritte Gruppe umfasst Stücke, die einen Walzer- oder Polkaschritt sowie einen langsamen Marschschritt erfordern. Braun berichtet, dass manche der 5- bis 6-jährigen Kinder in der Lage waren, sich nach diesen Schritten zu bewegen:

– *Volksweise aus Portugal*[171]

– *Ungarischer Tanz*[172]

Die Lehrerinnen des Montessori-Kinderhauses wurden ebenfalls in diese Tanzschritte eingeführt, sodass sie mit den Kindern die Übungen auch durchführen konnten, wenn Braun nicht anwesend war.

6.6.6.2 Die Arbeit mit dem didaktischen Material

In den dreißiger Jahren arbeitete Braun an der Entwicklung von didaktischen Materialien für den Bereich „Lesen und Schreiben der Musik". Jene Materialien, die sie Montessori persönlich präsentierte[173] und auch in Ausbildungskursen demonstrierte, sollen hier vorgestellt und deren Einsatzmöglichkeiten beschrieben werden.

- **Die Tonleiterstiege**

„In Vienna we had a scale made like the steps of the stairs. The children walked up and down according to the notes played. Dr. Montessori saw this too."[174]
Auf die Stufen dieser Stiege wurden die Montessori-Glocken gestellt. Ein Kind schlug die Glocken der Reihe nach an, und ein zweites Kind ging die Stiege hinauf und hinunter. Die Begriffe „hoch" und „tief" konnten an dieser Stiege ebenfalls gut eingeführt werden.

- **Das begehbare Notenblatt**

Ein Material, von dem Braun schreibt, „Dr. Montessori liked it very much“[175], ist das „begehbare Notenblatt“. Es handelt sich hier um ein weißes Plastiktuch in der Größe von 136 x 102 cm mit aufgezeichneten Notenlinien. Der Abstand der Notenlinien beträgt 16 cm, etwa die Fußgröße eines 4- bis 5-jährigen Kindes. Dazu gehören ein Satz Glocken und eine Serie schwarzer Notenköpfe aus Karton oder Leder.

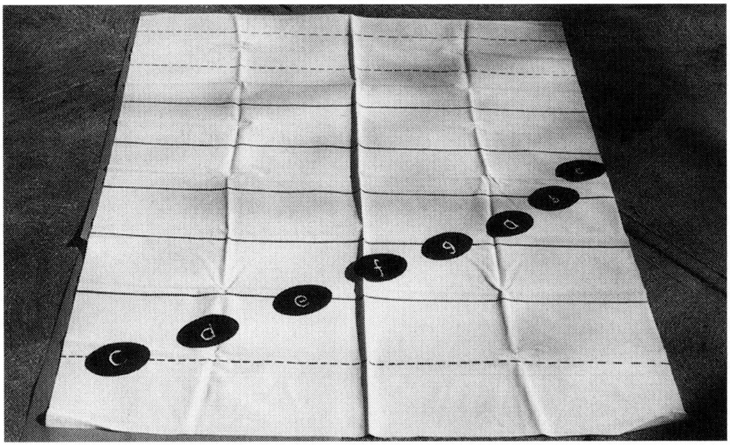

Abb. 48:
Das begehbare Notenblatt

– Übung 1: Angeschlagene Töne auf dem „Notenblatt“ gehen

Die Lehrerin spielt auf dem Klavier oder am Glockenturm die Tonleiter von C' bis C". Das Kind ordnet dabei die Glocken in der entsprechenden Reihenfolge. Nun stellt die Lehrerin die Glocken der Reihe nach (zuerst eventuell nur mit drei Glocken arbeiten) neben die Notenlinien des begehbaren Notenblattes, das auf dem Boden ausgebreitet ist. Ein Kind schlägt eine Glocke an, ein anderes Kind geht auf dem „Notenblatt“. Sind alle Glocken entlang der Notenlinien aufgestellt, schlägt wieder die Lehrerin oder ein Kind die Glocken an, und ein anderes Kind geht die Notenskala hinauf und hinunter. Dabei können auch größere Schritte eingebaut werden z. B. von „D“ auf „G“. Manchmal spielten Kinder auch einfache Melodien, zu denen ein Kind sich auf dem „Notenblatt“ bewegte.
Die Notennamen wurden bei diesen Übungen noch nicht eingeführt.

– Übung 2: Ton und seine Position auf dem „begehbaren Notenblatt“ in Verbindung setzen

Zu jeder Glocke, die wieder neben dem Notenblatt auf dem Boden steht, wird ein schwarzer ovaler Notenkopf gelegt. Ein Kind schlägt eine Glocke an, der Notenkopf wird auf die Notenlinie geschoben. So verfährt man mit allen Tönen der Tonleiter. Weitere Übungsmöglichkeiten:
* Ein Kind schlägt die Glocken an, ein anderes betritt die entsprechenden Notenköpfe.
* Ein Kind legt die Notenköpfe auf, ein anderes spielt die entstandene Melodie mit den Glocken.

– Übung 3: Töne und Noten zuordnen

Dafür ist ein weiterer Satz von schwarzen ovalen Notenköpfen mit den aufgedruckten Notennamen (für Dur- und Molltonleiter) notwendig.

Das Kind schlägt die erste Glocke an, die Lehrerin ordnet die entsprechende Note (z. B. „C“) zu. So wird auch mit den weiteren Noten verfahren. Über die Dreistufenlektion lernt das Kind die Noten und ihre Position auf den Notenlinien kennen. Zuletzt werden die Notenschlüssel eingeführt und aufgelegt, die ebenfalls die entsprechende Größe haben.

- **Notenwerte und Pausen in ihrer Länge erfahren**

Dazu hat Braun ein Material entwickelt, das den Notenwert (Zeit) in einer anderen Dimension (Länge) darstellt.

Das Material besteht aus einer Serie von 34 Karten aus festem Karton.

Rote Karten	Blaue Karten
4 Viertelnoten	4 Viertelpausen
2 Halbe Noten	2 Halbe Pausen
1 Ganze Note	1 Ganze Pause
8 Achtelnoten	8 Achtelpausen

Die Viertelnoten und Viertelpausen haben eine Größe von 22 x 21 cm. Die Halbe Note und Halbe Pause bestehen aus zwei zusammenlegbaren Teilen (je 22 x 21 cm), die punktierte Halbe Note bzw. Pause) aus drei zusammenlegbaren Teilen (je 22 x 21 cm) und die Ganze Note bzw. Pause aus vier zusammenlegbaren Teilen (je 22 x 21 cm). Die Achtelnoten und Achtelpausen haben eine Größe von 11 x 21 cm.

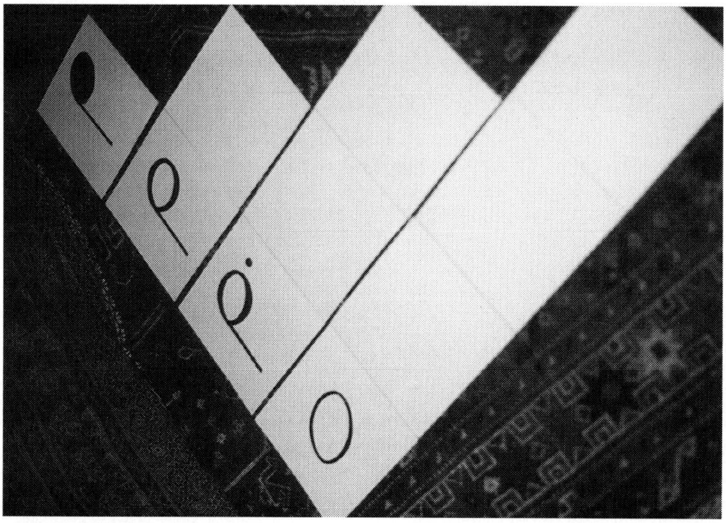

Abb. 49:
Darstellung von Notenwerten

Über die Dreistufenlektion wird das Kind mit dem Material bekannt gemacht.

– *Übung 1: Einführung der Notenwerte*

Zuerst werden die Viertelnote und die Halbe Note eingeführt. Die Notenkarten werden auf dem Boden aufgelegt. Die Lehrerin zeigt auf die Viertelnote und spricht: „Das ist eins." Nun klatscht sie einmal und spricht: „Eins." Dann zeigt sie auf die Halbe Note und spricht: „Das ist zwei." Nun klatscht sie zweimal und spricht dazu: „Eins, zwei." Dann wird dem Kind gezeigt, wie man diese Notenwerte auf den Notenkarten abschreiten kann.

In einem nächsten Schritt werden die weiteren Notenwerte eingeführt, die Achtelnoten zuletzt. Ebenso verfährt man mit den Pausen.

– *Übung 2: Vergleichen von Notenwerten und Pausen*

Eine Viertelnote, eine Halbe Note, eine punktierte Halbe Note und eine Ganze Note werden untereinander gelegt. Das Kind wiederholt die Notenwerte (immer in Verbindung mit Glocke oder Tamburin) und geht auf den Notenkarten. Nun wird die Viertelnote oben weggenommen und bei der Halben Note dazugelegt. Wieder werden die Notenwerte geklatscht oder mit einem Schlaginstrument gespielt. Das Kind sieht, dass eine Halbe und eine Viertelnote genauso lang sind wie eine punktierte Halbe Note. Im nächsten Schritt wird zur punktierten Halben Note eine Viertelnote gelegt und das Kind sieht, dass die beiden so lang sind wie die ganze Note.

– *Übung 3: Arbeit mit Instrumenten*

Das Kind kann nun alle vorhandenen Notenwerte und Pausen verwenden und die Rhythmen mit verschiedenen Schlaginstrumenten spielen. Bei den Übungen mit dem didaktischen Material sollten immer Instrumente eingesetzt werden, denn, so Lisl Braun, „dieses Material ohne Musik ,is good for nothing', das darf man nie vergessen. Man kann nicht Musiktheorie ohne Musik machen."[176]

6.6.7 Die rhythmisch-gymnastische Erziehung

Wie in der Troststraße wurde auch am Rudolfsplatz eine enge Zusammenarbeit mit der Rhythmikschule Hellerau-Laxenburg gepflegt. Einmal pro Woche kam Frau Baer-Frissell oder eine ihrer Mitarbeiterinnen (Luci Bittrich) ins Haus der Kinder, um mit den Kindern rhythmische Übungen durchzuführen.

Abb. 50: Rhythmische Erziehung in Zusammenarbeit mit der Rhythmikschule Hellerau-Laxenburg

Einige Male wurde im Sommer ein mehrwöchiger Aufenthalt in der Rhythmikschule in Laxenburg organisiert, an dem aber nicht alle Kinder teilnahmen.

Über die Bedeutung der rhythmischen Erziehung für die Entwicklung des Kindes schreibt Roubiczek: „Die körperliche Erziehung des Kindes soll der Erhaltung und Förderung seiner natürlichen Beweglichkeit dienen. Die beste Hilfe dabei ist die vielgestaltige Verwendung von Gegenständen, wie Bälle, Reifen, Holzkugeln, Seile, Sandsäckchen, Hindernisse etc."[177] Durch diese vielfältigen Übungen soll die dem Kind innewohnende Gestaltungskraft entfaltet und gefördert werden. Diese stehe, so Roubiczek, in engster Verbindung mit der Entwicklung der Sinne, besonders des Gehörs-, Gesichts- und Tastsinnes. „Aufgebaut auf die mannigfaltigen Wechselbeziehungen zwischen der Musik und der Bewegung, auf das ständige Wechselspiel von Führen und Folgen, Dirigieren und Improvisieren, bietet die rhythmische Erziehung einen unerschöpflichen Reichtum an Ausdrucksmöglichkeiten für das Kind."[178]

Roubiczek sieht in den rhythmischen Übungen einen Aufbau, der mit den Übungen des praktischen Lebens bei Montessori vergleichbar ist. „Auch hier (in der rhythmischen Erziehung) sind die Aufgaben einfach und klar gebildet, da die Kinder alle Übungen und Bewegungsspiele selbständig ausführen."[179] Die Ermöglichung der Selbsttätigkeit ist zweifellos eine Grundbedingung, wenn neue und ergänzende Elemente in das Montessori-System eingebaut werden sollen.

6.6.7.1 Übungen mit Bällen, Reifen und Instrumenten

Aus den vielfältigen Übungen mit den oben angeführten Gegenständen, mit denen die Kinder arbeiteten, sollen hier einige angeführt werden:

- **Übungen mit Bällen**

– Das Kind hebt einen Ball mit den Füßen in die Höhe und soll ihn dabei nicht fallen lassen – was eine gewisse Geschicklichkeit erfordert. Neben der Kräftigung der Bauch- und Beinmuskulatur wirkt diese Übung, wie Roubiczek erwähnt, „zugleich gegen die bei Kindern häufige Erscheinung von X-Beinen“[180].

– Das Kind lässt auf seinen gestreckten, eng geschlossenen Beinen den Ball rollen. Dabei wird ebenfalls die Muskulatur gestärkt und der Erscheinung von O-Beinen entgegengewirkt.

– Das Kind lässt einen Ball in seiner Rückenrinne vorsichtig hin- und herrollen, wofür sehr geschickte und kontrollierte Bewegungen notwendig sind. Bei dieser Übung spürt das Kind jeden Wirbel und die gesamte Wirbelsäule in ihrer feinen Beweglichkeit.

- **Übungen mit Reifen**

In einer Rhythmikstunde mit Reifen liefen oder hüpften die Kinder z.B in einer Reifenreihe von einem Reifen zum anderen, rollten die Reifen und versuchten, ohne diese zu berühren, durchzuschlüpfen. Sie rollten Holzkugeln auf einen Reifen zu; diese sollten im Reifen zu stehen kommen.

- **Ein Orchester dirigieren**

Oft wurde mit den Kindern ein kleines Orchester gebildet. Sie bekamen Trommeln, Tschinellen, Holzklopfer, Triangeln, Kastagnetten, Glockenspiel und Trompeten. Ein Dirigent durfte das Orchester leiten.

6.7 Außerschulische Aktivitäten der Arbeitsgemeinschaft

6.7.1 Ausbildungskurse im Haus der Kinder

Bis 1932 wurden von der Arbeitsgemeinschaft der Wiener Montessori-Schule in Zusammenarbeit mit Fachleuten aus verschiedenen Fachbereichen Ausbildungskurse für zukünftige Montessori-Lehrerinnen durchgeführt.

Im Wintersemester 1932/33 wurde erstmals mit einem Kurs begonnen, der nicht mehr direkt auf die Ausbildung von Montessori-Lehrerinnen ausgerichtet war. In der Ausschreibung zu diesem Kurs heißt es:

„Im Wintersemester 1932/33 beginnen am Wiener HAUS DER KINDER Fortbildungs- und Ergänzungskurse für Kindergärtnerinnen und Pädagogen; sie treten an die Stelle der früher in Wien abgehaltenen Ausbildungskurse für Montessori-Lehrerinnen.“

Es sollten im Ausbildungskurs jene Disziplinen besonders berücksichtigt werden, die nach Ansicht von Roubiczek in der staatlichen Ausbildung nicht oder zu wenig berücksichtigt wurden. Im Wintersemester 32/33 umfasste die Ausbildung 16 Wochenstunden, davon waren 6 der Theorie und Praxis der Montessori-Pädagogik gewidmet, die restlichen 10 Wochenstunden verteilten sich auf Soziologie (2), Biologie (2), Rhythmik, Gymnastik, Musik (3), Werkunterricht (2) und Psychologie (1).

Der Ausbildungskurs war auf zwei Jahre angelegt. Im ersten Jahr umfasste der Ausbildungsplan folgende Inhalte:

- **Montessori-Pädagogik:** Psychologische und pädagogische Grundlagen der Montessori-Pädagogik; Übungen mit dem Montessori-Entfaltungsmaterial für Kleinkinder und Schulkinder.
- **Soziologie des Kindes:** Geschichte der Pädagogik; Kind und Jugendlicher im geltenden Rechte; Fürsorgewesen und Fürsorgeeinrichtungen; soziologisches Seminar zur Schulung der Erkenntnis der gesellschaftlichen Bedingtheit aller Erziehungsmaßnahmen.

- **Biologie:** Vererbung und Umwelt; Mikroskopisches Praktikum zur exakten Betrachtungsweise der Dinge und Schulung der Beobachtungsfähigkeit; Botanische Exkursionen.
- **Rhythmik, Gymnastik, Musik:** Ausbildung bzw. Schulung der eigenen Fähigkeiten auf diesem Gebiet; Methodik; Improvisation; Herstellung einfacher Instrumente.
- **Werkunterricht:** Ausbildung bzw. Schulung der eigenen Fähigkeiten in dieser Disziplin; Papp-, Holz- und Textilarbeiten; technisches Zeichnen; Herstellung einfachen Beschäftigungsmaterials.
- **Psychologie:** Überblick über die wichtigsten psychologischen Schulen der Vergangenheit und Gegenwart unter besonderer Berücksichtigung der Psychoanalyse.

Im zweiten Kursjahr – dieses konnte nur von jenen besucht werden, die die Prüfungen des ersten Jahres sehr gut abschlossen – kamen folgende Inhalte dazu:

- Die normale körperliche **Entwicklung des Kindes** (Physiologie und Pflege);
- **Hygiene und Sozialhygiene:** Infektionskrankheiten und parasitäre Erkrankungen des Kindes, sanitäre Einrichtungen und Maßnahmen im Kindergarten, Vererbung und Umwelt im Krankengeschehen, Ernährungs- und Wohnungswesen, Bevölkerungslehre, Fürsorgewesen;
- Einführung in die **Erscheinungen fehlerhafter seelischer und geistiger Entwicklung**.

Den Absolventen des zweijährigen Kurses wurde auch die Möglichkeit eines mehrmonatigen Praktikums geboten.

Roubiczek weist in der Ausschreibung darauf hin, dass der Kurs nicht die Ausbildung von Montessori-Lehrerinnen zum Ziel habe. Auch die angebotenen Inhalte und die Zusammensetzung des Arbeitskreises (es gehörten ihm neben Roubiczek Christine Baer-Frissell, Anna Freud, Prof. O. Janowitz und Dr. Robert Wälder an) deuten darauf hin, dass Roubiczek ab 1932 einen eigenständigen Weg beschreiten wollte, auf dem die Montessori-Pädagogik zwar einen festen Platz hatte, aber nicht mehr im Mittelpunkt ihres Interesses stand.

6.7.2 Anna Freud erhält einen Raum zur Eröffnung einer Kindergruppe („Jackson Nurseries")

Anfang der dreißiger Jahre schien die Finanzierung des Kinderhauses am Rudolfsplatz für längere Zeit gesichert, denn das Wohlfahrtsamt bezahlte für diejenigen Kinder, die von ihm dem Kinderhaus zugewiesen wurden, entsprechende Beiträge, und außerdem gab es eine Reihe von Kindern, für die die Eltern privat bezahlten. Zudem trafen immer wieder großzügige Spenden von Gönnern ein.

Ab 1934 verschlechterte sich jedoch die finanzielle Situation und 1937 war die Weiterführung bereits gefährdet. Zu dieser Zeit hatte Anna Freud vor, zusammen mit Dorothy Burlingham eine Kinderkrippe zu eröffnen, und war auf der Suche nach geeigneten Räumlichkeiten. Durch die langjährige Zusammenarbeit mit den Montessori-Lehrerinnen, insbesondere mit Lili Roubiczek, bot sich im Haus der Kinder für beide Seiten eine günstige Lösung an. Anna Freud konnte geeignete Räume für ihr Vorhaben mieten und das Montessori-Kinderhaus erhielt die dringend notwendige finanzielle Unterstützung.

Als Erzieherinnen für die „Jackson Nurseries" stellte Anna Freud Frauen aus dem Umfeld der Montessori-Bewegung an. Herta Fuchs und Annie Hermann, die seit 1930 im Haus der Kinder tätig war, übernahmen die Gruppe. Auch Hilde Uhlir wurde immer wieder um Mitarbeit gebeten. Diese war jedoch mit der pädagogischen Leitung des Montessori-Kinderhauses und der Führung einer Gruppe (Hospitiergruppe) mehr als ausgelastet, und außerdem hatten sie und Anna Freud unterschiedliche Vorstellungen von der notwendigen Ordnung im Raum. Während Anna Freud eine Unordnung nicht störte, war die Montessori-Lehrerin Uhlir von der positiven Wirkung einer geordneten Umgebung und dem entsprechenden Umgang mit den Dingen überzeugt.

Anna Freud und Dorothy Burlingham stellten in der Jackson Nursery-Gruppe unter anderem Untersuchungen über das Essverhalten der Kinder an und machten dazu exakte Aufzeichnungen.

Abb. 51:
Anna Freud mit August Aichhorn im Haus der Kinder

Abb. 52:
Dorothy Burlingham (links) mit Annie Hermann bei Beobachtungen in der Kindergruppe von Anna Freud

Abb. 53:
Annie Hermann mit Kindern aus der Gruppe von Anna Freud

Anmerkungen

1 Schuster, F./Roubiczek, L. E.: Ein Haus der Kinder. Maschingeschriebenes Manuskript mit handschriftlichen Ergänzungen, Fotos und Skizzen. Wien 1932, S. 7 (Kopie in Händen von F. H.)
2 Ebd., S. 7
3 Ebd., S. 7
4 Zit. nach Sommer, H.: Franz Schuster und die Gestaltung der Umwelt. In: Franz Schuster. Ausstellungskatalog der Hochschule für angewandte Kunst in Wien. 1976, S. 10
5 Vgl. Montessori, M.: Mein Handbuch. Grundsätze meiner neuen Methode der Selbsterziehung der Kinder. Stuttgart 1928, S. 14–32
6 Interview mit Anni Hermann am 7.4.1994
7 Interview mit Hilde Uhlir (geb. Fischer) am 29.1.1993
8 Schuster, F./Roubiczek, L. E.: Ein Haus der Kinder, a. a. O., S. 10
9 Ebd., S. 10
10 Ebd., S. 9
11 Ebd., S. 9
12 Ebd., S.13
13 Ebd., S. 14
14 Schuster, F.: Ein „Haus der Kinder". In: Moderne Bauformen. Monatshefte für Architektur und Raumkunst. Stuttgart 1935, H. 2, S. 76
15 Schuster, F./Roubiczek L. E.: Ein Haus der Kinder, a. a. O., S. 19
16 Ebd., S. 20
17 Ebd., S. 22
18 Ebd., S. 5
19 Ebd., S. 7
20 Vgl. ebd., S. 38
21 Interview mit Hilde Uhlir (geb. Fischer) am 22.6.1994
22 Schuster, F./Roubiczek, L. E.: Ein Haus der Kinder, a. a. O., S. 16
23 Ebd., S. 9
24 Ebd., S. 23
25 Ebd., S. 21
26 Ebd., S. 15
27 Interview mit Emma Plank (geb. Spira) am 18.2.1990
28 Interview mit Hilde Uhlir am 29.1.1993
29 Ebd.
30 Ebd.
31 Steiner, H.: Käthe Leichter. Leben und Werk. Wien 1973, S. 13
32 Interview mit Hilde Steinemann am 7.4.1993
33 Schuster, F./Roubiczek, L. E.: Ein Haus der Kinder, a. a. O.
34 Roubiczek, L. E.: Pädagogische Bemerkungen. In: Schuster, F.: Ein Haus der Kinder, a. a. O., S. 81
35 Das Manuskript „Ein Haus der Kinder" enthält sowohl theoretische Überlegungen zum pädagogischen Konzept als auch eine Darstellung der konkreten pädagogischen Arbeit in der Montessori-Einrichtung am Rudolfsplatz.
36 Roubiczek L. E.: Über pädagogische und psychologische Grundsätze unserer Arbeit. (12 nummerierte Manuskriptseiten, im Inhaltsverzeichnis für den letzten Teil des Buches vorgesehen). In: Schuster, F./Roubiczek, L. E.: Ein Haus der Kinder, a. a. O., S. 1
37 Ebd., S. 1
38 Ebd., S. 2
39 Ebd., S. 2
40 Ebd., S. 3
41 Ebd., S. 3
42 Ebd., S. 4
43 Ebd., S. 4
44 Montessori, M.: Grundlagen meiner Pädagogik (besorgt v. B. Michael) Heidelberg 1968, S. 15
45 Roubiczek, L. E.: Pädagogische und psychologische Grundsätze unserer Arbeit. In: Schuster, F./Roubiczek, L. E.: Ein Haus der Kinder, a. a. O., S. 8
46 Vgl. Roubiczek, L.: Sensitive Perioden. In: Die Quelle, 81. Jg., 1931, S. 255
47 Roubiczek, L. E.: Pädgogische und psychologische Grundsätze unserer Arbeit, a. a. O., S. 4
48 Ebd., S. 4

49 Ebd., S. 8
50 Roubiczek, L.: Sensitive Perioden, a. a. O., S. 255
51 Roubiczek. L. E.: Über pädagogische und psychologische Grundsätze unserer Arbeit, a. a. O., S. 8
52 Montessori, M.: Das kreative Kind. Freiburg – Basel – Wien, [9]1992, S. 253
53 Roubiczek, L. E.: Der Erzieher im Klein-Kinderheim. In: Die Quelle, 83. Jg., 1933, H. 1, S. 97
54 Ebd., S. 97 f.
55 Montessori, M.: Grundlagen meiner Pädagogik. Heidelberg, [7]1988, S. 8
56 Montessori, M.: Die Entdeckung des Kindes. Freiburg – Basel – Wien, [10]1991, S. 64
57 Roubiczek, L. E.: Der Erzieher im Klein-Kinderheim, a. a. O., S. 97
58 Interview mit Hilde Uhlir (geb. Fischer) am 29.1.1993
59 Montessori, M.: Das kreative Kind, a. a. O., S. 247 f.
60 Schwarz, H.: Über die Aufgaben einer Montessori-Lehrerin. In: Die Quelle, 78. Jg., 1928, S. 236
61 Roubiczek, L. E.: Der Erzieher im Klein-Kinderheim, a. a. O., S. 98
62 Ebd., S. 98
63 Ebd., S. 98
64 Ebd., S. 98
65 Ebd., S. 98
66 Ebd., S. 98
67 Ebd., S. 2
68 Ebd., S. 2
69 Vgl. ebd., S. 3
70 Ebd., S. 5f
71 Ebd., S. 2
72 Ebd., S. 2
73 Ebd., S. 2
74 Roubiczek, L. E.: Die wichtigsten Theorien des Spiels. In: Zeitschrift für psychoanalytische Pädagogik. 6. Jg., 1932, H. 6, S. 252
75 Montessori, M.: Frieden und Erziehung. Freiburg 1973, S. 94f
76 Roubiczek, L. E.: Die soziale Aufgabe des Kinderhauses. In: Schuster, F./Roubiczek, L. E.: Ein Haus der Kinder, a. a. O., S. 6
77 Roubiczek stellt im Buchmanuskript „Ein Haus der Kinder" anhand von Bildern und Kommentaren die im Kinderhaus verwendeten Materialen exemplarisch vor.
78 Roubiczek, L. E.: Dem Kinde wird reichlich Gelegenheit zu einfachen Arbeiten des täglichen Lebens geboten. In: Schuster, F./Roubiczek, L. E.: Ein Haus der Kinder, a. a. O., S. 24 ff.
79 Ebd., S. 24
80 Ebd., S. 25
81 Ebd., S. 25
82 Ebd., S. 27
83 Montessori, M.: Die Entdeckung des Kindes. Freiburg-Basel-Wien, 1969, S. 10o f.
84 Roubiczek, L. E.: Die Betätigungsformen der Kinder. In: Schuster, F./Roubiczek, L. E.: Ein Haus der Kinder, a. a. O., S. 51
85 Ebd., S. 39
86 Ebd., S. 37
87 Roubiczek, L. E.: Über die Mahlzeiten. In: Schuster, F./Roubiczek L. E.: Ein Haus der Kinder, a. a. O., S. 38
88 Ebd., S. 33
89 Ebd., S. 28
90 Ebd., S. 31
91 Ebd., S. 31
92 Emma Plank (geb. Spira) berichtet von einem epilleptischen Kind, dem die Aufgabe des Kellners – er musste auch zerbrechliche Krüge tragen – bedenkenlos übertragen werden konnte.
93 Telefoninterview mit Hilde Uhlir am 16.7.1994
94 Roubiczek, L. E.: Über die Mahlzeiten. In: Schuster, F./Roubiczek, L. E.: Ein Haus der Kinder, a. a. O., S. 66
95 Ebd. S. 66f
96 Ebd., S. 53
97 Montessori, M.: Die Entdeckung des Kindes, a. a. O., S. 154
98 Ebd., S. 155
99 Ebd., S. 156

100 Ebd., S. 156
101 Interview mit Hilde Uhlir (geb. Fischer) am 29.1.1993
102 Roubiczek, L. E.: Bemerkungen über das Arbeitsmaterial im „Haus der Kinder". (Manuskriptteil, nummeriert von S.1–8) In: Schuster, F./Roubiczek, L. E.: Ein Haus der Kinder, a. a. O., S. 7
103 Ebd., S. 2
104 Ebd., S. 2
105 Ebd., S. 7
106 Ebd., S. 3
107 Ebd., S. 6
108 Ebd., S. 5
109 Roubiczek, L. E.: Materialbeschreibungen. In: Schuster, F./Roubiczek, L. E.: Ein Haus der Kinder, a. a. O., S. 48
110 Ebd., S. 49
111 Ebd., S. 48
112 Roubiczek, L. E.: Bemerkungen über das Arbeitsmaterial, a. a. O., S. 5
113 Vgl. ebd., S. 5
114 Interview mit Emma Plank (geb. Spira) am 18.2.1990
115 Roubiczek, L. E.: Materialbeschreibungen. In: Schuster, F./Roubiczek, L. E.: Ein Haus der Kinder, a. a. O., S. 50
116 Ebd., S. 52
117 Montessori, M.: Die Entdeckung des Kindes, a. a. O., S. 152
118 Roubiczek, L. E.: Materialbeschreibungen. In: Schuster, F./Roubiczek, L. E.: Ein Haus der Kinder, a. a. O., S. 52
119 Ebd., S. 52
120 Ebd., S. 51
121 Spira, N.: Beobachtungen über geistige Arbeit bei Fünfjährigen. In: Die Quelle, 81. Jg., 1931, H. 7, S. 947
122 Schuster, F./Roubiczek, L. E.: Ein Haus der Kinder, a. a. O., S. 45 f.
123 Spira, N.: Beobachtungen über geistige Arbeit bei Fünfjährigen, a. a. O., S. 947
124 Vgl., ebd., S. 948
125 Montessori, M.: Die Entdeckung des Kindes, a. a. O., S. 233
126 Ebd., S. 231
127 Roubiczek, L. E.: Materialbeschreibungen. In: Schuster, F./Roubiczek, L. E.: Ein Haus der Kinder, a. a. O., S. 55
128 Ebd., S. 54
129 Montessori, M.: Die Entdeckung des Kindes, a. a. O., S. 240 f.
130 Siehe Roubiczek, L. E.: Materialbeschreibungen. In: Schuster, F./Roubiczek, L. E.: Ein Haus der Kinder, a. a. O., S. 54
131 Spira, N.: Beobachtungen über geistige Arbeit bei Fünfjährigen, a. a. O., S. 948 f.
132 Alle angeführten Kindertexte (unverändert) aus ebd., S. 949 f.
133 Ebd., S. 948
134 Ebd., S. 950
135 Ebd., S. 950
136 Roubiczek, L. E.: Materialbeschreibungen, a. a. O., S. 57
137 Spira, N. E.: Einführung ins Rechnen im Montessori-Kinderhaus. In: Die Quelle, 82. Jg., 1932, S. 138–140
138 Schuster, F./Roubiczek, L. E.: Ein Haus der Kinder, a. a. O.
139 Ebd., S. 56
140 Spira, N.: Einführung ins Rechnen im Montessori-Kinderhaus, a. a. O., S. 139
141 Ebd., S. 139
142 Roubiczek, L. E.: Materialbeschreibungen. In: Schuster, F./Roubiczek, L. E.: Ein Haus der Kinder, a. a. O., S. 56
143 Ebd., S. 57
144 Interview mit Anni Hermann am 7.4.1994
145 Ebd.
146 Roubiczek, L. E.: Materialbeschreibungen, a. a. O., S. 60
147 Interview mit Anni Hermann am 7.4.1994
148 Historisches Museum der Stadt Wien: Cizek. Pionier der Kunsterziehung 1865 – 1946. Ausstellungskatalog, Wien 1985, S. 215
149 Roubiczek, L. E.: Materialbeschreibungen. In: Schuster, F./Roubiczek, L. E.: Ein Haus der Kinder, a. a. O., S. 64
150 Ebd., S. 64
151 Die Programme stellte mir Elise Braun Barnett im Rahmen meiner mehrwöchigen Forschungsarbeit in New York, März/April 1994 vor. Die Musikbeispiele sind ihrem 1957 erschienenen Buch „Music for active Children" entnommen. Dies ist eine Sammlung von Musikstücken, die Braun Barnett zum Teil bereits in Wien zusammenstellte und auf Anraten von Maria Montessori 1932 bei einem Verlag in Berlin veröffentlichen wollte. Das Manuskript lag bereits in

Berlin, wurde aber aufgrund der politischen Situation in Deutschland nicht mehr gedruckt. Eine Anleitung, wie die Stücke gespielt werden sollen und in welchen Schritten die Kinder die Schrittmuster lernten, gibt Braun Barnett ebenfalls in diesem Buch bzw. in einer späteren Auflage, die 1973 unter dem Titel „Montessori & Music" erschien.

152 Braun Barnett, E.: Montessori & Music. Rhythmic Activities for Young Children. Schocken Books, New York 1973, S. 10

153 Ebd., S. 17

154 Ebd., S. 10

155 Ebd., S. 10

156 Ebd., S. 11

157 Ebd., S. 17

158 Ebd., S. 18

159 Ebd., S. 22

160 Ebd., S. 24

161 Ebd., S. 24

162 Ebd., S. 24

163 Ebd., S. 14f.

164 Ebd., S. 26

165 Ebd., S. 12

166 Ebd., S. 31

167 Ebd., S. 36

168 Ebd., S. 44

169 Ebd., S. 45

170 Ebd., S. 50

171 Ebd., S. 51

172 Ebd., S. 59

173 „In den Kursen bei Montessori habe ich am Anfang nur die ‚Konzerte' gemacht, aber dann in Rom 1930, wo ich acht Tage zur Verfügung hatte, habe ich das didaktische Material vorgestellt. Montessori war sehr zufrieden." Interview mit Elise Braun Barnett am 25.3.1994

174 Braun Barnett, E.: Daily Concerts and Didactic Material. Unveröffentlichtes Manuskript mit einer Beschreibung ihrer didaktischen Musikmaterialien. 100 maschin- bzw. handgeschriebene Seiten, o. J., S. 7 (in Händen F. H.)

175 Ebd., S. 6

176 Interview mit Elise Braun Barnett am 22.3.1994

177 Roubiczek, L. E.: Materialbeschreibungen. In: Ein Haus der Kinder, a. a. O., S. 62

178 Ebd., S. 65

179 Ebd., S. 62

180 Ebd., S. 62

7. Die Montessori-Volksschule, Grünentorgasse

Mit Unterstützung des Stadtschulrates konnte 1931 erstmals die Montessori-Pädagogik im öffentlichen Schulwesen erprobt werden. Emma Spira (ab 1932 verh. Plank) erhielt die Genehmigung, in Wien IX, Grünentorgasse, im Gebäude einer öffentlichen Volksschule (Schubertschule[1]), eine Montessori-Schule mit zwei Klassen (1./2. Schulstufe und 3./4. Schulstufe) zu eröffnen. Die Schule hatte großen Zulauf, jedenfalls besuchten 1937 bereits 75 Schüler die Montessori-Klassen.

7.1 Zur Entstehungsgeschichte

Im Herbst 1930 übernahm Plank im Kinderhaus am Rudolfsplatz die Gruppe der Fünfjährigen mit der Absicht, sie im darauffolgenden Jahr unter Einbeziehung von dazukommenden Fünfjährigen als Schulklasse weiterzuführen. Die Anmeldungen für das Kinderhaus nahmen jedoch in solchem Maße zu, dass die Entscheidung getroffen wurde, für die schulpflichtigen Kinder ein neues Gebäude zu suchen. „Also die Eltern von 16 Kindern wollten, dass der Kindergarten in die Schule weitergeführt wird", schildert Plank, „und da haben wir einen Brief an den Stadtschulrat geschrieben, und wir haben diesen Raum in der Schubertschule bekommen. Wir konnten dort frei und unabhängig arbeiten und mussten nicht einmal Miete bezahlen, was sehr wichtig war."[2] Plank führte eine Klasse und war gleichzeitig Leiterin der Montessori-Schule.

Sie plante die Schule so, dass zu ihren 16 Kindern vom Rudolfsplatz im zweiten Jahr noch eine kleine Gruppe dazukam (größtenteils vom Haus der Kinder am Rudolfsplatz), sodass zwei Jahrgänge mit insgesamt 30–35 Kindern in einer Klasse waren. Im zweiten Jahr übernahm Emmi Vischer (verh. Radanovicz) eine erste Klasse. Bis 1935 führte sie jeweils die erste und zweite Schulstufe, Emma Plank die dritte und vierte Schulstufe. 1935 übernahm Gertrude Weinfeld[3] die Klasse von Vischer. Bis 1937 wuchs, wie einem Dienstzeugnis von Plank zu entnehmen ist, die Kinderzahl der Montessori-Schule auf 75 Kinder an; „in derselben Proportion entwickelten sich die Einrichtungen der Schule und ihr Ruf in den pädagogischen Kreisen Wiens."[4]

7.2 Das Gebäude

Der Stadtschulrat stellte der Montessori-Arbeitsgemeinschaft im 2. Stock der Schubertschule, einer Knabenvolksschule im 9. Wiener Gemeindebezirk, Räumlichkeiten zur Verfügung.

Diese entsprachen zwar nicht den Anforderungen einer kindgerechten Lernumgebung, aber das Gebäude war relativ neu und hatte große Räume mit hohen Fenstern. Das gesamte zweite Stockwerk der Schule stand der Montessori-Schule zur Verfügung. Zwei große Klassenräume, eine Garderobe, die sich nicht, wie in den meisten öffentlichen Schulen üblich, in der Klasse, sondern in einem an die Klasse angrenzenden kleinen Raum befand, und ein Werkraum.

Einen großen Garten wie in der Troststraße oder am Rudolfsplatz gab es hier nicht, jedoch einen großen Schulhof, auf dem man verschiedene Ballspiele durchführen und im Winter, wenn der Platz vereist wurde, Eis laufen konnte.

7.2.1 Die Klassen – Arbeitsräume, die eine Heimstatt bieten

Plank fand in der Schubertschule Klassenräume vor, die von der Einrichtung her auf einen traditionellen Frontalunterricht ausgerichtet waren: Ein Podium für den Lehrer; vorne die Tafel, auf die hin sich alles andere richtete. Der erste Schritt war daher, die Klassenzimmer in eine vorbereitete Umgebung für Kinder umzugestalten.

Abb. 54:
Eis laufen im Innenhof der Montessori-Schule

Abb. 55:
Montessori-Klasse

Abb. 56:
Hauswirtschaftsecke

Plank beschreibt die neue Lernumgebung, wie sie sich nach einigen Monaten dem Besucher darstellte: „Der Raum, in den er kommt, ist ein geräumiges helles Zimmer; freundlich gestrichene Wände, farbige Vorhänge an den Fenstern, an Stelle der gewohnten Bänke allerlei kleine nette Möbel, die scheinbar ganz durcheinander stehen. Auf einem Tischchen ein Aquarium, auf anderen befinden sich Geräte, deren Zweck dem Besucher nicht gleich klar wird. Er sucht vergeblich den Katheder. Der Raum hat wohl ein Podium, aber auf der Fläche dieses Podiums sitzen einige Kinder auf Matten im Türkensitz oder auf einer bequemen gepolsterten Bank; sie sind ganz still in Bücher vertieft. Das ist die Leseecke. In der Ecke gegenüber sieht man eine Art Miniaturküche. Dort befindet sich alles Gerät, das für den Haushalt der Schulgemeinschaft und für die Pflege und Sauberhaltung des Raumes notwendig ist. (...) An einer anderen Stelle wird dem Besucher eine Schreibmaschine auffallen.“[5]

Abb. 57:
Gestaltete Lernumgebung
mit Aquarium

Abb. 58:
Leseecke

Abb. 59:
Arbeit in der Küchenecke

Diese Gliederung des Raumes in verschiedenste Funktionsbereiche kann auf den ersten Blick auf Unordnung deuten, denn „was man bei einer Schulklasse als straffe Einheit gewohnt ist, ist hier vollkommen gelöst“[6]. Die Dinge im Raum dienen nicht einem Zweck, sondern jedes Detail hat den Platz, auf dem es seinen ganz besonderen Zweck ganz erfüllen kann. Die scheinbare Unordnung ist also vollkommen organisiert und durchdacht.

Plank beschreibt diesen Raum als „Arbeitsraum, der nicht anders als ein moderner Wohnraum nach Gesichtspunkten der Vernunft statt der Tradition eingerichtet ist und der seinen Inwohnern nicht eine Macht demonstriert, sondern eine Heimstatt bietet.“[7]

7.3 Die Lehrerinnen

Emma Plank war sowohl Klassenlehrerin als auch Leiterin der Montessori-Schule. Mit Emmi Vischer[8] – eine junge Lehrerin aus der Schweiz, die in Wien die Montessori-Ausbildung absolvierte – stand ihr ab dem zweiten Jahr eine zusätzliche Lehrerin zur Verfügung. Sie führte von 1932 bis 1935 jeweils die erste und zweite Schulstufe. 1935 übernahm Trude Weinfeld, sie hatte bei Roubiczek den Montessori-Ausbildungskurs besucht, die Klasse von Emmi Vischer.

Abb. 60:
Emma Plank, Lehrerin
der 3./4. Schulstufe

Abb. 61:
Emmi Vischer, Lehrerin der 1./2. Schulstufe

7.4 Die Kinder

Im ersten Jahr (1930/31) kamen nahezu alle Schülerinnen und Schüler aus dem Montessori-Kinderhaus am Rudolfsplatz. Von den insgesamt 17 Kindern waren 14 im ersten und 3 im zweiten Schuljahr.

Zu diesen Kindern gehörte auch Fritz, später unter dem Namen Friedensreich Hundertwasser als Künstler bekannt geworden. Er besuchte zuerst das Kinderhaus am Rudolfplatz und kam dann in die erste Klasse der Montessori-Schule. Über die Entscheidung der Mutter, ihren Sohn in eine Montessori-Schule zu geben, schreibt Harry Rand: „Seine Mutter war nicht politisch engagiert, es ging ihr nicht darum, eine liberale Einstellung zu ‚demonstrieren'. Sie selbst war nicht imstande, die feinen Bildungsunterschiede zu erkennen, und wollte für ihren Sohn nur die bestmögliche Erziehung, eine, die ihm Eingang in die Reihen der großen, angepassten Mehrheit verschaffen und es ihm ermöglichen sollte, seinen Lebensunterhalt zu verdienen und ein ruhiges, unauffälliges Leben zu führen. Schon nach einem Jahr nahm sie ihn wieder von der Montessori-Schule; sie war teuer, und es machte nicht den Eindruck, als bereite sie den Jungen darauf vor, seinen Lebensunterhalt zu bestreiten. Seine Zeugnisse lobten seinen ‚ungewöhnlichen Farb- und Formsinn'. ‚Meine Mutter regte sich sehr darüber auf. Sie wünschte, ich hätte Sinn für Mathematik und Deutsch gehabt. In ihren Augen sagte die Schule damit auf andere Weise: ‚Ihr Kind ist dumm. Er ist gut als Korbflechter.'"[9]

Hundertwasser erinnert sich an die Montessori-Schule: „Wir wurden individuell betreut. Sie beobachteten jeden von uns, um festzustellen, ob wir mit Puppen, Maschinen oder was auch immer spielten. Ich, ich malte."[10]

Im zweiten Jahr besuchten bereits 32 Kinder im Alter von sechs bis acht Jahren die Montessori-Klasse. Im letzten Jahr des Bestehens der Schule (1937/38) hatte die Schule zwei Montessori-Klassen mit insgesamt 75 Kindern. Die meisten waren jüdischer Herkunft. Zu ihnen gehörte unter anderem Richard Chaimovicz, ein heute bekannter Künstler. Ein ehemaliger Schüler berichtet: „Nur 4–6 Kinder meiner Klasse waren katholisch. Ich erinnere mich daran, weil wir bei einem alten Religionslehrer katholischen Religionsunterricht hatten."[11] Auch bei den Psychoanalytikern war die Montessori-Schule eine begehrte Schule für ihre Kinder. So besuchten z. B. die Kinder von Wilhelm Reich oder von Jeanne Lampl-de-Groot die Montessori-Einrichtung.

Aber nicht nur Kinder aus „gutem" Haus bzw. Kinder von Intellektuellen gingen in die Montessori-Schule. Es war Plank nach wie vor ein Anliegen, Kinder aus allen Gesellschaftsschichten in ihrer Schule zu haben. Ohne einen Namen dafür zu verwenden – was ab 1934 zweifellos wichtig war –, führte Emma Plank eine Integrationsklasse. Sie schreibt über die Zusammensetzung der Kinder: „Es ergibt sich fast ein Drittel der Klasse als teils allgemein gestört, teils lerngehemmt oder schlecht begabt, zwei Drittel könnte man als ‚normal' bezeichnen."[12] Kinder mit besonderen Schwierigkeiten kamen z. B. über Empfehlung von Anna Freud, August Aichorn oder Editha Sterba, die Erziehungsberatungsstellen leiteten, in die Montessori-Klasse.

Durch die Zusammenarbeit mit Anna Freud und die Ausbildung in psychoanalytischer Pädagogik war Plank für die Arbeit mit diesen teilweise außerordentlich schwierigen Kindern gut vorbereitet. Plank betont jedoch, dass diese Arbeit nicht möglich gewesen wäre, wenn sie „nicht eine Assistentin gehabt hätte, die ausgesprochen begabt war"[13].

7.5 Zur Aufgabenstellung der Montessori-Schule

Mit der Eröffnung einer Montessori-Klasse im Gebäude einer öffentlichen Schule trat die Montessori-Bewegung in eine neue Phase. Bis dahin war die Montessori-Pädagogik in Österreich hauptsächlich als Methode für das vorschulpflichtige Kind bekannt, nun sollte beispielhaft gezeigt werden, dass dieser Weg auch für das Schulkind zielführend ist, die Montessori-Prinzipien auch in der Volksschule umgesetzt werden können:

- Anpassung der Umgebung an die geistigen Bedürfnisse und körperlichen Proportionen des Kindes;
- Rücksichtnahme auf die sensitiven Perioden;
- Selbsttätigkeit des Kindes ermöglichen.

In der Montessori-Schule Troststraße wurde die Montessori-Methode mit schulpflichtigen Kindern bereits erfolgreich durchgeführt, hatte aber noch sehr den Charakter eines privaten Versuchs. Mit der Bereitstellung von Räumlichkeiten durch den Stadtschulrat in einer öffentlichen Schule bekam das Vorhaben offiziellen Charakter.

7.5.1 Die Montessori-Schule – eine Tagesheimstätte

Während in der öffentlichen Volksschule der Unterricht weitgehend auf den Vormittag beschränkt war, nahmen die Kinder der Montessori-Klasse – von den meisten waren beide Elternteile berufstätig – in der Schule das Mittagessen ein und wurden auch am Nachmittag betreut.[14]

Plank sieht die Ganztagsbetreuung als Voraussetzung zur Erreichung umfassender Erziehungsziele und schreibt: „Es muss unbedingt hervorgehoben werden, dass der Zweck der Montessori-Schule über das rein Schulmäßige hinausgeht. Man redet oft, wenn man die Ziele einer Schule festlegen will, von Lehrzielen. Bei der Montessori-Schule muss man vielmehr von Erziehungszielen reden. Denn nicht nur Belehrung, sondern Erziehung im weitesten Umfang des Wortes wird in der Montessori-Schule geleistet, das heißt also, sie gibt den Kindern nicht den fertigen Stoff, sondern die Methoden, um ihn zu erwerben, sie erzieht den Intellekt und den Charakter. Indem sie das ganze Leben des Kindes zu erfassen sucht, beeinflusst sie seine gesamte Haltung. Montessori-Schulen werden deshalb auch soweit dies irgendwie möglich ist, als Tagesheimstätten geführt."[15]

In einer Schule, die Arbeits- und Lebensgemeinschaft sein soll, ist es, wie Plank betont, zudem „pädagogisch äußerst wertvoll", wenn Knaben und Mädchen mehrerer Altersstufen – in Montessori-Schulen sind drei Jahrgänge vorgesehen – eine Klasse besuchen.

7.5.2 Kinder mit Lern- und Verhaltensauffälligkeiten

Emma Plank und Emmi Vischer hielten in den dreißiger Jahren, nachdem sie Seminare bei Anna Freud und anderen Vertretern der psychoanalytischen Pädagogik besucht hatten, Kontakte zur psychoanalytischen Vereinigung. Diese Verbindung führte dazu, dass sie beispielsweise von Anna Freud, Editha Sterba und August Aichorn immer wieder gebeten wurden, Kinder mit besonderen Auffälligkeiten (z. B. solche, die in psychoanalytischer Behandlung standen) in ihre Klasse aufzunehmen.

Obwohl Plank psychoanalytisch ausgebildet war, unterschied sie klar zwischen Schulsituation und Therapie. „Die Schulsituation erlaubt es nicht, dass der Lehrer seiner Einsicht entsprechend durch Deutungen dem Kinde das mitteilt, was er im affektiven Rapport mit ihm erfahren hat“, meint sie und folgert daraus, dass in der Schulsituation gewisse Konflikte „unlösbar bestehen bleiben“[16]. Da es für die Arbeit mit dem Kind in der Schule einer „gleichmäßigen, affektiv nicht sehr wechselnden Beziehung“ bedarf, kann ihrer Meinung nach auch ein therapeutisch ausgebildeter Lehrer in der Klasse nicht direkt therapeutisch eingreifen. Der Lehrer soll aber um die Schwierigkeiten des Kindes wissen, eine therapeutische Behandlung anregen und „sein Verhalten Eltern und Kindern gegenüber so einrichten, dass Schule und Kinderanalyse im Interesse des kranken Kindes sich möglichst ergänzen und nicht einander stören“[17].

Die wichtigste Aufgabe des Lehrers bleibt aber die Gestaltung der Unterrichtsarbeit. Sie muss nach Plank „den kindlichen Bedürfnissen soweit angepasst sein, dass einige Lern- und Arbeitsschwierigkeiten gar nicht erst entstehen können“[18].

Zeigen sich bei einem Kind auf einem Gebiet aber doch erhebliche Schwierigkeiten, schlägt Plank folgendes Vorgehen vor: „Wir warten in einem solchen Fall immer ab und versuchen, die Lernfreudigkeit des Kindes auf einem anderen Gebiet zu entwickeln, lassen allerdings in jeweiligen Gesprächen mit dem Kind merken, dass wir seine Schwierigkeiten kennen, und versuchen, einfache Erklärungen zu geben.“[19]

Aus der Erfahrung lassen sich nach Plank einige grundlegende pädagogische Verhaltensweisen, die bei Lern- bzw. Verhaltensschwierigkeiten zu beachten sind, anführen:

- Man darf ein Kind nicht zu einer Beschäftigung zwingen, in der sich Störungen äußern; man muss dem Interesse des Kindes auf einem anderen Gebiet nachgeben, weil dadurch am ehesten Kräfte für das gefährdete Fach frei werden;
- Leistungen der Kinder dürfen nicht vor bzw. mit anderen verglichen werden, weil dadurch den weniger Lernfähigen ihre geringe Lernfähigkeit zum Bewusstsein gebracht wird.[20]

7.6 Aus der pädagogisch-didaktischen Arbeit

Da über die Arbeit in der Grünentorgasse nur von Plank schriftliche Ausführungen vorliegen, bezieht sich der folgende Abschnitt weitgehend auf die Montessori-Arbeit in ihrer Klasse. Mündliche Mitteilungen von Emmi Vischer-Radanovicz und Fotomaterial aus ihrer Klasse werden an entsprechenden Stellen eingebaut.

7.6.1 Spannungsfeld freie Arbeit – Lehrplanforderung – Übertritt in die öffentliche Schule

„Wir sind natürlich insofern an den Lehrplan gebunden, als wir dafür sorgen müssen, dass die Kinder, wenn sie die Schule verlassen, oder auch schon am Ende jedes einzelnen Schuljahres, die erforderten Kenntnisse besitzen“, schreibt Plank, betont aber gleichzeitig, dass innerhalb dieses Rahmens „jedem Kind möglichste Freiheit“[21] gelassen werde.

Natürlich wurde Plank damit auch vor das Problem gestellt: Wie lässt sich das Erreichen von vorgegebenen Lehrplanzielen mit dem Montessori-Prinzip der freien Wahl der Tätigkeit in Einklang bringen?

„Wir haben nichts dagegen, wenn ein Kind sich vorzugsweise mit seinem Lieblingsgebiet beschäftigt und ihm unverhältnismäßig viel Zeit widmet"[22], schreibt Plank und konkretisiert an anderer Stelle, dass es für eine Montessori-Lehrerin eine Selbstverständlichkeit sei, Tätigkeitsabläufe, die aus einer sensitiven Periode erwüchsen, beim Kind nicht zu stören, auch nicht, wenn ein Kind sich tage- und wochenlang mit einem Sachgebiet beschäftige und während dieser Zeit alles andere beiseite lasse.[23]

Das führt unweigerlich dazu, dass sich ein Kind im Laufe des Jahres einzelnen Fachbereichen nicht statistisch ausgewogen zuwendet, sondern seinen jeweiligen Interessen und Neigungen entsprechend Schwerpunkte setzt. Die Schwankungen der Lernbereitschaft (sensible Perioden) werden in der Montessori-Freiarbeit einerseits produktiv genutzt, sie führen aber andererseits auch dazu, dass sich die Kenntnisse, welche das Kind am Ende eines Schuljahres hat – gemessen am vorgeschriebenen Lehrplan – auf die einzelnen Fächer ungleichmäßig verteilen. Entstehen damit nicht so große Kenntnislücken in einzelnen Fachbereichen, dass der Lehrplan in wesentlichen Bereichen nicht erfüllt wird?

Plank meint dazu: „Da das besondere Interesse für ein bestimmtes Fach, das in einer bestimmten sensitiven Periode auftritt, in der Montessori-Schule voll zur Geltung kommen kann, wird die allgemeine Lernproduktivität der Kinder erhöht, so dass der Nebenvorteil erreicht wird, dass die Kinder in unserer Schule viele Fertigkeiten erwerben, die sonst aus dem Rahmen der Schule herausfallen, so auf den Gebieten der hauswirtschaftlichen Arbeiten, des Sports und der Werkstättenarbeit, und dass die relative Ungleichmäßigkeit der Kenntnisse der Kinder in fast allen Fällen nur darin besteht, dass die Kinder, welche die Montessori-Schule besuchen, auf einzelnen Gebieten weit mehr können, als der Lehrplan vorsieht."[24]

Sie berichtet von drei Kindern, die sich fast ein Jahr nahezu ausschließlich mit Lese- und Sprachübungen beschäftigten und alle übrigen Arbeiten beiseite ließen. Das Erstaunliche für Plank war: „Obwohl diese Kinder andere Lerngebiete, die zum Teil rein mechanisch zu übende Tätigkeiten verlangen, fast unbeachtet lassen, obwohl sie nur bei allfälligen Kollektivstunden mittun, haben sie auf allen Gebieten ein gutes Durchschnittskönnen – auf einzelnen Gebieten produzieren sie auffallend gute Leistungen.

Es genügt also anscheinend bei einem Kind, dessen geistige Aktivität geweckt ist, das sich für ein Fach wirklich interessiert, ein ganz geringes Maß von Übung und Beschäftigung mit den anderen Lerngebieten, um das Lehrziel zu erreichen."[25]

Die allgemeine Lernfähigkeit und das Selbstvertrauen, das jemand durch intensive Beschäftigung mit einer Sache erwirbt, schlägt offensichtlich Brücken zu anderen Gebieten und wirkt sich auf diese postiv aus. Für den Ausgleich dürfte aber auch der erwähnte Kollektivunterricht eine gewisse Rolle gespielt haben. Zwar fand täglich nur gegen Ende des Vormittags etwa ein bis zwei Stunden ein gemeinsamer Unterricht statt – „Einmal am Vormittag, da hat man die Sessel zusammengestellt und da hat Unterricht, wie man ihn sich vorstellt, stattgefunden."[26] –, dieser reichte aber aus, um notwendige Grundeinsichten auf allen Fachgebieten zu vermitteln. Vischer-Radanovicz berichtet ebenfalls von Kollektivstunden, in denen z. B. das Kopfrechnen geübt oder auch einmal ein Diktat geschrieben wurde.

Nur in seltenen Fällen war ein direktes Eingreifen zur Kompensation von Defiziten notwendig. Plank berichtet von einem Kind – es hatte eine starke Lernhemmung und war in psychoanalytischer Behandlung –, das bis zum Ende des ersten Schuljahres nichts schrieb. Da dem Schulinspektor die für das Aufsteigen in die zweite Klasse notwendigen Schreibproben nicht vorgelegt werden konnten, musste das Kind auf eine Prüfung vorbereitet werden. „Durch direktes Eingreifen der Analytikerin gelang es dem Kind, bei dieser Prüfung zu schreiben", erklärt Plank und ergänzt, „seit damals schreibt es zwar noch immer ungern, tut es aber doch, machmal auch spontan, aber jedenfalls bei jeder kollektiven Übung."[27]

Für das Aufsteigen in die nächste Klasse war nur in Einzelfällen (wie beschrieben) eine Prüfung notwendig. In der Regel wurde der Leistungsstand der Kinder vom Inspektor bei einem Besuch im Mai festgestellt und die Genehmigung zum Aufsteigen in die nächste Klasse erteilt. Dabei wurden dem Inspektor von jedem Kind Schreibproben, schriftliche Arbeiten und Werkstücke aus den verschiedenen Fachbereichen vorgelegt. Der Leistungsstand im Lesen musste anhand von Aufzeichnungen bzw. durch Vorlesen ebenfalls nachgewiesen werden. Keiner der von mir befragten Schüler konnte sich an diese jährliche Überprüfung erinnern, was darauf hinweist, dass ihr keine allzu große Bedeutung zugemesssen wurde bzw. dass sie sehr human verlief.

Am Ende der vierten Schulstufe mussten jedoch alle Kinder der Montessori-Schule in einer öffentlichen Schule eine Abschlussprüfung ablegen. Die befragten ehemaligen Schüler erinnern sich, dass sie keinerlei Schwierigkeiten hatten, diese Prüfung zu bestehen. Plank berichtet von einem Schüler, den sie bezüglich Übertrittsschwierigkeiten befragte: „Er war vier Jahre bei mir in der Schule und kam dann nach Kalksburg, das ist ein (angesehenes und strenges; Anm. F. H.) Jesuiten-Internat." Nach der Matura besuchte er seine Lehrerin, und sie fragte ihn, wie er sich denn nach der freien Gruppe, wie es sie in der Montessori-Schule gab, in das Konvikt eingefügt habe. Darauf meinte er: „Weißt du, am Anfang war ich doch sehr durcheinander. Aber dann hat mich das Lernen so gefreut. Was ich bei euch wirklich gelernt habe – ich habe gelernt zu lernen."[28]

7.6.2 Zur Arbeit im Bereich Sprache

In einer Montessori-Klasse, in der Kinder mehrerer Altersstufen beisammen sind, muss eine Vielzahl an Materialien bereitgestellt werden, um jedem Kind Entwicklungen zu ermöglichen, die seinen individuellen Lernbedürfnissen und Lernerfordernissen entsprechen. Plank erwähnt immer wieder Materialien zum Schreiben, Erstlesen und weiterführenden Lesen. Ein besonderer Schwerpunkt ihrer Arbeit war das freie Verfassen von Texten, das sie schon auf der ersten Schulstufe anregte. Plank weist in diesem Zusammenhang besonders darauf hin, dass die Rechtschreibung nicht mit dem Aufsatz gekoppelt wurde und dies auch nicht angestrebt werden sollte, weil dadurch das Kind „die Sicherheit und Lebendigkeit des Ausdrucks" einbüßen würde. Sie erklärt: „Wir erlernen die Rechtschreibung in der Montessori-Schule getrennt vom Aufsatz, durch Lesen und durch Abschreiben schwieriger Wörter, vor allem zu einer Zeit, da das Interesse der Kinder noch hauptsächlich auf das Abschreiben und auf die Übertragung der Laute in Schreibsymbole gerichtet ist."[29]

Eine Reihe von Materialien standen bereit, die den Kindern halfen, die Funktion der Wortarten zu erfassen, die Namen der Wortarten kennen zu lernen, den Wortschatz zu erweitern und die Struktur von Sätzen zu erkennnen. Plank hat die Arbeit von Kindern in Teilbereichen des Schriftspracherwerbs ausführlich beschrieben und dokumentiert. Die folgenden exemplarischen Beispiele sollen Einblick in die Arbeit geben.

7.6.2.1 Erna lernt in zwei Wochen die Schreibschrift

Erna, ein sechsjähriges Mädchen, wechselte von der ersten Klasse einer öffentlichen Volksschule in die Montessori-Schule. Normalerweise regte Plank jene Kinder, die nicht das Montessori-Kinderhaus besucht hatten, an, die Materialien zu verwenden, die besonders das Schreiben vorbereiten (z. B. die metallenen Einsätze, die Sandpapierbuchstaben, das bewegliche Alphabet). Erna hatte noch nicht jene lockere Hand(führung), die ihr ein problemloses Schreiben von Buchstaben ermöglicht hätte, aber es war bei ihr vom ersten Tag an ein so starker Wille zum Schreiben von Wörtern vorhanden, dass Plank von vorbereitenden Übungen absah und ihr direkte Hilfen zum Schreiben anbot. Sie berichtet: „Als sie den ersten Tag in der Schule war, begann sie Schreibschrift zu schreiben, während sie Blockschrift schon konnte. Sie bat mich immer, ihr ein Wort vorzuschreiben, und schrieb es dann mit großer Anstrengung nach."[30]

Schriftbild (verkleinert) am ersten Tag

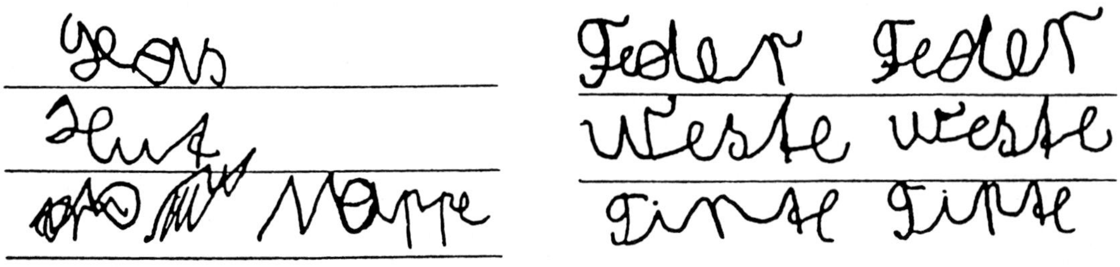

Das Mädchen, Plank bezeichnet sie als „Arbeitsfanatikerin“, wurde vom Schreiben so erfasst, dass sie etwa zwei Wochen täglich drei Stunden schrieb. In dieser kurzen Zeit „hatte sie aus ihrem anfangs noch recht unkoordinierten Schreiben eine wirkliche Schrift gebildet“[31].

Schriftbild (verkleinert) nach vierzehn Tagen

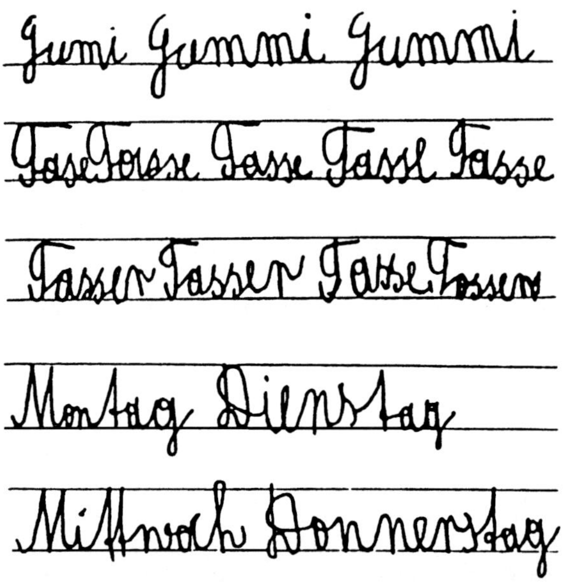

Dieses Beispiel zeigt, wie ausdauernd Kinder an einer Arbeit, von der sie erfasst werden, verweilen können und wie notwendig es ist, ihnen die Zeit und die Möglichkeit dafür zu geben.

7.6.2.2 Erste freie Texte

„Sehr bald“, so Plank, „gelangten die Kinder dazu, kleine Briefe und Geschichten auf der Maschine oder mit der Hand zu schreiben.“[32] Zuerst waren es Briefe an die Lehrerinnen oder Mitschüler, die in der Klasse waren und gleich antworten konnten. Diese schriftlichen Dialoge stehen in einem Erlebniskontext und sind geeignet, die Kinder zum Lesen kontextfreier Texte zu führen.

In der Montessori-Schule schreiben Kinder Texte, bevor sie lesen können. Sie lernen bei den Vorübungen zum Schreiben und Lesen (z. B. mit den Sandpapierbuchstaben, dem beweglichen Alphabet) die Zeichen kennen, die für einen bestimmten Laut stehen. Diese Zeichen verwenden sie zum lautgetreuen Schreiben von Texten, was an den folgenden zwei Beispielen gezeigt werden soll.

Hertha (6 Jahre) schrieb an eine Mitschülerin:

„Liebe Helga!
Was machst du tust du schreiben oder zeichnen oder gar rechnen aber nein rechnen ist ja vür dich zu schwer
Von Hertha"[33]

Hans (6,5 Jahre) schrieb auf der Schreibmaschine folgenden Brief an seinen Vater:

„LIEBER PAPO ICH SCHIKEDIR 1000 000 BUSSIS
BITTE PAPO KAUFMIRAINE BADEMÜZE ABERNUR EINE SCHWARZE
UNT DA WERDE ICH MICH FREUIEN UNT DA WERDE ICH SIANZINN
SERWUSFEUINDALL FILEGRÜSE FON DEINEN FREINDAL HANS BARTUNEK
19 OKTOBER"[34]

Die Beispiele zeigen, dass sich die Kinder beim Schreiben am persönlichen Redefluss orientierten und deshalb keine Punkte oder Beistriche setzten.

7.6.2.3 Texte von älteren Kindern

Allmählich lösten sich die Kinder vom Verfassen von Dialogen und schrieben Texte, die oft von ihren (unbewussten) Phantasien geprägt waren. Die folgende Geschichte schrieb ein Junge im zweiten Monat des zweiten Schuljahres. Erstaunlich war für Plank, welche sprachlichen und orthographischen Fähigkeiten sich das Kind in so kurzer Zeit angeeignet hatte.

Diebe im Zug. Kriminalroman

1. Kapitel.
Es war am 3. Juni, einem Montag, am Abend um 6 Uhr. In einer Wohnung, in einem Heim, wohnten 7 Jungen und ein Erwachsener; die machten zusammen eine Reise, sie fuhren mit der Mittelgebietbahn, einer Bundesbahn. In 2 Stunden sollten sie am Perron sein; denn der Zug fuhr um 20 Uhr 18 ab. Als dieser 1/4 9 Schnellzug da war stiegen sie in den letzten Waggon ein, denn der Zug hatte 9 Waggons; dieser 9. Waggon war gerade ein Waggon I. Kl. und weil die Jungen es gerne wollten, so fuhren sie eben I. Kl.; der Weg dauerte 23 Std. u. 28 Min.; denn in so einem Schnellzug kann man ruhig diese 23 1/2 Std. u. noch mehr verbringen.
2. Kapitel.
Jetzt schliefen alle schon; weil es Mitternacht. Bald kamen sie an eine Grenze, zeigten ihre Pässe, in ihrem Waggon waren auch Diebe. Ein Wachmann stand vor dem Zug; dieser Wachmann sah die Diebe und sprach mit ihnen, sie hätten 9 Schnellzugbillets gestohlen; der Wachmann verurteilte die Diebe zu 3 Monaten Polizeiarrest.
3. Kapitel.
Als der Zug wegfuhr ging der Wachmann mit den Dieben auf die Polizei und führte sie in eine dunkle Kammer, wo sie 3 Monate bleiben mussten. Inzwischen wurde es Tag.[35]

Die Kinder der dritten oder vierten Schulstufe verfassten ganze Bücher, die sie auch illustrierten und manchmal in den gemeinsamen Stunden anderen vorlasen, z. B.: Das Wunderauto. 1. Band, vom Schüler Hans Bartunek.

7.6.2.4 Wie die Kinder das Lesen lernen

„Als erstes Material zum Lesenlernen", so Plank, „verwenden wir große aus Sandpapier ausgeschnittene Buchstaben, die auf Karton aufgeklebt sind. Das Kind fährt mit den Fingern dem Sandpapier entlang und lernt so die Formen der Buchstaben visuell und motorisch kennen, während ihm der Lehrer oder ein Kamerad ihre Bedeutung mitteilt. Die nächste Stufe bilden Filzbuchstaben, die die Kinder auf einem aufgespannten Tuch, auf dem sie leicht haften bleiben, zu Worten zusammensetzen können. Die Schreibmaschine ziehen wir dem Lesekasten vor, weil die am Lesekasten zusammengesetzten Wörter immer wieder zerstört werden müssen, während die auf der Maschine geschriebenen bleiben und so vom Kind zu weiterem Lernen verwendet werden können."[36]

Diesen Übungen, die das Lesen vorbereiten, folgen Lesespiele mit Aufträgen, welche die Kinder durchführen, d. h. den Sinn des Gelesenen in einer Handlung sichtbar machen. Plank beschreibt ein einfaches Lesespiel: „Auf dem Kärtchen steht nur ein Wort, z. B. ‚Feder'. Das Kind liest das Wort, holt eine Feder und legt sie neben das Kärtchen."[37] Das Lesen wird also an konkreten Gegenständen gelernt, sodass „das Kind sofort dazu gelangt, das Gelesene zu verstehen und durch die Ausführung sein Verständnis festzustellen"[38].

Abb. 62:
Erstes Lesen mit Gegenständen und Wortkarten

Ein anderes Lesespiel, das Plank erwähnt, ist insofern anspruchsvoll, als der Sinn des Textes erfasst und im Rollenspiel dargestellt werden soll. „In der Mitte des Zimmers stehen ein paar Kinder mit aufmerksamen und amüsierten Gesichtern beisammen. Ein kleiner Junge, der ein Kärtchen in der Hand hält, setzt eine Mütze auf, nimmt sie mit wichtigem Gesicht wieder ab und verbeugt sich vor einem kleinen Mädchen. Die Lösung des Rätsels bringt der Text der Karte: ‚Der Junge nahm die Mütze vom Kopf und verneigte sich tief vor seiner Freundin.'"[39] Für den Erstleseunterricht war es, wie Vischer-Radanovicz erklärt, notwendig, den Bedürfnissen der Kinder entsprechend zusätzliche Materialien zu erstellen.

Für das weiterführende Lesen stellten die Lehrerinnen den Kindern eine Vielzahl an geeigneten Büchern zur Verfügung und regten zum Lesen in der Leseecke an. Bei manchen Kindern entwickelte sich ein großes literarisches Interesse. Plank berichtet, dass einige durch die Auswahl der Lektüre auf bestimmten Arbeitsgebieten Kenntnisse erwarben und Fortschritte machten, ohne sich direkt damit beschäftigt zu haben.

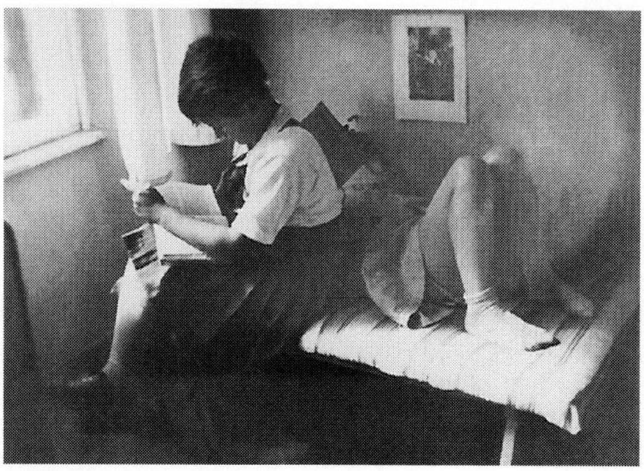

Abb. 63:
Kinder in der Leseecke

In den Kollektivstunden durften sie aus den Büchern vorlesen oder auch Ausschnitte spielen. Plank berichtet von einem Mädchen, das schauspielerisch sehr begabt war und über eine auffallende Merkfähigkeit für Texte verfügte. „Sie hat einige Bücher ‚gespielt' und dabei Wort für Wort den Dialog des Buches auswendig gewusst.“[40]

Diese Beispiele zeigen deutlich die Möglichkeiten eines vielfältigen Schriftspracherwerbs in der Montessori-Freiarbeit und die individuellen Entfaltungsmöglichkeiten, die sich über diesen Lernweg ergeben.

7.6.3 Zur Arbeit im Bereich Mathematik

Über die Arbeit mit dem Rechenmaterial in der Schubertschule liegen von Plank keine differenzierten Aufzeichnungen[41] vor. Es darf aber angenommen werden, dass diejenigen Materialien, die bereits in der Troststraße und am Rudolfsplatz eingesetzt wurden, auch hier wieder Verwendung fanden. Bilder aus den Klassen zeigen Kinder, die mit Ziffern aus Filz, mit dem Kartensatz, mit den langen Perlenketten, dem goldenen Perlenmaterial oder dem Multiplikationsbrett arbeiten.

Vischer-Radanovicz berichtet von einem Kind, das in der öffentlichen Schule dem Unterricht nicht folgen konnte. „Der kam zu uns und legte wochenlang die Tausenderkette aus, dabei gewann er große Sicherheit. Von da an ging es auch sonst mühelos.“[42]

Abb. 64:
Kind legt Zahlenreihen mit Ziffern aus Filz

Abb. 65:
Arbeit mit Kartensatz
und Perlenmaterial

Abb. 66:
Kind beim großen Perlenkasten

Abb. 67:
Kinder arbeiten mit Perlenmaterial
und Kartensatz

Abb. 68:
Arbeit mit dem Multiplikationsbrett

Plank beschreibt ein weiteres Material, das für Kinder der höheren Schulstufen geeignet war:

- **Das Bruchrechenmaterial**

„Es besteht aus einer Serie von zehn gleich großen kreisförmigen Metallrahmen und einsetzbaren Kreisen bzw. Kreissektoren, und zwar einem ganzen Kreis, zwei Halbkreisen usw.“[43] Durch gezieltes Ausprobieren kann sich das Kind die Beziehungen zwischen verschiedenen Brüchen bzw. zwischen dem Ganzen und den Brüchen erarbeiten.

Plank schreibt: „Das Kind kann nun einzelne Sektoren durch andere ersetzen, kann probieren, welche zusammen einen ganzen Kreis ergeben und so fort.“[44] Nachdem das Kind die ersten Erfahrungen mit den Brüchen auf sensorischer Ebene gemacht hat, führt man die Namen und die Schreibweise der Brüche ein. Auch Bruchrechnungen können mit Hilfe dieses Materials anschaulich dargestellt und gelöst werden.

7.6.4 Zur Arbeit im Bereich Sachunterricht

1931 beschreibt Emma Spira (verh. Plank) in einem Beitrag „Das Kind und seine lebende Umwelt“[45], auf welche Weise dem Kind in der Montessori-Schule die Natur mit ihren Gesetzmäßigkeiten nahe gebracht wird und wie das Kind die verantwortungsvolle Aufgabe des Menschen im Zusammenspiel mit der Natur intuitiv erkennen kann. Montessori geht in ihrem Weltverständnis davon aus, dass der gesamten Schöpfung ein einheitlicher Plan zugrunde liegt. Die Erde, die Natur, stellt eine Ganzheit dar, in der jeder Teil, jede Pflanze und jedes Lebewesen eine Aufgabe für das Ganze erfüllt. Umgekehrt dient das Ganze den einzelnen Teilen, wodurch ein harmonisches Zusammenwirken erzielt und erhalten wird. Ein wesentliches Ziel der Erziehung ist es, dem Kind eine Vorstellung von diesem Zusammenspiel zu vermitteln und ihm die besondere Verantwortung, die dem Menschen in diesem Schöpfungsplan zukommt, bewusst zu machen.[46]

Spira meint dazu: „Die Beschäftigung mit lebenden, wachsenden Dingen, die Behutsamkeit und Fürsorge verlangen, haben sicher ihre erzieherische Wirkung. Das Kind, das in einer Umgebung aufwächst, welche den Zusammenhang mit der lebenden Umwelt so betont wie die Montessori-Methode, das schon im frühen Alter die Möglichkeit hat, sich mit der Natur und ihren Erscheinungen durch selbständige Beobachtungen und Fürsorge vertraut zu machen, gewinnt so eine positive Einstellung zu allem Lebenden. Diese Einstellung ist sicher grundlegend für seine künftige seelische Entwicklung.“[47] Um diese Einstellung geht es Montessori in erster Linie, denn sie ist Grundbedingung, dass der Mensch seine kosmische Aufgabe bei der Umwandlung der Welt zur Vollendung der Schöpfung erfüllen kann. Das bedeutet, ein Leben in Einklang mit der Natur und den Mitmenschen anzustreben und an einer universalen harmonischen Gesellschaft, in der gegenseitige Achtung, Hilfe für den Schwächeren, Dankbarkeit und Liebe vorherrschende Tugenden sind, mitzuarbeiten.

7.6.4.1 Die unmittelbare Begegnung mit der Natur

Montessori hält es für notwendig, die Schule des Öfteren zu Exkursionen und Wanderungen zu verlassen, da die von der Welt abgeschnittene Schule dem Kind nicht genügen kann.[48] Sie begründet die Forderung an folgendem Beispiel: „Keine Beschreibung, kein Bild, kein Buch kann das wirkliche Sehen der Bäume mit dem ganzen Leben, das sich um sie herum in einem Wald abspielt, ersetzen. Die Bäume strömen etwas aus, was zur Seele spricht, etwas, was kein Buch und kein Museum vermitteln könnten. Der Wald, den man sieht, offenbart, dass es nicht nur Bäume gibt, sondern eine Gesamtheit von Lebewesen. Und diese Erde, dieses Klima, diese kosmische Macht sind für alle diese Lebewesen notwendig, damit sie sich entwickeln können.“[49]

Spira und Vischer sahen in der unmittelbaren Beobachtung der lebenden Natur durch das Kind selbst ebenfalls einen geeigneten Weg, dem Kind einen Zugang zu allem Lebendigen zu eröffnen, und ermöglichten dies auf unterschiedlichste Weise, z. B.:

- **Mehrwöchige Aufenthalte auf dem Land**

Jedes Jahr verbrachten die Kinder der Montessori-Schule ab Mitte Mai sechs bis acht Wochen auf dem Land. „Dabei erweiterte sich der Gesichtskreis der Kinder um vieles“[50], meint Spira und erwähnt beispielsweise das unerschöpfliche Material, das die Kinder von ihren Entdeckungsreisen im Wald mitbrachten. Auch der Bauernhof, von dem täglich Milch und Butter geholt wurden, war für die Stadtkinder eine neue Welt, in der sie die vielfältigsten Erfahrungen machen konnten.

„Wir waren zweimal in Altaussee“, erinnert sich ein Schüler und betont: „Also auf diese Zeit auf dem Land haben wir uns das ganze Jahr gefreut.“[51]

- **Lehrausgänge**

Spira berichtet von „wöchentlichen Lehrausflügen“, die besonders „für die Naturkunde reichen Beobachtungsstoff und Anregungen“[52] boten.

- **Der Schulgarten**

„Im Schulgarten“, so Spira, „hat jedes Kind sein eigenes Beet. Manche Kinder ziehen Nutzpflanzen, manche Blumen und werden so durch die tägliche Pflege ihres kleinen Gartens mit dem Leben und Wachsen der Pflanzen vertraut.“[53] Es war für die Kinder stets ein Erlebnis, wenn sie für ihre Jause etwas (z. B. Radieschen) aus dem eigenen Garten holen konnten, und es war etwas Besonderes, einem anderen Kind etwas aus dem eigenen Garten schenken zu dürfen. Mit der Arbeit im Schulgarten konnte Kindern bewusst gemacht werden, dass hinter jedem Nahrungsmittel, das wir zu uns nehmen, die mühevolle Arbeit von Menschen steht.

7.6.4.2 Die Natur wird ins Klassenzimmer geholt

Da es nicht möglich ist, dem jungen Menschen die ganze Natur unmittelbar vorzustellen, müssen im Sinne des exemplarischen Lernens Inhalte ausgewählt werden, die durch entsprechende Darstellung einen Zugang zum Ganzen ermöglichen.

- **Das Aquarium**

Um den Kindern einen Einblick in das Leben von Wassertieren zu ermöglichen, wurde in der Montessori-Klasse ein Aquarium aufgestellt. Spira schreibt dazu: „Wir haben in der Mitte des Klassenzimmers ein Aquarium stehen, das alle Kinder von ihrem Arbeitsplatz aus sehen können. Für jede Woche übernimmt ein anderes Kind die Pflege und Verantwortung. Das Aussehen und die Lebensgewohnheiten der Fische und Schnecken, die wir darin halten, bilden ständigen Stoff zu Beobachtungen, Fragen und Gesprächen.“[54]

Spira berichtet unter anderem von einem Kind, das beinahe einen ganzen Vormittag vor dem Aquarium saß und die Fische beobachtete. „Plötzlich sprang er auf, holte sich Papier und Bleistift und begann einen der Fische zu zeichnen. Er zeichnete ihn so bis ins kleinste Detail, dass man ihn sofort erkennen konnte. So machte er zum Beispiel einen roten Strich hinter den Kiemen und sagte dazu: ‚Wenn sich die Kiemen öffnen, sieht man innen etwas Rotes.‘“[55]

Aus diesen Beobachtungen und den daraus erwachsenden Fragen entstand bei den Kindern das natürliche Interesse, den Dingen auf den Grund zu gehen und Zusammenhänge zu erschließen. In diesen Phasen hörten die Kinder auch begeistert zu, wenn die Lehrerin ihnen über die „Wunder des Meeres“ erzählte oder ihnen Hinweise auf weiterführende Bücher in der Bibliothek gab.

- **Pflanzen ziehen und pflegen**

„Schon im Oktober“, schreibt Spira, „legen die Kinder die Zwiebeln verschiedener Pflanzen auf Sand ins Dunkle. Wenn die Pflanzen so weit entwickelt sind, stellen sie sie auf ihren Arbeitstisch, der junge Keim wird sorgsam mit einer Papiertüte zugedeckt und ist Gegenstand eifriger Aufmerksamkeit und Pflege.“[56]

So zog ein Kind beispielsweise aus einem Pappelzweig einen kleinen Pappelbaum auf, andere ließen Bohnen und Linsen keimen oder zogen auf ihrem Arbeitstisch in einem Blumentopf aus Samen Blumen heran.

Zeitweise war das Klassenzimmer ein ‚lebendes Herbarium'. „Wenn es frische Blumen gibt, befindet sich in der Klasse ein Eprouvettenständer, und in jeder Eprouvette steht eine blühende Pflanze mit einem Zettel, auf dem ihr Name steht"[57], berichtet Spira.

- **Sammlung an Naturgegenständen**

Naturgegenstände wurden nicht in einem Lehrmittelzimmer aufbewahrt und gelegentlich den Kindern als Anschauungsmaterial vorgestellt, sondern es gab auf einem Wandbrett ständig eine Ausstellung verschiedenster Dinge, die die Kinder zu intensiveren Nachforschungen anregen sollten. Da waren zum Beispiel eine Bienenwabe, ein Vogelnest, ein Vogelpräparat, Versteinerungen, Querschnitte durch verschiedene Holzstämme, Schneckenhäuser usw. Die Kinder wurden durch diesen Ausstellungstisch angeregt, selber sehenswerte Dinge zu sammeln und mitzubringen.

Abb. 69:
Individuelle Arbeit
im Bereich Sachunterricht

In diesem Alter kann, wie Montessori meint, der „Keim für die Wissenschaften"[58], das Fundament für spätere ausgedehntere Fachstudien gelegt werden. Dabei geht es nicht um die Vermittlung einer Fülle von Einzelwissen, sondern um das Wecken fundamentaler Interessen und die Ermöglichung tief greifender Grunderfahrungen.

7.6.4.3 Untersuchungen mit dem Mikroskop

Spira weist darauf hin, dass in der Montessori-Schule die Kinder schon sehr früh durch Übungen, die in keinem unmittelbaren Zusammenhang mit der Natur stehen, zu exaktem Beobachten geführt wurden, und sie schreibt dazu: „Das Kind, dessen Sinne durch die Beschäftigung mit dem Sinnesmaterial schon im vorschulpflichtigen Alter geschärft wurden, ist besonders befähigt, ein guter, aufmerksamer Beobachter der Natur zu werden."[59]

Besonders herausgefordert wurde dieses aufmerksame Schauen und Betrachten durch das Mikroskop – ein Geschenk der Montessori-Schule Jena –, das den Kindern zur Verfügung stand. Es war ein sehr beliebtes Gerät und Spira meint, „viele Wunder der Natur, die sonst den Kindern dieses Alters verschlossen bleiben, haben unsere Kinder durch das Schulmikroskop kennen gelernt"[60].

An einfachen Präparaten lernten die Kinder, die Interesse daran hatten, den Umgang mit dem Mikrosop. Dann konnten sie sich selbständig Dinge aussuchen, die sie unter dem Mikroskop betrachten wollten. Die ältesten Kinder sahen sich mit Vorliebe Blütenstaub, dünne Blumenblätter oder ihre eigenen Haare an. „Das Schönste", so Spira, „ist aber die Beobachtung der lebenden Wasserflöhe aus dem Aquarium. Die Kinder können die Tätigkeit des Herzens und des Darmes und die merkwürdigen Bewegungen der Beine beobachten und bekommen so eine Ahnung von dem unendlich feinen Bau der Dinge, die sie umgeben, und erfahren von der Existenz einer für das unbewaffnete Auge gar nicht sichtbaren und unerschöpflich mannigfaltigen Welt."[61]

Nicht alle Kinder hatten ein brennendes Interesse an diesen Dingen, aber jene, denen es diese Sache angetan hatte, konnten ihren teilweise „unersättlichen Wissensdurst"[62] befriedigen, und es eröffneten sich ihnen neue Welten.

7.6.4.4 Messungen und Experimente

Spira berichtet von verschiedenen Beobachtungsaufgaben bzw. Versuchen, die Kinder selbstständig durchführten und darüber Aufzeichnungen machten:

- tägliche Messungen der Außen- und Innentemperatur;
- Messungen von Ausdehnung und Gewicht;
- Beobachtungen über den Einfluss von Hitze und Kälte auf verschiedene Körper;
- Versuche über die Mischbarkeit und die Schwere von Flüssigkeiten (z. B. Öl und Wasser oder gefärbter Alkohol und Wasser)[63].

Zur Durchführung dieser Versuche standen den Kindern Karten mit den entsprechenden Versuchsanleitungen zur Verfügung, sodass sie bei ihrer Entdeckungsarbeit die Hilfe der Lehrerin kaum beanspruchten.

7.6.4.5 Der naturkundliche Unterricht in Verbindung mit anderen Lernbereichen

Kosmische Erziehung soll nach Montessori alle Bereiche des Unterrichts durchdringen und ist keineswegs nur auf die Lernbereiche Natur oder Raum beschränkt. Spira weist auf solche Verbindungsmöglichkeiten hin und meint: „Die Beschäftigung mit naturkundlichen Dingen steht in der Montessori-Schule in engster Verbindung mit der übrigen geistigen Arbeit des Kindes, dadurch empfängt das Kind ständig Anregungen und findet neue Arbeitsmöglichkeiten auf naturkundlichem Gebiet."

Am Beispiel des Lesenlernens zeigt sie, wie einerseits der Leseprozess mit sinnvollen Wörtern interessanter wird und das Kind gleichzeitig Kenntnisse auf einem bestimmten Fachgebiet erwirbt bzw. das Interesse daran geweckt wird. „Das Kind, das zu lesen beginnt, bekommt als Lesematerial Bilderserien von Pflanzen, Früchten, Insekten, Vögeln und Säugetieren und dazugehörige einzelne Kärtchen, auf denen der Name der betreffenden Lebewesen steht. Das Kind hat die Aufgabe, das Kärtchen auf das entsprechende Bild zu legen."[64]

Diese Leseübungen waren bei den Kindern sehr beliebt, sie wiederholten sie oft und nicht selten entstand – während sie ihr Leseinteresse befriedigten – ein besonderes Interesse an bestimmten Tieren oder Pflanzen. Dann schauten sie in der Bibliothek nach, ob sich dort ein entsprechendes Buch befand. Die Lehrerinnen legten auch eine Kartei mit Tierbildern und Beschreibungen aus verschiedenen Zeitschriften an, sodass die Kinder sowohl über Bilder als auch über Texte einen weiteren Zugang zur Tier- und Pflanzenwelt finden konnten.

7.6.4.6 Eine Vorstellung von der ganzen Welt vermitteln

Dürfen Volksschulkinder schon mit der ganzen Welt konfrontiert werden? Müssten sie nicht nach dem Prinzip der konzentrischen Kreise zuerst ihren Gemeindebezirk, dann die Nachbarbezirke, später die ganze Stadt Wien und zuletzt die große weite Welt kennen lernen?

In der Pädagogik Maria Montessoris liegt ein völlig anderer Ansatz vor: Nur wer eine Vorstellung vom Ganzen hat, kann im Studium des Details dessen wirkliche Bedeutung erkennen. Deshalb werden dem Kind in der Montessori-Schule schon früh panoramaartige Überblicke gegeben, um ihm zu ermöglichen, die Dinge in ihrer Gesamtheit ins Auge zu fassen und festzustellen, dass alles im Universum miteinander verbunden ist. Dies ist aufgrund seiner Vorstellungskraft (Imagination) schon dem Volksschulkind möglich.

- **Die Arbeit mit dem Globus**

Wenn Spira den Kindern vom Leben im Wasser oder Geschehnissen auf der Erde erzählte, stellte sie immer einen Globus auf, um im Kind die Vorstellung vom Zusammenwirken aller Dinge dieses Planeten anzuregen. Die Erzählungen waren für manche Kinder Impuls, sich intensiv mit einem ausgewählten Inhalt auseinander zu setzen.
Spira berichtet z. B. von einem neunjährigen Mädchen, das ein besonderes Interesse an der Südpolexpedition hatte und sich über längere Zeit ausschließlich mit diesem Thema beschäftigte.

- **Europa-Puzzle, Österreich-Puzzle**

„Ich kannte schon in der Volksschule alle Länder Europas. Die haben die Länder ausgeschnitten gehabt, und wir setzten sie wie ein Puzzle zusammen"[65], berichtet ein Schüler. So ein Puzzle gab es auch für Österreich mit seinen Bundesländern bzw. für einzelne Bundesländer (z. B. Wien und seine Bezirke).

Abb. 70:
Arbeit mit dem Europa-Puzzle

Spira erzählt, wie ein Schüler, ausgehend von der Arbeit mit dem Österreich-Puzzle, begann, ein ganzes Heft über Österreich zu schreiben bzw. zu zeichnen. Der Schüler war wochenlang mit großem Eifer und enormer Ausdauer mit einer Arbeit beschäftigt, die sein ganzes Interesse gefunden hatte. „Das Interesse an Geographie war überhaupt enorm", berichtet sie und führt dies darauf zurück, dass die Kinder in diesem Alter ein besonderes Interesse „an der Welt außerhalb ihrer kleinen Umgebung"[66] zeigen.

7.6.5 Die Arbeit in anderen Lernbereichen

Die Arbeit in den Lernbereichen Musik, Rhythmische Erziehung, Turnen, Zeichnen und Werken erwähnt Plank (geb. Spira) in ihren schriftlichen Berichten nur am Rande, sodass eine ausführliche Darstellung nicht möglich ist.

- **Musikalische Erziehung**

Während in der Montessori-Schule Troststraße und im Haus der Kinder am Rudolfsplatz die Musikerziehung nach den Prinzipien Montessoris von Lisl Braun (geb. Herbatschek) durchgeführt wurde, dürften die Lehrerinnen der Schubertschule diesen Bereich selbst übernommen und in das tägliche Unterrichtsgeschehen eingebaut haben.

- **Rhythmische Erziehung und Turnen**

Die Rhythmische Erziehung – in Zusammenarbeit mit der Rhythmikschule Hellerau-Laxenburg – konnte in der Grünentorgasse aufgrund der Räumlichkeiten nicht weitergeführt werden. Ein Teil der Schüler nahm jedoch an den angebotenen Sommerkursen in Laxenburg teil.

Der Turnunterricht fand bei gutem Wetter im Schulhof der Schubertschule statt. Dort konnten die verschiedensten Ballspiele durchgeführt werden, und im Winter, wenn der Hof vereist wurde, ging Plank mit den Kindern möglichst oft Eis laufen.

- **Zeichnen und Werken**

Plank und Vischer hatten in der Schule eine Kinderwerkstätte eingerichtet, in der die Kinder während der freien Arbeit zeichnen oder werken konnten. Gelegentlich fanden in diesen Fachbereichen auch gemeinsame Stunden statt, meist am Nachmittag, wie Vischer-Radanovicz berichtet.

„Großen Raum", so Plank, „nahm das freie Zeichnen ein"[67]. Angeregt von den Techniken, die Franz Ciczek mit den Kindern durchführte, entstanden in der Montessori-Schule bereits von sechsjährigen Kindern Linoldrucke oder Klebearbeiten bzw. Versuche mit durchsichtigem Papier, wie das folgende Beispiel, von dem Plank berichtet: „Ein Mädchen hat also Papier in den drei Grundfarben Rot, Blau und Gelb ausgeschnitten, übereinander gelegt und hat gesehen, wenn man diese drei Farben mischt, erhält man Braun. Nachdem sie aber ein kleines Mädchen war, hat sie neben diesen Farbversuch Blumen in die Ecke gezeichnet, damit es hübsch ausschaut."[68]

Plank machte die Beobachtung, dass Kinder – besonders die Buben –, angeregt von Dingen in der Natur, es bevorzugten, diese möglichst getreu nachzuzeichnen. Kinderzeichnungen aus der Klasse von Vischer bestätigen dies.

Abb. 71:
Kinderzeichnung

Abb. 72:
Kinderzeichnung

Anmerkungen

1 In der Schulchronik wird 1928 die Herkunft des Namens der Schule beschrieben. Ab 1818 war der Vater des Komponisten Franz Schubert als Oberlehrer an dieser Schule tätig. Franz Schubert soll ebenfalls kurze Zeit als Schulgehilfe angestellt gewesen sein. In den Zwanzigerjahren dieses Jahrhunderts galt die Schubertschule als Modellschule für Arbeitsunterricht.

2 Interview mit Emma Plank (geb. Spira) am 18.2.1990

3 Trude Weinfeld heiratete später Bruno Bettelheim

4 Dienstzeugnis für Emma Plank, ausgestellt von der Verwaltungskommission (Dr. Ernst H. Buschbeck) am 11. April 1938 (Kopie in Händen von F. H.)

5 Plank-Spira, E.: Die Montessoripädagogik in der Volksschule.In: Schweizer Erziehungsrundschau, VI. Jg., 1933, H. 2., S. 35

6 Ebd., S. 35

7 Ebd., S. 35

8 Vischer war Schweizer Volksschullehrerin und beschloss nach einer Stellvertretung in einer Dorf-Volksschule (1.–3. Schulstufe) mit 56 Kindern, zum Weiterstudium ins damals pädagogisch berühmte Wien zu gehen. Sie arbeitete auf der heilpädagogischen Abteilung der Universitäts-Kinderklinik, in der Kinderübernahmestelle, in der Beratungsstelle von August Aichhorn, studierte bei Charlotte und Karl Bühler und besuchte die Ausbildungskurse für Psychoanalytische Pädagogik. Anfang 1932 begann sie die Ausbildung für Montessori-Pädagogik, arbeitete gleichzeitig als Assistentin von Emma Plank, organisierte den Werkstattunterricht und wurde dann als Lehrerin für die 1./2. Klasse eingesetzt. 1935 heiratete sie Herbert Radanovicz-Hartmann, den Bruder von Editha Sterba, und verließ mit ihm Österreich.

9 Rand, H.: Hundertwasser. Katalog. Benedikt Taschenverlag, Köln 1980, S. 12

10 Ebd., S. 13

11 Bartunek besuchte von 1932 bis 1936 die Montessori-Schule

12 Plank-Spira, E.: Affektive Förderung und Hemmung des Lernens. In: Zeitschrift für psychoanalytische Pädagogik. VII. Jg., 1933, H. 3/4, S. 122

13 Emma Plank in einem Vortrag am 21.11.1985 in München. Tonbandabschrift, S. 16

14 Im Winter musste am Nachmittag die Klasse mit einem großen Holzofen beheizt werden, da die Zentralheizung des Hauses zu Mittag abgedreht wurde.

15 Plank-Spira, E.: Die Montessoripädagogik in der Volksschule, a. a. O., S. 36

16 Berner, E. (Pseudonym von Plank Emma): Eine Einschlafstörung aus Todesangst. In: Zeitschrift für psychoanalytische Pädagogik, XI. Jg., 1937, H. 1, S. 44

17 Ebd., S. 44

18 Ebd., S. 44

19 Plank-Spira, E.: Affektive Förderung und Hemmung des Lernens, a. a. O., S. 123

20 Vgl. ebd., S. 126

21 Plank-Spira, E.: Die Montessoripädagogik in der Volksschule, a. a. O., S. 36

22 Ebd., S. 36

23 Vgl. Plank-Spira, E.: Affektive Förderung und Hemmung des Lernens, a. a. O., S. 122

24 Plank-Spira, E.: Die Montessoripädaogogik in der Volksschule, a. a. O., S. 36

25 Plank-Spira, E.: Affektive Förderung und Hemmung des Lernens, a. a. O., S. 122

26 Interview mit Dr. Hans Bartunek am 5.10.1994

27 Plank-Spira, E.: Herbert in der Schule, in: Zeitschrift für psychoanalytische Pädagogik, VII. Jg., 1933, H. 2, S. 85 f.

28 Emma Plank in einem Vortrag am 21.11.1985 in München. Tonbandabschrift, S. 11

29 Plank-Spira, E.: Die Montessoripädagogik in der Volksschule, a. a. O., S. 37

30 Plank-Spira, E.: Affektive Förderung und Hemmung des Lernens, a. a. O., S. 126

31 Ebd., S. 127

32 Plank-Spira, E.: Die Montessoripädagogik in der Volksschule, a. a. O., S. 37

33 Aus ebd., S. 37 (Kindertext orthographisch unverändert)

34 Diesen Text stellte mir Dr. Hans Bartunek persönlich zur Verfügung.

35 Kindertext (ohne orthographische Korrekturen) aus: Plank-Spira, E.: Herbert in der Schule. In: Zeitschrift für psychoanalytische Pädagogik, VII. Jg., 1933, H. 2, S. 87

36 Plank-Spira, E.: Montessoripädagogik in der Volksschule, a. a. O., S. 37

37 Ebd., S. 37

38 Ebd., S. 38

39 Ebd., S. 37

40 Plank-Spira, E.: Affektive Förderung und Hemmung des Lernens, a. a. O., S. 124

41 Einige Hinweise finden sich in Plank-Spira, E.: Die Montessoripädagogik in der Volksschule, a. a. O., S. 38

42 Interview mit Emmi Radanovicz-Vischer am 13.2.95

43 Plank-Spira, E.: Die Montessoripädagogik in der Volksschule, a. a. O., S. 38
44 Ebd., S. 38
45 Spira, E.: Das Kind und seine lebende Umwelt. In: Die Quelle, 81. Jg., 1931, S. 877–879
46 Vgl. Montessori, M.: Von der Kindheit zur Jugend. Freiburg – Basel – Wien 1966, S. 43 ff.
47 Spira, E.: Das Kind und seine lebende Umwelt. In: Die Quelle, 81. Jg., 1931, S. 879
48 Vgl. Montessori, M.: Von der Kindheit zur Jugend, a. a. O., S. 27
49 Ebd., S. 45
50 Spira, E.: Das Kind und seine lebende Umwelt, a. a. O., S. 879
51 Interview mit Dr. Hans Bartunek am 5.10.1994
52 Spira, E.: Das Kind und seine lebende Umelt, a. a. O., S. 879
53 Ebd., S. 878
54 Ebd., S. 878
55 Ebd., S. 878
56 Ebd., S. 878
57 Ebd., S. 879
58 Montessori, M.: Von der Kindheit zur Jugend, a. a. O., S. 51
59 Spira, E.: Das Kind und seine lebende Umwelt, a. a. O., S. 877
60 Ebd., S. 879
61 Ebd., S. 879
62 Ebd., S. 879
63 Vgl. ebd., S. 878
64 Ebd., S. 877
65 Interview mit Dr. Hans Bartunek am 5.10.94
66 Vortrag von Emma Plank (geb. Spira) im Februar 1990 in Wien
67 Spira, E.: Das Kind und seine lebende Umwelt, a. a. O., S. 878
68 Plank, E.: Vortrag am 21.11.1985 in München. Tonbandabschrift, S. 18

8. Verbreitung der Montessori-Pädagogik

Als 1925 von der Wiener Montessori-Arbeitsgemeinschaft ein Ausbildungskurs ausgeschrieben wurde, meldeten sich vorwiegend Kindergärtnerinnen aus den städtischen Kindergärten. Diese Ausbildung wurde von Stadtrat Dr. Julius Tandler unterstützt, und so konnten nach dem Kurs in mehreren Gemeindekindergärten Montessori-Abteilungen eröffnet werden.

Emma Plank berichtet dazu: „Die Leute vom Jugendamt der Stadt Wien, die die städtischen Kindergärten eingerichtet haben, wurden sehr früh auf uns aufmerksam und waren an unserer Arbeit interessiert. Sie besuchten uns und schickten uns dann Leute, von denen sie glaubten, dass sie für die Montessori-Arbeit geeignet seien, in den Ausbildungskurs. So wurden dann Kindergärten bzw. einzelne Abteilungen nach Montessori geführt. Einer entstand am Matzleinsdorfer Platz im Waldmüllerpark, einer im Goethehof und auf der Sandleiten.“[1]

Hedwig Schwarz spricht von etwa 20 ausgebildeten Montessori-Lehrerinnen, die es 1928 in Wien gab. „Von diesen arbeiteten 6 in der Mutterschule im 10. Bezirk, 6 in Privatschulen”[2]; 8 Montessori-Lehrerinnen arbeiteten in 5 Montessori-Gruppen in städtischen Kindergärten.“[3]

Die fünf Montessori-Gruppen bestanden in folgenden Kindergärten: Fuchsenfeldhof, Waldmüllerpark, Goethehof, Sandleiten, Dörfelstraße. Die Montessori-Abteilung im Waldmüllerpark und jene in der städtischen Bildungsanstalt für Kindergärtnerinnen in der Dörfelstraße im 12 Bezirk waren Hospitierkindergärten[4], sodass viele der zukünftigen Kindergärtnerinnen bereits während ihrer Ausbildung in das Montessori-System eingeschult wurden.

An den Ausbildungskursen nahmen auch Kindergärtnerinnen und Lehrerinnen aus der Umgebung von Wien teil. Und so entstanden auch in den Bundesländern die ersten Montessori-Einrichtungen. Mit Sicherheit gab es in **Wiener Neustadt** ein Kinderhaus und in **Eisenstadt**, im jüdischen Viertel, ein Kinderhaus und eine Montessori-Schule. In **Innsbruck** eröffnete Maria Josepha Retter in den dreißiger Jahren, nachdem sie in Rom den internationalen Ausbildungskurs besucht hatte, ein Kinderhaus.

Abb. 73: Montessori-Kinderhaus in Innsbruck

Anmerkungen

1 Vortrag von Emma Plank (geb. Spira) im Februar 1990 in Wien

2 Wahrscheinlich meint Schwarz damit Privatkindergärten wie etwa jenen der „Weißen Franziskanerinnen“ in der Leystraße oder jenen von Franziska Prager in der Neulandschule. Die einzige Montessori-Schulklasse wurde in der Troststraße bzw. ab 1931 in der Grünentorgasse geführt.

3 Schwarz, H.: Über einen Montessori-Kurs für städtische Kindergärtnerinnen. In: Die Quelle, 80. Jg., 1930, H. 8, S. 888

4 Siehe Frankowski, Ph./Liederer, R.: Die Kindergärten der Stadt Wien. Herausgegeben vom Jugendamt der Stadt Wien. Wien 1932. S. 16–20

9. Montessori und die Wiener Arbeitsgemeinschaft

Es gibt eine Reihe von Hinweisen, die auf eine besondere Beziehung Montessoris zur Wiener Arbeitsgemeinschaft hindeuten. Sie selber schreibt 1927 von einem „festen Band"[1], das sie mit der Wiener Montessori-Schule verbinde. Eine „Scuola modella"[2] sei diese Schule, die sie einige Male besuchte. Montessori schreibt: „Viele glückliche Umstände sind hier zusammengetroffen: Eine schöne, mit Liebe und Sorgfalt bis in die scheinbar unbedeutenden Kleinigkeiten ausgedachte Einrichtung – ein wahres Haus der Kinder, die Lage der Schule in einem Arbeiterbezirke, die die Gewissheit gibt, dass sie nicht nur ihre pädagogische, sondern auch ihre soziale Aufgabe erfüllt. Und nicht zuletzt: Junge, fröhliche, begeisterte Menschen arbeiten hier mit dem Einsatz aller ihrer Kräfte für das ‚Werk des Kindes'."[3]

Einige dieser mit großem Einsatz arbeitenden Montessori-Lehrerinnen lud sie auch ein, ihr bei Ausbildungskursen zu assistieren, zu übersetzen oder Teilbereiche zu übernehmen. Aus dieser Zusammenarbeit entstanden freundschaftliche Beziehungen, die durch ihren Sohn Mario über ihren Tod hinausreichten.

Montessori ließ der Wiener Arbeitsgemeinschaft Freiheiten bezüglich gewisser Ausprägungen der Methode, die bis heute Verwunderung hervorrufen. Emma Plank meint dazu: „Montessori vertraute Lili ausdrücklich – ich glaube, sie war die einzige unter ihren Schülerinnen, die experimentieren und das System erweitern konnte. Lili begleitete sie oft auf ihren Reisen, als Katalysator und Dolmetscherin. Ihre Hingabe für Dr. Montessori war zu dieser Zeit grenzenlos."[4]

9.1 Montessoris Besuche in Wien

„Montessori besuchte uns erstmals 1924[5]", berichtet Emma Plank , „und wir haben den Besuch mit viel Ehrfurcht erlebt. Der Mario war mit, er wurde als adoptierter Sohn eines Neffen vorgestellt. Er konnte sehr gut Englisch und machte mit uns Faxen. Wir sprachen uns mit Vornamen an, und das war dann eine Brücke."[6]

Abb. 74:
Maria Montessori bei ihrem ersten Besuch (1924) mit Lili Roubiczek, der Leiterin der Montessori-Schule

Abb. 75:
Maria Montessori auf Besuch in der Troststraße; v. r. n. l. Edith Sochitzky, Emma Spira, Hilde Fischer, Kitty Verständig, Maria Montessori, Lisl Herbatschek, Lili Roubiczek, Mitzi Brauner, Hedwig Schwarz, Steffi Kohaut u. a.

Montessori wohnte nicht in einem Hotel in der Stadt, sondern wollte in der Nähe der Schule in Favoriten, das jenem Armenviertel von Rom, in dem sie ihr erstes Kinderhaus errichtete, sehr ähnlich war, logieren.

Die Arbeit mit den Kindern beobachtete Montessori von der Galerie aus. Elise Braun Barnett (geb. Herbatschek) erinnert sich: „Sie war eine phantastische Persönlichkeit. Wenn sie da war, war sonst nichts im Raum. Sie wirkte sehr mütterlich, sehr gütig. Sie hatte schöne dunkle Augen. Wir liebten und achteten sie. Für uns kam sie gleich nach dem lieben Gott."[7]

Bei diesem Besuch wurde Montessori auf das musikalische Talent von Lisl Herbatschek aufmerksam und lud ‚die Klavier-Lisl mit den weinroten Backen' – so wurde sie von Montessori später häufig genannt – nach Rom ein, um „einige ihrer musikalischen Ideen an Marilena und dem kleinen Mario, den Kindern ihres Sohnes, und an einigen ihrer Freunde auszuprobieren."[8]

Als Montessori im März 1925 wieder nach Wien kam, wurde sie offiziell von Otto Glöckel, dem Präsidenten des Wiener Stadtschulrates empfangen. Montessori stellte fest, „dass man sie selbst in Wien besser kannte und ihre Ideen in größerem Umfang akzeptierte, als sie jemals erwartet hatte"[9]. Ihre Vorträge hinterließen großen Eindruck und fanden auch in der Presse entsprechend Anerkennung.

Dr. Irma Hift-Schnierer schreibt in der Zeitschrift „Die Mutter": „Man muss die wunderbare Frau gesehen, muss ihr liebes, gütiges Lächeln tief in sich eindringen gefühlt haben, um zu begreifen, wie sie zu ihrer Methode gekommen ist; als Frau, als Mutter nicht einer beschränkten Anzahl, sondern aller Kinder der Welt, die sie der Enge elterlicher und schulmeisterlicher Vorurteile entziehen und zu freien, modernen Menschen machen will."[10] Die Frauen ruft Hift-Schnierer auf, „es als ihre heilige Aufgabe (zu) betrachten, die allgemeine Einführung der Montessori-Lehre in den öffentlichen Unterrichtsanstalten zu erwirken, und ihre Forderung so oft und so laut (zu) stellen, dass der Staat nicht mehr stillschweigend darüber hinwegschauen kann."[11]

Dr. Eugenie Schwarzwald – engagierte Leiterin eines Mädchengymnasiums – schreibt in der Zeitung „Neue Freie Presse" einen ausführlichen Bericht über die Begegnung mit Dottoressa Montessori. Schwarzwald fasst wesentliche Aussagen Montessoris zusammen und meint: „Die Montessori steht zum Kind richtig. Sie glaubt nicht, dass es des Erziehers wegen auf die Welt gekommen ist. Erziehung heißt für sie: ‚einer Rose gestatten, dass sie sich zur Rose entwickle.'"[12]

Schwarzwald sah der Begegnung mit Montessori, einer sogenannten Berühmtheit, mit gemischten Gefühlen entgegen, drückt am Ende ihres Beitrags jedoch große Bewunderung für diese Frau aus.

„Alles, was die Montessori sagt, ist so einleuchtend, dass es der Plumpste einsieht, und infolgedessen so bedeutungsvoll, dass der feinste Kopf es wunderbar vertieft findet.“[13]

Wie auf Hift-Schnierer macht Maria Montessori als Persönlichkeit auch auf Schwarzwald großen Eindruck. „Die Dottoressa Montessori ist schön. Man ist froh, wenn man sie sieht. Frieden auf der Stirn, Wahrheit um den Mund, aus dunklen italienischen Augen voll verdeckten Feuers blickt heiterer Ernst.“[14]

Über die Stimmung, die Montessori im Saal zu verbreiten vermochte, schreibt sie: „Es herrscht Stille. Aber schon nach wenigen Augenblicken begreift man, dass es jene ist, die zwischen vertrauten Freunden herrscht, und nicht die trennende zwischen Fremden. Und nun erkennt man sie auch; das ist jene wunderbare, beinahe hörbare Stille, die die Montessori in ihren Schweigestunden die Kinder zu lehren pflegt. Dann sagt sie ein leises Wort. Sie weiß, dass nur das Leise rührt und fesselt. Wir sind Erwachsene, sie spricht zu uns, als ob wir Kinder wären. Jetzt weiß ich auch wie sie zu Kindern spricht: als ob sie Erwachsene wären. Das haben die Kinder gern. Sachte setzt sich das Gespräch fort, und nun haben wir Gelegenheit, alle jene Eigenschaften an ihr zu bewundern, die sie in den Kindern zu wecken versteht: Bündigkeit, Einfachheit, Sachlichkeit. Aber noch sieht sie ernst aus.

Da macht ihr jemand, einer von jenen, die das Persönliche nie lassen können, ein Kompliment. Sie lächelt zum erstenmal: wissend, verzeihend, ablehnend, mit der Welt versöhnend. In diesem Lächeln liegt die Kenntnis aller Unvollkommenheit der Welt, auch der eigenen: die Bitte, nicht überschätzt zu werden, und plötzlich weiß man; hier ist ein Künstler, der den heißesten Wunsch hat, hinter seinem Werk zurücktreten zu dürfen.“[14]

Im November 1926 – Montessori war auf der Durchreise zu ihrem Ausbildungskurs in Berlin – kam sie zu einem weiteren Besuch nach Wien. Am Südbahnhof wurden Maria Montessori und ihr Sohn Mario von einem Begrüßungskomitee unter der Führung Lili Roubiczeks und einer Gruppe von Kindern empfangen. Montessori war sichtlich bewegt, als ein Kind auf die Frage, wer denn Dr. Montessori sei, antwortete: ‚Sie liebt uns Kinder.‘

Bei diesem Besuch konnte ihr bereits von einer Verbreitung ihrer Methode – etwa zwanzig Kindergärtnerinnen besuchten den von Lili Roubiczek angebotenen Ausbildungskurs – und von konkreten Plänen, im Fuchsenfeldhof ein Montessori-Kinderhaus zu eröffnen, berichtet werden.

Montessori besuchte den Unterricht in der Bundeserziehungsanstalt in Breitensee und den Zeichenunterricht in einer Bürgerschule. Sie interessierte sich auch für die neuen illustrierten Schulbücher und das Material für den Anschauungsunterricht und drückte in einem Gespräch ihre große Wertschätzung der Wiener Schulreform mit folgenden Worten aus: „Es freut mich ganz besonders, dass ich bei Vorträgen in Südamerika immer auf Wien zu sprechen kommen konnte, wie ich auch in England und Frankreich häufig Gelegenheit hatte, jenes Werk zu rühmen, das ich als eines meiner eindruckvollsten Erlebnisse betrachte: die Wiener Schulreform. Zwischen meiner pädagogischen Methode und der Wiener Schulreform besteht eine so innige geistige Verwandtschaft, dass es für mich einen besonderen Reiz hat, die Analogien und Verschiedenheiten beider Systeme immer wieder zu prüfen und zu untersuchen. Beide Methoden streben auf ähnlichen Wegen dem gleichen Ziele zu: der Befreiung des Kindes.“[16]

Das Interesse, das Montessori an der Wiener Schulreform zeigt, und das überschwengliche Lob, das sie ausdrückt, waren zweifellos auch wichtig, ein positives Klima für die weitere Verbreitung ihrer Methode durch Lili Roubiczek und ihre Mitarbeiterinnen zu schaffen. Montessori nützte dieses Gespräch jedenfalls auch dafür, die Leistungen von Lili Roubiczek herauszuheben, der sie bescheinigt, dass sie die Wiener Montessori-Schule mustergültig leite.[17]

Es dauerte dann vier Jahre, bis Montessori im Dezember 1930 zu einem weiteren Besuch nach Wien kam. Hilde Steinemann berichtet von der Begegnung mit der Dottoressa: „Ich habe damals in einem Haus an der Rossauer Lände gewohnt. Da waren zwei Wohnungen, eine hat die Lili gehabt, da war die Dottoressa auch untergebracht, und die andere Wohnung war für die Nuschi Spira, dort hab' ich gewohnt. Montessori arbeitete damals an einem Buch oder am Mathematikmaterial. Jedenfalls brauchte sie für ihre Arbeit Buntstifte. Lili wusste, dass ich eine schöne Schachtel mit Buntstiften hatte, und sie hat mich gebeten, sie der Dottoressa zu borgen. Ich war stolz, dass ich sie ihr borgen durfte. Ich hab' sie dann viel kleiner zurückbekommen."[18]

Bei diesem Besuch konnte Montessori das neu erbaute Haus der Kinder am Rudolfsplatz besichtigen. Im Radio wurde aus dem Kinderhaus gesendet. „Hallo! Wir bringen jetzt ein Interview mit Frau Prof. Maria Montessori und anschließend einen Rundgang durch das Wiener Montessori-Heim"[19], sprach ein Kind ins Mikrofon. Roubiczek stellte die Fragen und übersetzte die Antworten Montessoris. Während des Rundgangs erklärte sie den Zuhörern die Bedeutung einzelner Tätigkeiten für die Entwicklung der Kinder. Dazwischen kommentierten Kinder ihre Arbeiten.

Der Kindergarten Sandleiten in Wien XVI führte ebenfalls eine Abteilung nach den Montessori-Prinzipien und lud die Dottoressa auf einen Besuch ein.

Montessori hielt während dieses Aufenthalts mehrere Vorträge; Roubiczek besorgte die Übersetzung. Unter anderem wurde Montessori von Franziska Prager – sie arbeitete mehrere Jahre an der Montessori-Schule Troststraße und besuchte 1923 den Ausbildungskurs bei Maria Montessori in Amsterdam – eingeladen, in der Neulandschule im 18. Bezirk über ihre Methode zu sprechen.

Roubiczek arrangierte Treffen mit verschiedenen Persönlichkeiten aus den Bereichen Psychologie und Pädagogik, um einen Gedankenaustausch mit Montessori anzuregen. Hier kam es auch zu einer Begegnung mit Anna Freud, über deren Verlauf Kramer schreibt: „Lili Roubiczek hatte gehofft, zwischen den beiden Frauen eine Verbindung herzustellen, die tiefer ging als ein höflicher Austausch von Komplimenten, aber Anna Freud, die jüngere, hatte sich schon so weit in das von ihrem Vater eroberte neue Gebiet und seine Art, die Seele zu betrachten, hinausgewagt, dass Maria Montessori ihr nicht mehr folgen konnte."[20]

Zu einem letzten Aufenthalt in Wien kam Montessori im Frühjahr 1936. Sie hielt einen Vortrag, der von Dr. Buschbeck, dem Verwaltungskommissär des Kinderhauses, übersetzt wurde. Ein zusätzlicher Grund für diesen Kurzaufenthalt Montessoris war, dass Lisl Braun eine Tochter geboren hatte. Braun berichtet dazu: „On her way to Spain, the Dottoressa stopped in Vienna and honored our house by a visit. With the sweetest of expressions she watched the baby who was asleep in her cradle."[21]

Diese Begebenheit ist zweifellos ein Hinweis auf sehr persönliche Kontakte zwischen Montessori und Mitgliedern der Wiener Montessori-Arbeitsgemeinschaft. Im folgenden Abschnitt sollen diese Beziehungen näher dargestellt werden.

9.2 Die persönlichen Kontakte Montessoris zu Mitgliedern der Wiener Arbeitsgemeinschaft

9.2.1 Lili Peller-Roubiczek – eine begeisterte Montessori-Schülerin geht ihren eigenen Weg

Bereits 1921, beim Ausbildungskurs in London, dürfte zwischen Montessori und der jungen Studentin Lili Roubiczek ein engerer Kontakt zustande gekommen sein. Jedenfalls war Montessori sehr daran interessiert und sagte auch die Unterstützung zu, in Wien eine Montessori-Schule einzurichten.

Emma Plank berichtet, dass in den zwanziger Jahren der Kontakt zwischen Montessori und Roubiczek sehr eng, ihre „Hingabe für Dr. Montessori zu dieser Zeit grenzenlos"[22] war. Roubiczek begleitete Montessori auf mehreren Reisen und nahm bei Vorträgen die Übersetzung vor. Bei Besuchen in Wien – Montessori arbeitete noch am Mathematikmaterial – diskutierten die beiden über den didaktischen Wert und die Einsatzmöglichkeiten dieser neuen Materialien.

Mit der Annäherung Roubiczeks an die psychoanalytische Pädagogik und dem gescheiterten Versuch, Montessori für eine Verbindung dieses Weges mit ihrer Pädagogik zu gewinnen, kühlte das Verhältnis ab. Mario Montessori schrieb nach Roubiczeks Tod 1966 an Emma Plank: „The war scattered us who belonged to the heroic epoch of the Montessori movement (especially you girls in Vienna) and I lost track of Lili. I wrote her once after the war – she hardly answered. I had the impression she had become indifferent. But my feelings towards her, made of great affection and admiration never changed. I wanted to thank her (and you all) for the courage, abnegation and devotion you had shown for the Montessori movement in a period which was especially difficult."[23]

Aus dem folgenden Brief, den Roubiczek 1933 an Clara Grunwald, eine der führenden Frauen der deutschen Montessori-Bewegung, schrieb, wird ihr zunehmend gespaltenes Verhältnis zu Montessori deutlich.

„Liebe Frau Grunwald, vielen Dank für Ihre wohlwollende Kritik zu meinem Aufsatz in der Zeitschrift für Psychoanalytische Pädagogik. Der Dottoressa hat er nicht gefallen, sie ist über meine ‚Verschmelzung' ihrer Pädagogik mit der der Psychoanalyse sehr verärgert. Sie schrieb mir einen bitterbösen Brief und hat mir jede weitere ‚Verschmelzung' ihrer Theorie mit der Psychoanalyse untersagt. Sie will anscheinend lieber einseitig bleiben, als etwas von ihrer Entdeckung abzugeben. Sie kann nicht akzeptieren, daß wir gerade heute im Gesamtbild der Erziehung eine andere Bewertung vornehmen müssen. Nicht nur als psychoanalytische Erzieher. Ich habe den Eindruck, daß die Dottoressa einzig und allein über ihre Pädagogik bestimmen will. Ihr liegt das Herrschen schon im Blut! Die Montessori-Pädagogik ist ebensowenig Ende und Vollendung der Erziehungslehre, wie irgendeines der vorangegangenen Erziehungssysteme. Soll ich mich um eine Versöhnung bemühen? Was raten Sie mir, die vor Jahren in ähnlicher Situation war?"[24]

Aussagen von Sigismund Peller, dem Gatten Lili Roubiczeks, weisen ebenfalls auf einen Bruch in der Beziehung mit Montessori hin. Er schreibt, dass seine Frau Anfang der dreißiger Jahre sehr von Freud beeinflusst wurde. „She began to combine the Montessori system with Freudian psychoanalytic theory. Dr. Montessori, a pious Catholic, vehemently disagreed with this combination. She could not reconcile Freudian teachings with her stringent Church dogma. An estrangement set in between master and once-loved pupil, when Lili refused to abandon Freud."[25]

„Der Anfang vom Ende der Bindung"[26] zwischen Montessori und Roubiczek dürfte also doch in den unterschiedlichen Auffassungen eine wesentliche Ursache haben. Roubiczek gehörte Anfang der dreißiger Jahre dem engeren Kreis der psychoanalytischen Vereinigung an, und wer in diesem Kreis Anerkennung finden wollte, konnte nicht zwei Herren gleichzeitig dienen.

Während Emma Plank, Lisl Braun und Anni Hermann nach ihrer Emigration weiterhin Kontakte zur Familie Montessori pflegten, dürfte die Beziehung zwischen Roubiczek und Montessori völlig abgebrochen sein.

9.2.2 Franziska Prager – Montessori bietet ihr die Stelle als Dolmetscherin und Begleiterin an

Von November 1922 bis März 1923 besuchte Betti (dies war ihr Mädchenname bis zu ihrem Übertritt vom jüdischen zum katholischen Glauben; Anm. F. H.) Prager in Amsterdam den Montessori-Ausbildungskurs und war tief bewegt vom ersten Vortrag, den sie von Montessori hörte. Prager berichtet: „Da ich in Wien Italienisch gelernt hatte, um alle Schriften Montessoris im Original lesen zu können, und da sie sehr langsam sprach, konnte ich gut folgen. Jedes ihrer Worte, die sie mit sparsamen Gebärden begleitete, und ihre Skizzen, die das Gesagte verdeutlichten, prägten sich in mir tief ein."[27]

Prager war die jüngste Teilnehmerin und wurde von Montessori immer wieder für Materialdemonstrationen herangezogen. In den Weihnachtsferien erhielt sie von Montessori einen Brief mit einer Einladung zu einem Kinobesuch. Prager empfand das natürlich als besondere Ehre und schreibt: „Am Tage selbst – es war ein Sonntag – durchstreifte ich die Blumenmärkte Amsterdams, um die schönsten Rosen zu finden. – Etwas in ihrem Zimmer beeindruckte mich, ohne dass ich es mir bewusst machen konnte: War es die ‚katholische Atmosphäre', die mich auch bei meinem Wiedersehen mit meiner Schwester Lilly (diese war vom jüdischen zum katholischen Glauben konvertiert) beeindruckt hatte? Am Abend nahm sie mich zu einem Film mit: INRI – die Geschichte eines Sträflings, der in der Gefängniszelle nach dem Evangelium greift und nun das ganze Leben Jesu an sich vorüberziehen sieht. Leider musste ich noch vor Ende des Films zum Bahnhof eilen – ich hatte mein

Quartier bei einer freundlichen protestantischen Familie gefunden, die außerhalb Amsterdams wohnte. Aber die Erinnerung an diese Begegnung mit Montessori und an den Film bewegte mich tief."[28]

In den Vorlesungen, so Prager, erwähnte Montessori ihre eigene religiöse Einstellung nicht, trotzdem sollte der Aufenthalt in Amsterdam für Prager zu einem einschneidenden Erlebnis in ihrem Leben werden. Eine Begegnung mit einer katholischen Klosterschwester, die ebenfalls den Montessori-Kurs besuchte, und ein tiefes religiöses Erlebnis in der Kapelle des Klosters, waren auslösende Momente dafür, dass sich Prager noch in Amsterdam taufen lassen wollte. Der Schritt schien dem Priester, den sie aufsuchte, doch etwas voreilig zu sein, und so ließ sie die endgültige Entscheidung noch bis Pfingsten 1924 reifen.

Montessori hatte von der Taufe erfahren und lud Franziska (dies war ihr neuer Name) Prager nach Rom ein. „Ein unerwartetes, unvorstellbares Glück!"[29] bedeutete diese Einladung und „das Wiedersehen war eine ungemein große Freude"[30] für sie. Über den Grund der Einladung schreibt Prager: „Dottoressa, die soeben ihre langjährige Begleiterin und Dolmetscherin verloren hatte, bot mir dieses Amt an. Ich war von diesem ehrenden Auftrag überwältigt und konnte es kaum glauben."[31] Prager wollte jedoch die Entscheidung nicht ohne Befragung ihres Priesters treffen. Seine Antwort fiel negativ aus, und so lehnte sie Montessoris Angebot ab.

Roubiczek war so überzeugt, dass Prager die Aufgabe annehmen würde, dass sie die Stelle in der Montessori-Schule bereits einer anderen Lehrerin übergeben hatte.

In der Neulandbewegung – Anna Ehm suchte für die Leitung eines Kindergartens eine Montessori-Schülerin – fand Prager eine neue Aufgabe. Sie hielt weiterhin Kontakt zu Montessori und lud sie 1930 zu einem Vortrag in die inzwischen gegründete Neulandschule ein. Dies dürfte jedoch die letzte Begegnung zwischen den beiden Frauen gewesen sein, denn 1934 trat Prager in die Benediktinerinnenabtei St. Gabriel in der Steiermark ein, wo sie bis zu ihrem Tod 1985 wirkte.

9.2.3 Emma Spira (Emma Plank) – „Wenn Montessori gerufen hat, dann ging man hin"

1926 besuchte Emma Spira in Berlin den viermonatigen Ausbildungskurs bei Montessori. Sie blieb über Weihnachten in Berlin und erwartete am Heiligen Abend den Anruf ihrer Mutter. Als das Telefon klingelte und sie den Hörer abnahm, war nicht ihre Mutter, sondern Mario Montessori am Telefon. Plank erinnert sich: „Die Dame, die beim Kurs übersetzt hatte, war bei ihren beiden Kindern zu Hause und konnte den Montessoris, die am Heiligen Abend in ganz Berlin kein offenes Lokal fanden, um zu essen, nicht behilflich sein und so sagte Mario, ich soll zu ihnen hinüberkommen. Ich habe Berlin auch nicht gerade gekannt. Ich habe aber irgendwo dann noch etwas zum Essen gefunden und das war dann das Nachtmahl für den Heiligen Abend."[32] Die Mutter, die in der Zwischenzeit anrief, war sehr besorgt, aber „wenn Montessori gerufen hat, dann ging man hin"[33].

Am nächsten Tag musste Spira mit Montessori als Übersetzerin in eine Konferenz, „die ziemlich heftig war"[34]. In der Konferenz ging es um erhebliche Konflikte mit der Deutschen Montessori-Gesellschaft.

Emma Plank stand mit Montessori bis in die späten dreißiger Jahre in Verbindung. 1938, als sie emigrieren musste, gab ihr Montessori ein Empfehlungsschreiben mit, um in Amerika eventuell leichter eine Anstellung zu bekommen. Dort konnte Plank die Montessori-Arbeit zwar nicht weiterführen, aber der Kontakt blieb bestehen.

So berichtet Plank von einem Brief von Mario Montessori, in dem dieser Näheres über den von der Wiener Montessori-Schule jährlich durchgeführten mehrwöchigen Aufenthalt auf dem Land erfahren wollte, um diese Einrichtung eventuell als festes Element in die Montessori-Methode einzubeziehen.[35] Leider konnten über diesen Briefwechsel noch keine Aufzeichnungen ausfindig gemacht werden. Dass sie mit Mario Montessori bis zu seinem Tod in Kontakt blieb, erwähnt Plank 1985 bei einem Vortrag in München.[36]

9.2.4 Lisl Herbatschek (Lisl Braun, Elise Braun Barnett) – langjährige Mitarbeiterin Montessoris

Als Maria Montessori 1924 die Schule in der Troststraße zum ersten Mal besuchte und Lisl Herbatschek bei der musikalischen Arbeit mit den Kindern beobachten konnte, sollte dies der Beginn einer intensiven und über Jahrzehnte dauernden Zusammenarbeit sein.

Braun Barnett schreibt über das erste Zusammentreffen mit Montessori: „It was one of my greatest events in my life, when later the Dottoressa told me that she hat liked the reaction of the children to my playing. She encouraged me to go on with the work of collecting new pieces.“[37] Zusammen mit Lawrence Benjamin suchte sie neue Musikstücke, nach denen sich die Kinder gut bewegen konnten. Nach einiger Zeit wurde sie von Montessori nach Rom eingeladen, um die neuen Stücke mit ihren Enkelkindern Mariochino und Marilena und anderen Kindern auszuprobieren. Montessori war bei diesen Vorführungen anwesend und machte, wie Braun Barnett erwähnt, sehr anregende Vorschläge.[38]

Bei diesem Besuch schlug Montessori der begabten Pianistin vor, im Frühjahr 1925 den internationalen Ausbildungskurs in London zu besuchen, um noch mehr von ihrer Methode zu erfahren und diese entsprechend auf die Musik übertragen zu können. Da die Eltern von Lisl den Kurs und Aufenthalt nicht finanzieren wollten, ermöglichte ihr Montessori den kostenlosen Besuch des Kurses.

In London war Herbatschek mehrmals bei den Montessoris, die in einem Haus in St. Johns Wood wohnten, eingeladen, und im Kurs konnte sie Montessori bei den Musiklektionen assistieren. Sie schreibt über diese Erlebnisse: „There was a good piano and whenever I was invited, she asked me to play for her ‚the little marches‘. She wanted me to play with a strong clear rhythm and ‚singing‘ melodic lines. I was very exited when the Dottoressa asked me to be her assistent when she gave the lecture on music during the training course; I had to demonstrate the bells and tone-blocks, the materials for learning to write and read music. She also asked me to play several pieces of my selection and the students, space permitting, moved to them.“[39] Montessori war von der Arbeit so beeindruckt, dass sie Herbatschek vorschlug, die von ihr zusammengestellten Musikstücke zu veröffentlichen.

1926 kam es in Mailand zu einem weiteren Zusammentreffen. Mit Unterstützung der italienischen Regierung wurde ein Montessori-Ausbildungskurs mit mehr als hundert Studenten durchgeführt, und Herbatschek sollte den musikalischen Bereich übernehmen. „The Dottoressa had asked me to go to Milano and give several ‚music classes‘: play piano and the students were to move to the music. The Dottoressa introduced every class.“[40]

Aufregung gab es, als nach dem ersten Tag, an dem Herbatschek Volksweisen und klassische Stükke aus verschiedenen Ländern spielte, von einem Regierungsbeauftragten die Aufforderung übermittelt wurde, italienische Musik zu spielen. Montessori war mit dieser Einmischung nicht einverstanden. Um einen Kursabbruch zu vermeiden, suchte Herbatschek jedoch neue Musikstücke und konnte den Kurs ohne weitere Probleme zu Ende führen.

Zu einer ernsthaften Verstimmung zwischen Montessori und Herbatschek kam es, als diese 1927 ein Angebot ihrer Freundin Kitty, nach Indien zu kommen, um dort beim Aufbau einer Montessorischule mitzuhelfen, annahm. Braun erklärt den Grund wie folgt: „At this time the Dottoressa and Lili worked on a plan to have the ‚Haus der Kinder‘ in Vienna a ‚model school‘ for a Montessori-training. I was expected to be in charge of the music. When I informed the Dottoressa of my decision of going to India for two years she was very angry. I received from her a letter, full of reproaches. She implied that I was ungrateful; after she had taken all the trouble with my training, I left Vienna just at a time when I could be useful for her.“[41]

Dieser Brief stürzte Herbatschek in tiefes Unglück, aber sie wollte die Entscheidung nicht rückgängig machen. Ohne sich von Montessori verabschieden zu können – Montessori ließ sie nicht nach Mailand kommen – machte sich Herbatschek auf den Weg nach Indien. Während der zwei Jahre schickte sie monatlich einen Bericht über die Entwicklung der Montessori-Schule in Allahabad an Montessori und legte einen Geldbetrag bei, um die Kosten vom Ausbildungskurs in London, die von Montessori übernommen worden waren, zurückzuzahlen.

Als Herbatschek 1929 wieder nach Wien zurückkehrte, fand gerade der erste Montessori-Kongress im dänischen Helsingör statt. Sie fuhr nach Dänemark, wo es zu einem glücklichen Wiedersehen mit

Montessori kam. „No words can describe my relief and joy, when the Dottoressa took me into her arms – she had forgiven me."[42] Nach dieser Versöhnung lud Montessori Lisl Herbatschek ein, über ihre Erfahrungen in Indien einen Vortrag zu halten. Sie erhielt auch gleich eine Einladung, im Frühjahr 1930 zu einem Ausbildungskurs nach Rom zu kommen, um die Musikdemonstrationen zu übernehmen.

Während dieses Aufenthalts lud Maria Montessori Lisl Braun – so hieß sie nach der Heirat mit Robert Braun – ein, zu einem Empfang in St. Peter mitzukommen, bei dem auch der Papst anwesend sein sollte. Braun hatte jedoch keine geeigneten Kleider, und so borgte ihr Montessori etwas von ihrer Garderobe. „The Dottoressa seemed to take great pleasure to ‚dress me up' to fit the occasion. She wrapped her own cloak around me and put her veil on my head. It was a strange sensation for me to wear the Dottoressa's clothes."[43]

Ebenfalls in guter Erinnerung blieben Braun abendliche Zusammenkünfte im Hause der Montessoris oder ein gemeinsamer Ausflug, von dem sie berichtet: „One day the Dottoressa, Mario and two Montessori teachers and I drove to the beach in Ostia for a picnic. In the Dottoressa's presence we all felt like children. Mammolina, as we called the Dottoressa lovingly, liked to be with young people and see them happy. We shouted our motto 'Eli, eli, allala' (das war der „Ruf" der Wiener Arbeitsgemeinschaft Anm. F. H.), sang, danced and had a wonderful day."[44]

1932 fand in Rom ein großer Montessori-Kongress unter der Schirmherrschaft Mussolinis statt. Mehrere Mitglieder der Wiener Arbeitsgemeinschaft nahmen daran teil. Lisl Braun wurde wieder eingeladen, die Musikdemonstrationen durchzuführen. Sie hatte inzwischen das Material erweitert und zeigte Montessori die neuen Übungen. Braun freute sich sehr, als Montessori die neuen Materialien guthieß und sie diese beim Kurs ebenfalls vorstellen durfte.

An einem Abend waren Lisl Braun und ihr Mann zu einem Empfang eingeladen, bei dem auch Mussolini erwartet wurde. Zwar hatten die Brauns ein gewisses Verständnis für die pragmatische Zusammenarbeit Montessoris mit Mussolini, aber ihre antifaschistische Haltung war doch so klar, dass sie am Empfang nicht teilnehmen wollten.

Maria Montessori schätzte den Ehemann ihrer Assistentin und führte mit ihm – er war Ingenieur – gerne Gespräche über Möglichkeiten, abstrakte mathematische Probleme durch didaktische Materialien darzustellen. Er wiederum war stolz, wenn er Montessori ein Material präsentieren konnte, das sie beeindruckte. Einmal nahm er eine Zigarrenhülse, gab an beide Enden gleich große bzw. unterschiedliche Bleistücke, füllte den Leerraum mit Watte aus und drehte dann die Hülse auf dem Tisch, sodass die unterschiedliche Schwungkraft sichtbar wurde.[45]

Als Montessori 1933 ihren Wohnsitz nach Spanien verlegte, wurden die persönlichen Kontakte zwischen Lisl Braun und Maria Montessori spärlicher. Erst 1936 kam es zu einem weiteren Treffen, an das sich Braun besonders gern erinnert. Auf der Durchreise machte Montessori in Wien Halt und besucht Lisl Braun, die vor wenigen Wochen eine Tochter geboren hatte. Als Montessori in den Kinderwagen schaute, freute sie sich sichtlich über die neue Erdenbürgerin. Als es dann Zeit war, die Kleine zu stillen, war Montessori jedoch entsetzt über die Prozedur, die Braun anfing. „I rigidly followed the pediatrition's rules and weighed the baby before nursing, checked how much it had drunk by weighing it again, and refused to go on with the feeding after the ‚assignd' amount of milk had been drunk. Mammolina was horrified of what I was doing. She told me always to follow the baby's instincts instead of weighing."[46]

1938, als Hitler in Österreich einmarschierte, musste Lisl Braun mit ihrer Familie Wien verlassen. Durch Freunde bekamen sie ein Visum für Indien. Im Dezember erhielt Braun einem Brief von Mario Montessori, in dem er sie um die Mithilfe bei der Organisation einer Reise nach Indien bat. Maria Montessori fügte dem Brief die folgenden herzlichen Worte an Lisl und ihre Tochter Hedi hinzu:

„My dear little Hedi Maria I hope that you will have a happy life – also later – and always. Remember your God mother. Dear Lisle, courage, hope, compensation, justice, luck; later on – you will also find peace. I love you very much."[47]

Ein Wiedersehen sollte es 1946 in Indien geben. Lisl Braun, inzwischen bei Radio Kalkutta angestellt, war auf einer Tournee durch Nordindien. Ihre Tochter Hedi hatte sie mitgenommen. In Delhi traf sie sich mit alten Freunden der Wiener Arbeitsgemeinschaft. Bald nach ihrer Ankunft rief Mario

Montessori Kitty, ihre Freundin, an. Über die folgende Überraschung schreibt Braun: „Mammolina and he were in a hotel in Delhi and wanted to visit my friends. I jumped into a car and raced to the hotel. It was like a miracle to see Mammolina and Mario. At the elegant home of my friend we spent a wonderful, unforgettable evening.“[48] Dies war das letzte Zusammentreffen der beiden Frauen.

Die Familie Braun übersiedelte 1947 nach New York und Maria Montessori kehrte nach Holland zurück. Der Ozean trennte daher die beiden, aber Montessori schrieb ihr zu Weihnachten und Braun berichtet mit Freude: „I received Christmas cards from her, with beautifully written messages. Her letters and these cards are my treasures.“[49]

Wie sehr Maria Montessori ihre Schülerin Lisl schätzte, drückt sie in einem Schreiben aus, das sie am 4. März 1946 in Ahmedabad aufgab:

> *„Mrs. Lisl Brown has been my pupil since 1920. She has worked in my schools in Austria and India and she has been my collaborator in working out a book of Marches and Melodies suited to young children. During the critical times that all those who were opposed to triumphant Fascism and Nazism had to go through, she maintained the cheerful optimism, sweetness and serenity that only the very brave are capable of. Her work with the children shows her to be an exceptional teacher; for inspite of giving full freedom to the little ones, peaceful joy pervades the class that she is directing. I am proud to call her not only my pupil and collaborator, but also my friend. I know she will be useful asset to any country she may choose to reside in.“*[50]

Mit Mario Montessori blieb der Kontakt über den Tod seiner Mutter hinaus erhalten. So drückt er ihr gegenüber 1967 in einem Brief seine tiefe Betroffenheit über den Tod zweier wertvoller Mitarbeiter aus und hegt den Wunsch, sie noch zu besuchen, bevor ihn selber der Tod erreicht. Und bald darauf besuchte er Elise Braun Barnett in New York mit seiner Frau Ada.

Abb. 76:
Maria Montessori und Lisl Braun, Rom 1930

Abb. 77:
Maria Montessori auf Besuch bei Familie Braun, Wien 1936

9.2.5 Anni Hermann – Briefkontakt mit Mario Montessori

Annie Hermann, sie lernte Maria Montessori und ihren Sohn Mario erstmals beim Wien-Besuch 1930 kennen, berichtet von der Bekanntschaft mit Mario: „Den Mario haben wir alle gut gekannt. Als ich 1938 in London war und ein Visum nach Indien hatte, gab er mir ein Empfehlungsschreiben für die Arbeit in einer Montessori-Schule mit.“[51]

In Bombay war Hermann dann mehrere Jahre in einer Montessori-Schule tätig, wurde aber, wie Mario Montessori, 1940 – die Engländer internierten Ausländer aus faschistischen Staaten – in einem Lager für Zivilisten festgehalten. Hermann berichtet, dass sie sich schrieben. Sie leitete die Briefe an Mario mit „Lieber Nr. ...“ ein, und er antwortete ebenfalls mit „Liebe Nr. ...“.[52] Beide empfanden es sehr wertvoll, in der Fremde und in dieser unsicheren Zeit Bekannte zu haben, mit denen und an denen man sich wieder aufrichten konnte.

Anmerkungen

1 Montessori, M.: Die Montessori-Erziehung. In: Favoriten. Ein Heimatbuch des 10. Wiener Gemeindebezirkes. Verfasst von einer Lehrerarbeitsgemeinschaft unter Mitwirkung von Fachreferenten. Wien 1928, S. 187

2 Ebd., S. 187

3 Ebd., S. 187

4 Kramer, R.: Maria Montessori. Leben und Werk einer großen Frau, a. a. O., S. 277

5 Kramer (1976, S. 273) und Heiland (1991, S. 78f.) geben den ersten Besuch Montessoris in Wien mit März 1923 an und schreiben, dass sie damals eine Reihe von Vorträgen hielt, die noch im selben Jahr im Buch „Das Kind in der Familie“ veröffentlicht wurden. Schulz-Benesch weist in der Einleitung zum Buch „Dem Leben helfen“ nach, dass Montessori die erwähnten Vorträge nicht in Wien hielt und dieses Buch erst 1928 in Wien veröffentlicht wurde. Im März 1923 bestand die Wiener Montessori-Schule gerade ein halbes Jahr; Emma Plank war erst wenige Monate dort und ist sich sicher, dass Montessori erst später zu einem Besuch eingeladen wurde. Auch Hilde Uhlir, die im Dezember 1923 als Lehrerin in der Montessori-Schule begann, erklärt in einem Interview am 29.1.1993, dass 1924 Montessoris erster Besuch stattfand.

6 Interview mit Emma Plank am 18.2.1990

7 Kramer, R.: Maria Montessori, a. a. O., S. 290

8 Ebd., S. 290

9 Kramer, R.: Maria Montessori, a. a. O., S. 276; Siehe dazu auch: Die Wirksamkeit des Stadtschulrates für Wien während des Schuljahres 1924/25. Auszug eines Briefes an den Präsidenten des Wiener Stadtschulrates, in dem Montessori die Ziele der Wiener Schulreform würdigt und Parallelen zu den ihren herstellt.

10 Hift-Schnierer, I.: Begegnung mit Dr. Maria Montessori. In: Die Mutter. 1. Jg., April 1925., H. 9, S. 2

11 Ebd., S. 2

12 Schwarzwald, E.: Dottoressa Montessori. In: Neue Freie Presse, 29.3.1925.

13 Ebd.

14 Ebd.

15 Ebd.

16 Neue Freie Presse vom 26.11.1926

17 Siehe ebd.

18 Interview mit Hilde Steinemann am 7.4.1993

19 Über dieses Ereignis wird in einem Zeitungsartikel (Kopie von Frau Elise Braun Barnett; leider fehlen nähere Angaben) berichtet.

20 Kramer, R.: Maria Montessori, a. a. O., S. 301

21 Braun Barnett, E.: My personal contacts with Dottoressa Maria Montessori. Maschingeschriebenes Manuskript, o. J., S. 5

22 Kramer, R.: Maria Montessori, a. a. O., S. 277

23 Plank, E. u. a.: Lili E. Peller. Memorial. Manuskript, New York 1966, S. 4

24 Berger, M.: Lili Esther Peller-Roubiczek – Ihr Leben und Wirken für die Montessori-Pädagogik. In: Das Kind. 2. Halbjahr 1996, H. 20, S. 88

25 Peller, S.: Not in my Time. Library of Congress Catalog Card No. 79-83607. New York 1979, S. 143

26 Kramer, R.: Maria Montessori, a. a. O., S. 301

27 Prager OSB, M.: Das Buch meines Lebens. Graz 1984, S. 32.

28 Ebd., S. 32f

29 Ebd., S. 41

30 Ebd., S. 41
31 Ebd., S. 41
32 Association Montessori Internationale: Vortrag von Emma Plank am 21.11.1985. Tonbandabschrift, Teil II., S. 15
33 Ebd., S. 16
34 Ebd., S. 16
35 Interview mit Emma Plank (geb. Spira) am 18.2.1990
36 Vgl. Association Montessori Internationale: Vortrag Emma Plank, a. a. O., S. 17
37 Braun Barnett, E.: My personal contacts with Dottoressa Maria Montessori. Maschingeschriebenes Manuskript (in Händen von F. H.), o. J., S. 2
38 Vgl. ebd., S. 2
39 Ebd., S. 2f
40 Ebd., S. 3
41 Ebd., S. 3 f.
42 Ebd., S, 4
43 Ebd., S. 4
44 Ebd., S. 4 f.
45 Interview mit Elise Braun Barnett (geb. Herbatschek) am 21.3.1994
46 Braun Barnett, E.: My personal Contacts with Dottoressa Montessori, a. a. O., S. 5
47 Brief von Montessori an Lisl Braun (Elise Braun Barnett) am 5.12.1938
48 Braun Barnett, E.: My personal Contacts with Dottoressa Montessori, a. a. O., S. 6
49 Ebd., S. 7
50 Offizielles Anerkennungsschreiben von Dr. Maria Montessori an Lisl Braun. Ahemdabad, 4.3.1946
51 Interview mit Anni Hermann am 7.4.1994
52 Ebd.

10. Die Zusammenarbeit mit Anna Freud – Auswirkungen auf die Arbeit in den Montessori-Einrichtungen

Schon Ende der zwanziger Jahre – Anna Freud hält auf Einladung der Stadt Wien (Unterstützung durch Hugo Breitner und Anton Tesarek) vier Vorträge zum Thema „Einführung in die Psychoanalyse für Pädagogen“[1] – kommt es zu ersten Kontakten zwischen der Montessori-Arbeitsgemeinschaft und der psychoanalytischen Bewegung. Roubiczek und die Erzieherinnen des Kinderhauses bzw. anderer Montessori-Einrichtungen nahmen an diesen Vorträgen, die Auftakt zu einem vierzehntägig durchgeführten Seminar von Anna Freud und Dorothy Burlingham waren, teil.

Die folgenden Aktivitäten können ebenfalls als Hinweise dafür gewertet werden, dass es zu einer Annäherung an die psychoanalytische Pädagogik kam:

- Im Haus der Kinder bzw. in der Wohnung von Anna Freud (Berggasse) fanden regelmäßig Besprechungen statt, bei denen die Montessori-Lehrerinnen anhand genauer Beobachtungen die Schwierigkeiten von Kindern referierten;
- Roubiczek und einige Erzieherinnen absolvierten Kurse, die von der „Wiener Psychoanalytischen Vereinigung“ angeboten wurden;
- Roubiczek, Plank und Uhlir veröffentlichten Aufsätze in der „Zeitschrift für psychoanalytische Pädagogik“;
- mehrere Erzieherinnen begannen selbst mit einer Analyse;
- Roubiczek wurde Mitglied der „Wiener Psychoanalytischen Vereinigung“.

Diese vielfältigen Berührungspunkte mit der Psychoanalyse bzw. psychoanalytischen Pädagogik hatten zweifellos Einfluss auf die Arbeit in den Montessori-Einrichtungen.

Roubiczek strebte eine Verbindung der beiden Ansätze an. Sie führte auch Maria Montessori und Anna Freud zusammen und erhoffte sich einen fruchtbaren Austausch. Montessori stand aber dem psychoanalytischen Ansatz reserviert gegenüber. Dies war der entscheidende Grund, dass es zu einer Entfremdung zwischen Montessori und Lili Roubiczek kam.

10.1 Besprechungen mit Anna Freud

„Also angefangen hat es damit“, berichtet Emma Plank, „dass Anna Freud zu uns kam, jede zweite Woche eineinhalb Stunden, und wir haben übernommen, einen Fall zu präsentieren.“[2]

Es waren etwa zehn Lehrerinnen aus den Wiener Montessori-Einrichtungen, die an diesen Treffen teilnahmen. „Sie (Anna Freud) kam zu uns, und wir referierten ein Kind, das uns Kopfzerbrechen machte. Wir haben dann mit ihr zusammen versucht festzustellen, was wir ändern könnten und was wir noch als Grundlage von den Eltern brauchten, um eine bessere Diagnose zu haben. Wir haben dann laufend über das Kind und seine Fortschritte berichten können, um daran zu lernen. Und das habe ich als ganz besonders hilfreich empfunden, denn manchmal kann man wirklich verzweifeln, wenn man alles Mögliche versucht und es rührt sich nichts.“[3] Uhlir erinnert sich, dass dieses Seminar teilweise in der Berggasse stattfand und außer den Lehrerinnen der Arbeitsgemeinschaft auch Kindergärtnerinnen von Montessori-Abteilungen öffentlicher Kindergärten teilnahmen (z. B. Hedi Schwarz).

Bei einer Besprechung am 14.10.1932 stand beispielsweise das Thema „Stehlende Kinder“[4] im Mittelpunkt der Beratungen. Für jedes Treffen wurde ein Themenschwerpunkt vereinbart, zu dem die Lehrerinnen Beobachtungen schriftlich festhielten und dann referierten. Bei diesem Seminar be-

richteten drei Lehrerinnen ausführlich über stehlende Kinder und deren Reaktionen, wenn sie auf die Tat angesprochen wurden. Auch die Reaktionen der Eltern wurden besprochen.
Im Anschluss an die Darstellungen nahm Anna Freud (im Protokoll Fräulein Freud) zum Thema Stellung und sprach von drei unterschiedlichen Formen des Stehlens:

- „Stehlen bei Schulneulingen, das bei vielen normalen Kindern eine Zeitlang auftritt, einfach aus dem Streben heraus, das was sie gerade sehen und was ihren Gefallen erregt, selbst zu besitzen.
- Stehlen neben allgemeinen Verwahrlosungserscheinungen
- Zwanghaftes Stehlen, das plötzlich gehäuft auftritt und nicht zu beeinflussen ist, wenn man die Ursache nicht kennt."[5]

Danach ging Freud auf jedes der beschriebenen Kinder ein und gab Ratschläge: „Bei allen stehlenden Kindern ist das beste Mittel, man schenkt ihnen nach Möglichkeit das Gleiche, was sie gestohlen haben, damit sie keine Notwendigkeit zu stehlen haben."[6] Sie schlägt dieses Vorgehen auch für ein Kind vor, bei dem das Stehlen schon zwanghaften Charakter hat. Bliebe diese Vorgangsweise erfolglos, wäre das ein Beweis dafür, dass es sich um etwas Tiefergehendes, etwas Zwanghaftes handelt. Dann müsste, wie Freud meint, versucht werden, „nach und nach das Ereignis, das dieses Stehlen auslöste, herauszufinden"[7]. Sie schlägt vor, die Mutter zu befragen, ob das Kind auch zu Hause stiehlt, um welche Dinge es sich dabei handelt, und seit wann das zu beobachten ist. Eventuell könne auch über das Kind selbst, „durch geschicktes Befragen nach den künftigen Diebstählen", die Ursache eruiert werden.

Bei einem Kind, das stiehlt, dann aber zur Lehrerin kommt und ein anderes Kind beschuldigt, etwas gestohlen zu haben, schlägt Freud vor, „dieses indirekte Gestehen wie ein direktes zu behandeln, d. h. die Antworten so zu geben, wie man sie auch bei einem wirklichen Geständnis geben würde. Zum Beispiel: ‚Das ist eben ein armes Kind, das nicht recht weiß, was es tut, es ist darum sehr zu bedauern.' Oder: ‚Ich weiß schon, dass das ein solches Kind ist, ich kümmere mich nicht mehr um es, es ist mir ganz gleichgültig, was es tut.'"[8]

Neben ihren Vorschlägen fragte Freud dann auch nach, wie das Verhalten dieser Kinder aus der Sicht der Montessori-Pädagogik zu beurteilen sei. Roubiczek meinte, „dass das stehlende Kind eben noch nicht die ihm zukommende Art der Aktivität gefunden habe", fügt aber hinzu, dass das Problem wahrscheinlich nicht allein durch die Methode lösbar sei. Nachdem die Frage, wie sich die Montessori-Methode zu den stehlenden und verwahrlosten Kindern verhält, nicht befriedigend geklärt werden konnte, wurde für die folgende Besprechung als Schwerpunkt das Thema „Montessorimethode und Verwahrlostenerziehung" festgelegt.

Diese Besprechungen waren, wie mehrere Lehrerinnen betonen, eine enorme Hilfe, die Ursachen von bestimmten Auffälligkeiten, die sich bei einzelnen Kindern im Unterricht zeigten, besser zu erkennen, und bei jenen Fällen, wo es trotz der Montessori-Freiarbeit zu keiner „Normalisierung" kam, zusätzliche Hilfe (siehe 10.4) in Anspruch nehmen zu können. Plank schreibt dazu: „Was wir eigentlich gelernt haben, war zu unterscheiden, was kann ich tun und was kann ich nicht tun, und wo finde ich Hilfe, wenn ich es nicht tun kann. Wir hatten Zugang zu den Leuten, die dann wirklich Fälle übernommen haben."[9] Zu diesen gehörten Anna Freud, August Aichhorn, Editha Sterba u.a. Sie nahmen einerseits Kinder mit besonderen Problemen in psychoanalytische Behandlung, und andererseits baten sie die Montessori-Lehrerinnen, solche Kinder in die Montessori-Einrichtungen aufzunehmen. So berichtet Emma Plank: „Ich habe einen der schwierigsten Fälle von Anna Freud in der Klasse gehabt."[10]

10.2 Ausbildungskurse in psychoanalytischer Pädagogik

Anfang der dreißiger Jahre richtete der Lehrausschuss der Wiener Psychoanalytischen Vereinigung unter anderem Ausbildungslehrgänge für Pädagogen ein. Emma Plank besuchte über drei Jahre ein Seminar (Leitung Willi Hoffer) und schloss es mit einem Diplom ab. Sie berichtet dazu: „Nun wurden wir nicht in Therapie ausgebildet. Wir wurden ausgebildet als Lehrer, um Störungen zu erkennen und was man innerhalb einer Klasse oder unserer eigenen Berufsausbildung machen kann, aber letztlich dann zu wissen, wohin man ein Kind schickt."[11]

10.3 Der Einfluss der psychoanalytischen Pädagogik auf die Arbeit in den Montessori-Einrichtungen

Es bedürfte einer eigenen Forschungsarbeit, um die Frage zu klären, inwiefern die psychoanalytische Pädagogik als Hilfsinstrumentarium den Montessori-Lehrerinnen Anregungen gab, oder ob in den Dreißigerjahren die Arbeit in den Montessori-Einrichtungen weitgehend vom Menschenbild der Psychoanalyse bestimmt wurde, d. h. die Montessori-Methode aus der Sicht der Psychoanalyse lediglich eine geeignete Technik darstellte.

Aufgrund von Aussagen einiger Montessori-Lehrerinnen dürfte eine gewisse Diskrepanz zwischen den theoretischen Ansprüchen und der täglichen Unterrichtspraxis bestanden haben. Lili Roubiczek, die „Theoretikerin" der Montessori-Arbeitsgemeinschaft, wandte sich zunehmend mehr der Psychoanalyse zu und fühlte sich als Mitglied der Wiener Psychoanalytischen Vereinigung diesem Weg sehr verpflichtet.

Da Roubiczek aber nicht direkt mit den Kindern im Kinderhaus arbeitete, muss überprüft werden, welchen Einfluss die Psychoanalyse auf die Erzieherinnen im Kinderhaus und in der Montessori-Schule hatte.

Hilde Uhlir, 1934 bis 1938 pädagogische Leiterin des Kinderhauses, sagt dazu: „Wir haben bis zuletzt ganz nach Montessori gearbeitet, die Besprechungen mit Anna Freud haben uns aber geholfen, Probleme von Kindern besser zu erkennen."[12] Auch Emma Plank betont, dass die Ausbildung in psychoanalytischer Pädagogik eine „enorme Hilfe" für die Arbeit mit den Kindern, die ihnen „Kopfzerbrechen machten", war.[13] Und Emmi Vischer-Radanovicz meint, dass durch die Zusammenarbeit mit Freud „das Beobachtungsfeld erweitert" wurde. „Den Umgang mit den Kindern in der Gruppe hat es nicht verändert. Wir waren eine Montessori-Schule im besten Sinn."[14]

Wie wurde die Montessori-Pädagogik aus psychoanalytischer Sicht beurteilt?

Edith Buxbaum, eine Psychoanalytikerin, analysiert 1934 im Aufsatz „Analytische Bemerkungen zur Montessori-Methode"[15] Teilaspekte der Montessori-Pädagogik und bringt zum Ausdruck, dass die Methode eine geeignete Technik darstellt, dass das Kind sich günstig entwickeln kann. Sie beurteilt beispielsweise die Übungen des täglichen Lebens für die Entwicklung des Kindes äußerst positiv, deutet aber die Wirkungen anders als Montessori. Während Montessori davon ausgeht, dass das Kind sich durch aktive Tätigkeit aufbaut, durch die Übungen des praktischen Lebens die Bewegungskoordination und Bewegungskontrolle verbessert und dadurch zunehmend an Freiheit gewinnt, „Herr seiner selbst" wird, sieht Buxbaum die Übungen zur Pflege der eigenen Person (z. B. das Händewaschen) unter dem Aspekt der „Befriedigung der Analität"[16] oder beispielsweise das „Gemüseschneiden" als „sadistisch-aggressive Handlung"[17]. Die Arbeiten, die im Kinderhaus ermöglicht werden, dienen aus psychoanalytischer Sicht in erster Linie dazu, „Triebe teils in erlaubter Form zu betätigen, teils zu sublimieren oder zu beherrschen"[18].

Auch Roubiczek verweist auf die Bedeutung der Triebumformung und meint, dass sie durch die Montessori-Methode besonders gefördert werde: „Interessanterweise entsprechen viele Grundsätze und Einrichtungen der Montessori-Pädagogik jenen Postulaten, zu denen die Psychoanalyse den Erzieher führt. Seltsamerweise, denn die Theorie steht an mehreren Stellen in Widerspruch zu den Freudschen Auffassungen."[19]

Während das Kind aus der psychoanalytischen Sicht der zwanziger und dreißiger Jahre als „ein Bündel ungebrochener, ungezügelter Triebe"[20] gesehen wird, das „nur auf einem Weg über das blinde Getriebensein hinauskommt: Durch das Einbezogenwerden in die menschliche Gesellschaft"[21] sieht Montessori als Basis der Entwicklung konstruktive Energien. Montessori nimmt einen zielgerichteten inneren Antrieb an – sie bezeichnet diese Energie als „absorbierenden Geist", als „elan vital" bzw. in Anlehnung an Percy Nunn als „Horme". Bittner arbeitet den Unterschied zwischen der kausalistischen Konzeption Freuds und der vitalistischen und finalistischen Konzeption Montessoris heraus und kommt zu folgendem Schluss: „Wo Freud auf Triebe als Erklärungsgründe zurückgreift, beruft sie sich auf ‚Instinkte'. Trieb ist gedacht als ein blinder Drang; Instinkte hingegen sind ‚Aufbaukräfte', das konstruktive Moment steht bei der Instinkt-Vorstellung im Vordergrund, der Instinktlehre McDougalls liegt eine zielstrebige Auffassung des seelischen Geschehens zugrunde, die den Trieblehren ganz fremd ist."[22] Bittner sieht hier den zentralen Gegensatz zwischen Freud und Montessori.

Wie beurteilt Anna Freud selber die Beziehung zur Montessori-Pädagogik? In ihren Schriften nimmt sie dazu nicht dezidiert Stellung, lediglich in einem Vorwort zu einer Montessori-Biographie schreibt sie: „Als Zeitgenossin Maria Montessoris und ihrer Mitarbeiter kann ich aus eigener Erfahrung den in diesem Buch geschilderten dankbaren Enthusiasmus bestätigen, mit dem ihre Lehre an vielen Stellen und in vielen Städten empfangen und angewendet wurde. Sozialarbeiterinnen, Kindergärtnerinnen, Kinderpsychologen und Kinderanalytikerinnen waren sich einig in der Überzeugung, dass die Montessori-Methode in wichtigen Beziehungen alles dem Erzieher bisher Gebotene übertraf; dass in einem Montessori-Haus der Kinder (wie in dem in Wien geschaffenen) das Kind zum ersten Mal Herr war im eigenen Haus; zum ersten Mal sein Interesse an dem vorhandenen Material frei entfalten konnte, anstatt im üblichen Kindergarten in eine vorgeschriebene Gruppentätigkeit eingereiht zu werden; dass zum ersten Mal nicht Lob und Tadel der Erwachsenen, sondern Freude am Erfolg der eigenen Arbeit als geeigneter Ansporn zu ihrem Recht kamen; vor allem, dass nicht autoritäre Disziplin, sondern Freiheit innerhalb sorgfältig gesteckter Grenzen das Erziehungsprinzip war."[23]

Anna Freud drückt damit eine große Wertschätzung der Montessori-Methode gegenüber aus. Sie weist aber auch auf jene Punkte hin, die sie mit Montessori nicht teilt, nämlich „ihren eigenen religiösen oder sinnespsychologischen Hintergrund"[24]. Dies ist aber wahrscheinlich ein Kern, auf dem sich die unterschiedliche Sicht des Kindes und seiner Entwicklung gründet.

Abschließend soll noch einmal Emma Plank – sie kannte sowohl Maria Montessori als auch Anna Freud – zu Wort kommen: „Ich habe mich selber gefragt, ob die beiden Frauen, wenn sie sich intensiver getroffen hätten, miteinander etwas hätten anfangen können, und ich glaube, eigentlich nicht."[25]

10.4 Psychoanalytische Kenntnisse – Hilfe für pädagogisches Handeln

Von Emma Plank (geb. Spira)[26], Hilde Fischer (verh. Uhlir)[27] und Edith Braun[28] liegen Fallbeschreibungen vor, die zeigen, dass durch die pyschoanalytischen Kenntnisse der Montessori-Lehrerinnen die pädagogische Arbeit mit Kindern, die besondere Auffälligkeiten aufwiesen, unterstützt wurde.

10.4.1 Therapeutische Hilfe als Ergänzung zur Montessori-Pädagogik

1933 berichtet Emma Plank-Spira von Beobachtungen, die sie in der Montessori-Volksschule bei einem Kind (Herbert) durch eineinhalb Jahre machte. Bei Herbert war zu Schuleintritt eine große Kluft zwischen dem kognitiven Entwicklungsstand und dem Verhalten im psychomotorischen und affektiven Bereich festzustellen. Er beherrschte bis auf die Schreibfähigkeit zu Beginn des ersten Schuljahres den Stoff der ersten und zweiten Klasse. In seinem Verhalten zeigte er jedoch große Auffälligkeiten, die hier zusammengefasst dargestellt werden.

- Auffälligkeiten, die sein Aussehen und das Verhalten zu sich selbst betreffen:

- Herbert war sehr klein und hatte etwas Zwergen- und Greisenhaftes in seinem Ausdruck;
- konnte seine Bewegungen nur schwer koordinieren (z. B. beim An- und Ausziehen);
- Probleme beim Defäzieren und Urinieren;
- Schamgefühl war wenig entwickelt (z. B. lief er halbnackt im Schulhaus herum);
- sehr unappetitliches Verhalten beim Essen; Nasenbohren;
- lehnte alle Speisen, die eine weiße Farbe hatten, mit Zeichen heftiger Angst ab.

• Auffälligkeiten, die das Verhalten zu den anderen betreffen:
  - Herbert weigerte sich, seinen oder die richtigen Namen der Lehrerinnen und Mitschüler/innen auszusprechen, erfand für sie Namen wie „Wuverl", „Tepp", „Bubilu";
  - fasste Kinder, wenn sie schrieben, plötzlich sehr heftig um den Hals, griff ihnen in die Augen oder küsste sie;

• Auffälligkeiten, die das Verhalten zu anderen Dingen betreffen:
  - Herbert knickte Blüten von Pflanzen oder stach mit den Spitzen von Scheren oder Zirkeln auf sie ein.

• Auffälligkeiten, die den schulischen Fortgang betreffen:
  - Herbert wehrte sich bis zum Ende des ersten Schuljahres, laut zu lesen, und lehnte es ab, etwas anderes als Zahlen zu schreiben;
  - hielt beim Lesen häufig das Buch verkehrt und las trotzdem mühelos;
  - zeichnete unzählige Eisenbahnzüge in sehr monomaner Weise;
  - ließ sich in seinen Meinungen von der Realität wenig beeinflussen;
  - lief während der Freiarbeit die meiste Zeit im Raum herum, gestikulierend und laut mit sich sprechend; blieb dann wieder stehen, stampfte mit den Füßen auf den Boden und machte seltsame Gebärden, als wollte er irgend etwas aus der Luft herausholen.

Für Plank stellte sich die Frage, ob die Arbeit nach den Grundsätzen Montessoris für dieses Kind geeignet sei; ob das Kind auf dem Weg der freien Arbeit eine Beziehung zu den anderen entwickeln bzw. verändern könne bzw. welche zusätzlichen Maßnahmen notwendig seien, um einem Kind mit diesen Verhaltensauffälligkeiten zu helfen.

Plank beschreibt die Maßnahmen, die gesetzt wurden, leider nicht detailliert, es können jedoch folgende aus ihren Aussagen erschlossen werden:

- Das Kind wurde während der Freiarbeit nicht zu jenen Arbeiten gedrängt, gegen die es eine ablehnende Haltung einnahm;
- die zweite Lehrerin baute ein gutes Vertrauensverhältnis zum Kind auf (er durfte einige Tage bei ihr in der Schweiz verbringen);
- durch einen mehrwöchigen Aufenthalt der Kinder in einem Sommerheim war die notwendige Distanz zum Elternhaus für bestimmte Beobachtungen und Erziehungsmaßnahmen gegeben;
- es wurde eine psychoanalytische Behandlung begonnen.

Plank berichtet, dass sich in den eineinhalb Jahren beim Kind wesentliche Veränderungen und Entwicklungen vollzogen. So wurde es durch direktes Eingreifen der Analytikerin so weit gebracht, dass es am Ende des ersten Schuljahres bereit war, bei der notwendigen Prüfung in der öffentlichen Schule etwas zu schreiben. Von da an schrieb es alle gemeinsamen Arbeiten zwar ungern aber doch mit. Während des Sommeraufenthalts auf dem Land überwand der Bub teilweise die Furcht, jemanden beim Namen zu rufen. Er kündigte bei einem Spaziergang den Kindern an, ab welchem Tag er sie bei ihrem Namen nennen werde, und er hielt sein Versprechen. Als Reaktion auf die Überwindung der Angst vor den Namen wurde er sehr aggressiv, schlug Kinder und sagte häufig zwanghaft vor sich hin: „Fotzen, Tetschen, Watschen". Gleichzeitig mit der Überwindung der Angst, Namen auszusprechen, versuchte er alles zu essen (auch die weiß gefärbten Speisen), was ihm vorher Angst und Furcht bereitet hatte. Auch die Zähne begann er zu putzen, wogegen er sich bis dahin gesträubt hatte.

Über die Fortschritte in der Schule berichtet die Lehrerin: „Fortschritte hat er nur in seinen bereits vorgezeichneten Interessensgebieten gemacht. Für neue Lern- und Arbeitsmöglichkeiten war er nur sehr schwer zu gewinnen. Sein Wissen war rein formal mit wenig Beziehung zur Realität, sein Interesse nur auf Abstraktes gerichtet. Rechnen, Ortsbezeichnungen und Sprachlehre standen im Mittelpunkt. Er las jeden Text, auch die schwierigsten Fremdwörter, vollkommen fließend. Seine Kenntnisse der Rechtschreibung und der deutschen Grammatik waren verblüffend.“[29]

Da die Kinder den größten Teil des Tages frei arbeiteten und sich selbst beschäftigten, konnte Herbert seinen Lieblingsbeschäftigungen nachgehen und war nicht so häufig den Anforderungen eines Kollektivunterrichts, der bei ihm teilweise Ablehnung hervorrief, ausgesetzt. Durch die freie Wahl der Tätigkeiten fühlten sich auch die anderen Kinder von ihm nicht so gestört wie im Kollektivunterricht. „Beim gemeinsamen Schreiben tat er das ganze erste Jahr nicht mit. Indessen war seine Aufmerksamkeit und die Anteilnahme beim Rechnen und bei Besprechungen von Anfang an sehr rege. Dabei imponierte er den anderen Kindern in hohem Maße durch sein erstaunliches Detailwissen.“[30] Im zweiten Jahr, als neue Kinder dazukamen, fiel diesen seine Sonderstellung kaum mehr auf.

Wahrscheinlich wären die massiven Probleme dieses Kindes nicht allein durch die freie Arbeit in der Montessori-Klasse zu beheben gewesen. Nur durch das Zusammenwirken von Montessori-Methode, einer psychoanalytisch geschulten Lehrerin, einer zweiten Lehrkraft und der therapeutischen Hilfe konnten die Schwierigkeiten des Kindes gemildert werden.

10.4.2 Die Beeinflussung einer Lernhemmung in der Montessori-Klasse

Am Beispiel des siebenjährigen Hans schildert Plank, wie sich „eine nicht zu ernste Störung durch die freie Arbeitsweise (...) günstig beeinflussen ließ“[31]. Hans konnte zwar schon im vorschulpflichtigen Alter lesen, war aber in der Schule über mehrere Monate nicht mehr dazu zu bewegen. Er hatte eine deutliche Lernhemmung. Die Mutter meinte, er habe das Lesen verlernt.

Zu den in Angriff genommenen Maßnahmen sagt Plank: „Wir warten in einem solchen Fall immer ab und versuchen, die Lernfreudigkeit des Kindes auf einem anderen Gebiet zu entwickeln, lassen allerdings in jeweiligen Gesprächen mit dem Kind merken, dass wir seine Schwierigkeiten kennen, und versuchen, einfache Erklärungen zu geben.“[32]

Die Freude am Können in anderen Gebieten und die direkten Gespräche dürften zu einer Lösung der Hemmung geführt haben. Jedenfalls las er eines Tages mit großer Anstrengung eine anspruchsvolle Geschichte aus dem „Dschungelbuch“ und war ganz begeistert, als er sie fertig gelesen hatte. Er wollte sie unbedingt der ganzen Klasse vorlesen. Über Monate las er die Geschichte immer wieder und teilte der Lehrerin häufig mit, wie schön die Geschichte sei. Plank vermutet, dass durch den Inhalt der Geschichte, mit dem sich das Kind identifizierte, die Hemmung gelöst wurde.

In dieser Geschichte findet ein Bub (er hatte das Alter von Hansls Bruder) einen tot scheinenden Mungo. Das Tierchen wird gepflegt und kommt bald wieder zu sich. Es wird als reizendes, kleines Tier geschildert (auch Hansl gilt als kleiner, reizender Kerl), dem es im Verlauf der Geschichte gelingt, durch Rettungsaktionen zum Helden zu werden. Plank meint: „Ist es nicht nahe liegend, eine Identifizierung Hansls mit dem Mungo anzunehmen, da er nach dem Lesen der Geschichte wie befreit war und durch wiederholtes Lesen immer wieder das beglückende Gefühl der Stärke sucht?“[33]

Die Ursache für die Hemmung sieht Plank darin, dass vor allem das ständige Vergleichen mit den Kenntnissen des um drei Jahre älteren Bruders das Kind zum Rückzug veranlasste.

Die freie Arbeit war der geeignete Weg, dem Kind die Befreiung von seinen Problemen zu ermöglichen. Hans kann sich über lange Zeit mit Dingen beschäftigen, die sein besonderes Interesse hervorrufen. Der psychoanalytisch geschulten Lehrerin macht das Verharren bei anderen Tätigkeiten und das Verweigern des Lesens jedoch Bedenken. Sie erklärt das besondere Interesse nicht nur mit dem Vorhandensein einer bestimmten sensiblen Phase, sondern sieht in der Vernachlässigung des Lesens ein Problem, spricht das Kind auch darauf an und gibt einfache Erklärungen. Vielleicht konnte sich das Kind durch diese Erklärungen dem gehemmten Bereich wieder leichter zuwenden. Bei bloßem Abwarten hätte sich die Hemmung unter Umständen verstärkt.

10.4.3 Verbindung von freier Arbeit und einfühlsamen Gesprächen

Hilde Fischer (verh. Uhlir) berichtete 1934 von einem Einzelkind, das von den Eltern und einem Kindermädchen sehr geliebt und behütet wurde. Die Trennung von zu Hause fiel dem Mädchen außerordentlich schwer. „Sie weinte viel und nichts konnte ihr Interesse wecken.“[34] Das Kind wollte nicht wie die anderen alles alleine machen, sondern beispielsweise nur von Erwachsenen angezogen werden. „Wenn dies nicht sofort geschah, weinte und schrie sie ganz arg.“[35]

Nach einigen Wochen – zu jenem Zeitpunkt, als das Kindermädchen wegging – trat ein weiteres Problem auf. Hedi begann sehr auffällig zu onanieren. Das „nahm derart heftige Formen an, dass jedem Erwachsenen, der den Spielsaal betrat, unter allen Kindern Hedi durchaus zuerst auffiel. Es schien fast unmöglich, dieses Kind in einer Kindergemeinschaft überhaupt zu belassen“[36]. Die Mutter reagierte verständnislos und wollte mit Verboten und Einschränkungen das Kind davon abbringen.

In jenen Situationen, in denen Hedi eine Arbeit fand, die mit viel Bewegung verbunden war, z. B. „Kellner sein“, trat das Problem weniger auf. Dies reichte jedoch für eine wesentliche Veränderung des Verhaltens nicht aus. „Ich nahm mir nun Hedi öfter während der Beschäftigungszeit ein wenig zur Seite oder an einen alleinstehenden Tisch, um mit ihr ungestört zu sprechen.“[37] Schon nach kurzer Zeit hatte sich das Kind an die täglichen Gespräche gewöhnt und kam unaufgefordert und erzählte. „Zweck und Absicht dieser Gespräche waren, der Kleinen die Möglichkeit einer neuen Beziehung zu bieten und zugleich auf Grund dieser neuen Beziehung eine Änderung ihres Verhaltens im Kindergarten herbeizuführen.“[38]

Tatsächlich veränderte sich Hedi nach den einfühlsamen Gesprächen und Fischer konnte feststellen: „Hedi onaniert jetzt nur mehr selten, und zwar nur mehr vor dem Einschlafen. Ihr Benehmen ist viel ruhiger und ausgeglichen.“[39] Sie fand im Kinderhaus einen Freund und entwickelte sich in relativ kurzer Zeit zu einem sehr selbständigen Kind.

Auch an diesem Beispiel wird deutlich, dass es sich bei der Montessori-Freiarbeit um eine Arbeitssituation handelt, die einerseits geeignet ist, das Verhalten von Kindern genau zu beobachten, und andererseits der Lehrerin die Möglichkeit gibt, sich direkt und über längere Zeit einem Kind zuzuwenden. Die pychoanalytischen Kenntnisse halfen der Lehrerin, die Ursache der Störung ausfindig zu machen und über einfühlsame Gespräche dem Kind Auswege aus seiner Situation zu eröffnen.

Anmerkungen

1 Freud, A.: Einführung in die Psychoanalyse für Pädagogen. Vier Vorträge. Stuttgart 1930
2 Emma Plank in einem Vortrag in München am 21.11.1985. Tonbandabschrift, S. 22
3 Ebd., S. 22
4 Protokoll von einem Seminar mit Anna Freud am 14. Oktober 1932. (Kopie in Händen von F. H.)
5 Ebd., S. 3
6 Ebd., S. 3
7 Ebd., S. 3
8 Ebd., S. 4
9 Vortrag von Emma Plank, a. a. O., S. S. 23
10 Emma Plank (geb. Spira) in einem Vortrag im Februar 1990
11 Ebd., S. 22
12 Interview mit Hilde Uhlir (geb. Fischer) am 21.12.1994
13 Vgl. Plank, E: Vortrag in München, a. a. O., S. 1
14 Interview mit Emmi Vischer-Radanovicz am 13.2.1995
15 Buxbaum, E.: Analytische Bemerkungen zur Montessori-Methode. In: Zeitschrift für psychoanalytische Pädagogik. 6. Jg., 1932, S. 324 – 333
16 Ebd., S. 330
17 Ebd., S. 330
18 Ebd., S. 330

19 Peller-Roubiczek, E.L.: Gruppenerziehung des Kleinkindes vom Standpunkte der Montessori-Pädagogik und der Psychoanalyse. In: Zeitschrift für psychoanalytische Pädagogik. 7. Jg., 1933, H. 3/4, S. 94

20 Ebd., S. 97

21 Ebd., S. 96

22 Bittner, G.: Montessori und das Unbewusste. In: Fuchs, B./Harth-Peter, H. (Hg.): Montessori-Pädagogik und die Erziehungsprobleme der Gegenwart. Würzburg 1989, S. 53

23 Kramer, R.: Maria Montessori. Leben und Werk einer großen Frau. München 1977, S. 11

24 Ebd., S. 11

25 Emma Plank (geb. Spira) in einem Vortrag im Februar 1990 in Wien

26 Von Emma Plank erscheinen 1933 in der Zeitschrift für pychoanalytische Pädagogik zwei Berichte. In Heft 2 schreibt sie über „Herbert in der Schule" und in Heft 3/4 über die „Affektive Förderung und Hemmung des Lernens". Unter dem Pseudonym Emma Berner veröffentlicht sie 1937 in Heft 1 dieser Zeitschrift den Beitrag „Eine Einschlafstörung aus Todesangst".

27 Von Hilde Fischer (verh. Uhlir) erscheint 1933 in Heft 3/4 der Zeitschrift für psychoanalytische Pädagogik ein Beitrag über „Sehnsucht und Selbstbefriedigung" und 1934 schreibt sie in Heft 1/2 gemeinsam mit Lili Peller über „Eingewöhnungsschwierigkeiten im Kindergarten".

28 Edith Braun veröffentlicht 1936 in Heft 2 der Zeitschrift für psychoanalytische Pädagogik den Beitrag „Eine Kinderfreundschaft".

29 Plank-Spira, E.: Herbert in der Schule. In: Zeitschrift für psychoanalytische Pädagogik, 7. Jg., 1933, H. 2., S. 87

30 Ebd., S. 85

31 Plank-Spira, E.: Affektive Förderung und Hemmung des Lernens. In: Zeitschrift für psychoanalytische Pädagogik, 7. Jg., 1933, H. 3/4, S. 123

32 Ebd., S. 123

33 Ebd., S. 124

34 Fischer, H.: Sehnsucht und Selbstbefriedigung. In: Zeitschrift für psychoanalytische Pädagogik, 7. Jg., 1933, H. 3/4, S. 140

35 Ebd., S. 140

36 Ebd., S. 141

37 Ebd., S. 141

38 Ebd., S. 141

39 Ebd., S. 143

11. Das Ende der Montessori-Bewegung

Während in Deutschland bereits 1933 Montessori-Schulen geschlossen und beispielsweise in Berlin Bücher und Bilder von Maria Montessori auf öffentlichen Plätzen verbrannt wurden, konnten die Montessori-Einrichtungen in Wien trotz zunehmender Schwierigkeiten bis 1938 gehalten werden. Ob die Einrichtungen außerhalb von Wien schon früher geschlossen wurden, konnte bisher nicht eruiert werden.

11.1 Lili Peller-Roubiczek verlässt Wien 1934

Als sich 1934 die politischen Auseinandersetzungen dramatisch verschärften, schien auch für die Montessori-Einrichtungen in Wien das Ende gekommen zu sein. Besonders die jüdischen und sozialdemokratischen Lehrerinnen – die Mehrzahl der Montessori-Erzieherinnen im Haus der Kinder zählte dazu – mussten mit Repressionen des Regimes rechnen. Zwar glaubten, wie Hilde Uhlir (geb. Fischer) berichtet, viele Juden in Österreich noch nicht, dass es zu Zuständen wie in Deutschland kommen könnte, aber jene, die sich auch politisch auf der Gegenseite der Regierung engagierten, wussten um die gefährliche Lage.

Lili Peller-Roubiczek und ihr Mann Dr. Sigismund Peller, beide jüdischer Herkunft, erkannten die Gefahr und verließen Wien. Uhlir erinnert sich: „Wir kamen in der Früh in die Schule und da war die Lili nicht da. Niemand am Rudolfsplatz hat etwas gewusst."[1] Als bekannt wurde, dass Lili mit ihrem Mann nach Prag gegangen war, um von dort aus nach Israel zu emigrieren, übernahm Hilde Fischer die Leitung. „Die Kolleginnen haben gesagt, du bist die Dienstälteste, du ersetzt jetzt die Lili."[2] Im folgenden Schreiben vom 17.3.1934 wurde dies auch von Peller-Roubiczek bestätigt:

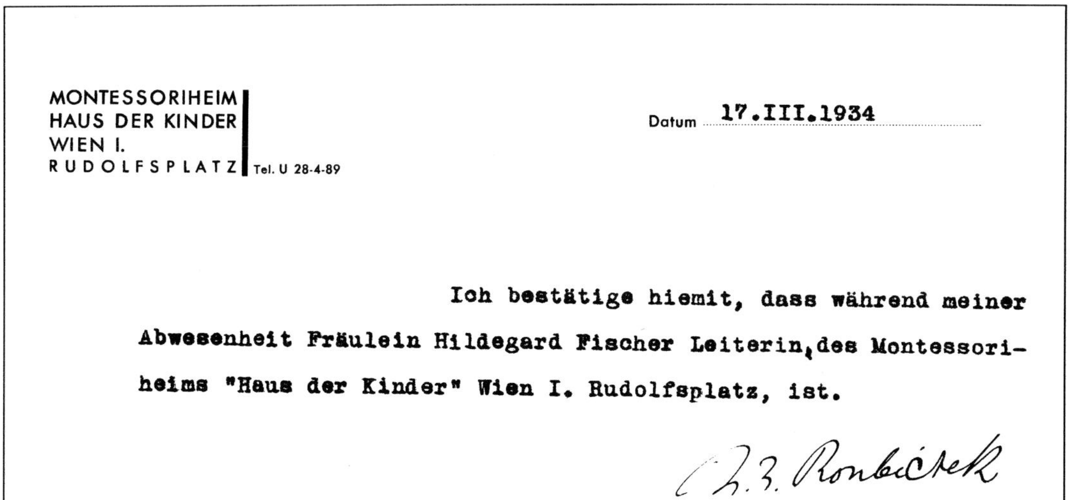

MONTESSORIHEIM
HAUS DER KINDER
WIEN I.
RUDOLFSPLATZ Tel. U 28-4-89

Datum 17.III.1934

Ich bestätige hiemit, dass während meiner Abwesenheit Fräulein Hildegard Fischer Leiterin, des Montessoriheims "Haus der Kinder" Wien I. Rudolfsplatz, ist.

Abb. 78:
Lili Roubiczek übergibt die Leitung des Kinderhauses an Hilde Fischer.

11.2 Dem Haus der Kinder und der Montessori-Schule wird ein kommissarischer Leiter zugewiesen

Nachdem Peller-Roubiczek Wien verlassen hatte, wurde von der Verwaltungskommission ein Beamter zur Kontrolle des Kinderhauses am Rudolfsplatz eingesetzt. Die Montessori-Schule Grünentorgasse wurde nach den Februar-Ereignissen für einen Monat geschlossen und dann ebenfalls einem kommissarischen Verwalter unterstellt. Mit Dr. Ernst Buschbeck – früher Kurator am Kunsthistorischen Museum – übernahm aber ein Mann die Aufsicht, der sich außerordentlich bemühte, die Lehrerinnen zu unterstützen und die Montessori-Einrichtungen weiterzuführen. „Wir haben großes Glück gehabt, dass wir ihn bekommen haben", sagt Uhlir und ergänzt, „das war, na sagen wir, es war gedeichselt, dass er uns zugewiesen wurde."[3]

Dr. Buschbeck kam regelmäßig ins Kinderhaus und in die Montessori-Schule und erledigte in der Kanzlei die verschiedenen organisatorischen Angelegenheiten, während Uhlir und Plank die pädagogische Leitung hatten.

Im Jahr 1935 verließ mit Steffi Schlamm ein weiteres Mitglied der Arbeitsgemeinschaft Wien. Sie war mit Willi Schlamm, dem Schriftleiter der damals verbotenen Zeitschrift „Rote Fahne", verheiratet und emigrierte mit ihm in die Tschechoslowakei.

11.3 Die Montessori-Einrichtungen werden 1938 geschlossen

Buschbecks Bemühungen um die Erhaltung des Kinderhauses und der Montessori-Schule waren bis 1938 erfolgreich. Am 31. März 1938 musste er jedoch im Namen der Verwaltungskommission die Erzieherinnen entlassen und das Haus der Kinder schließen. Eine Anzeige aus den eigenen Reihen hatte dazu geführt, dass das Haus beobachtet wurde und eines Tages Beamte der NS zu einer Hausdurchsuchung kamen. „Die Schule", so Uhlir, „musste innerhalb weniger Tage geräumt sein. Ich habe das Montessori-Material, das mir Lili geschenkt hat, einer Gruppe mitgenommen und aus der Bibliothek Bücher und Dias."[4]

In Anbetracht der politschen Lage suchte Emma Plank im April 1938 um Beendigung der Tätigkeit in der Grünentorgasse an. Die Montessori-Schule wurde geschlossen. Buschbeck stellte Plank zwar noch ein sehr gutes Dienstzeugnis aus, er konnte aber nicht mehr verhindern, dass sie das Land verlassen musste.

Auch für Hilde Uhlir schrieb Buschbeck eine Empfehlung zur Einstellung in einem öffentlichen Kindergarten. Dort heißt es unter anderem: „Ich habe Frau Uhlir während vieler Jahre als eine ausgezeichnete pädagogische Kraft kennen gelernt. Ihre gründliche psychologische Ausbildung, ihr ruhiges und ausgeglichenes Wesen sichert ihr nicht nur eine ausgezeichnete Beziehung zu den ihrer Obhut anvertrauten Kindern, sondern gewährleistete auch eine klaglose und reibungslose Führung des Lehrkörpers der Anstalt. Sie hat auch jahrelang mit größtem Erfolg an den Ausbildungskursen für Montessori-Lehrerinnen, die an der Anstalt theoretisch und praktisch abgehalten wurden, als Lehrerin mitgearbeitet. Frau Uhlir kann für eine leitende Stellung auf kindergartenpädagogischem Gebiete wärmstens empfohlen werden."[5]

Durch die politische Tätigkeit ihres Mannes war sie bald von den Repressionen des Nazi-Regimes betroffen, und an eine Tätigkeit im Kindergartenbereich war nicht mehr zu denken. Besonders bedrohlich wurde es für die jüdischen Mitarbeiterinnen. So wurde beispielsweise Bronja Silberstein – sie führte im Haus der Kinder die Küche und war auch in den Gruppen tätig – von ihrem Kindermädchen angezeigt. Gedemütigt – sie musste wie viele andere Juden mit der Zahnbürste den Gehsteig fegen – konnte sie gerade noch das Land verlassen.

Anmerkungen

1 Interview mit Hilde Uhlir (geb. Fischer) am 29.1.1993
2 Ebd.
3 Ebd.
4 Ebd.
5 Schreiben von Dr. Ernst Buschbeck (Kopie in Händen F. H.)

12. Erinnerungen und Eindrücke ehemaliger Schülerinnen und Schüler

Als Emma Plank in den achtziger Jahren aus Amerika nach Österreich zurückkehrte, nahm sie mit ehemaligen Schülerinnen und Schülern, die sie noch ausfindig machen konnte, Kontakt auf und lud sie regelmäßig zu sich ein.[1] Auch bei Hilde Uhlir finden nach wie vor Treffen mit einigen ihrer „Kinder", wie sie sie liebevoll nennt, statt. Dass nach nahezu siebzig Jahren Lehrerinnen und ihre Schüler noch zusammentreffen, lässt auf ein außerordentlich gutes Verhältnis schließen, das in der Schulzeit zwischen ihnen aufgebaut wurde.

Über Erinnerungen an die Zeit in der Montessori-Schule führte Worliczek[2] 1981 mit drei ehemaligen Schülern bzw. Schülerinnen eine schriftliche Befragung durch. Einige dieser Fragen wurden für die vorliegende Arbeit aufgegriffen und im Rahmen von Interviews an weitere Schüler gestellt, sodass das Gesamtbild eine Erweiterung erfährt.[3]

- **Fragestellung 1: Besonderheiten der Montessori-Schule**

– *Was gefiel Ihnen als Kind besonders an der Montessori-Schule?*

„Ich habe das gar nicht so als Schule betrachtet, ich bin halt dort hingegangen. Ich bin vier Jahre sehr, sehr gern in die Schule gegangen und habe mich am Sonntag schon gefreut, dass am Montag wieder Schule ist. Ich erinnere mich, wir haben den Vormittag über eigentlich gespielt, oder wir hatten jedenfalls das Gefühl, dass wir spielten. Das Wichtigste für uns Kinder dort war der letzte Schulmonat. Da fuhr die ganze Schule auf's Land. Also darauf haben wir uns das ganze Jahr gefreut." (Herr B.)

„Die große Freiheit zur individuellen Entwicklung der Begabungen und der Persönlichkeit, die freundschaftliche Beziehung zu den Lehrerinnen, der Gegensatz zur hässlichen, zwanghaften Volksschule, die ich durch Bruder und Eltern kannte." (Frau Z.)

„Ich kann sagen, für mich war das die schönste Zeit. Besonders, wie man miteinander umgegangen ist, das hat mir besonders gefallen." (Frau C.)

„Man hatte die Möglichkeit, sich frei zu entfalten. Ich malte sehr viel." (Herr Ch.)

„Die Freiheit gefiel mir am besten." (Herr S.)

„Die große Freiheit und die Liebenswürdigkeit und Ruhe der Lehrperson. Auch das bunte, schöne Material." (Frau G.)

In den Aussagen fällt auf, dass sie nicht auf das oft völlig ins Zentrum gerückte Montessori-Material zielen, sondern eigentlich den Angelpunkt der Montessori-Pädagogik treffen: die Freiheit bzw. die Freie Arbeit.

Montessori sieht die Freiheit als Grundlage der Erziehung, weil damit die Freiheit der Erfahrung und der selbsttätigen Verwirklichung zugänglich gemacht wird. Die Freie Arbeit ist bei Montessori, wie Holtstiege schreibt, „Mitte des Selbstaufbaus der Persönlichkeit"[5]. Frau Z. beschreibt sie als „die große Freiheit zur individuellen Entwicklung der Begabungen und der Persönlichkeit", Herr Ch. als „die Möglichkeit, sich frei zu entfalten". Die ehemaligen Schüler sprechen zwei weitere zentrale Aspekte an. Die vorbereitete Umgebung (im Gegensatz „zur hässlichen, zwanghaften Volksschule", das Sommerheim am Land als Lernumgebung, das „schöne Material") als Voraussetzung der Realisierung kindlicher Freiheit und die Lehrerin, die sich durch eine „neue" Beziehung („freundschaftliche Beziehung") zum Kind auszeichnet.

– *Auf welchen Gebieten meinen Sie in der Montessori-Schule mehr gelernt zu haben als in einer gewöhnlichen Schule?*

„Was ich jetzt in Geographie weiß, weiß ich von der Montessori-Schule her. Ich kannte durch das Material schnell alle Bezirke Wiens und auch die Länder Europas konnte ich schon in der Volksschule spielend einordnen."(Herr B.)

„In musischer und kultureller Hinsicht waren das Angebot und die Anregungen sowie die Erziehung sicher viel größer als in den meisten anderen Schulen. Was Toleranz gegen andere und andersartige Kinder, soziales Gefühl, seelische Bildung, individuelle Freiheit und Kulturgefühl betrifft, haben wir unbedingt mehr gelernt." (Frau Z.)

„Wir waren wissbegierig, wir haben einen großen Freiraum gehabt und sehr viel gelernt. In der Musik, bei der Lisl, da haben wir ein Glockenspiel gehabt und selber darauf Lieder gespielt. Also in der Musik haben wir sehr viel gelernt, aber auch im Rechnen. Als ich in die öffentliche Schule kam, hatte ich überhaupt keine Schwierigkeiten. Auch in der Hauptschule hab' ich in der ersten und zweiten Klasse noch fast lauter Einser gehabt, und die anderen Montessori-Kinder auch." (Frau C.)

„Auf handwerklichem und künstlerischem Gebiet sicher. ... Es wurde eigentlich jede Idee eines Kindes gefördert und wenn möglich verwirklicht." (Frau G.)

Wenn die ehemaligen Schüler bei der Frage nach der besonderen Förderung das Musische, das Künstlerische hervorheben, erstaunt das auf den ersten Blick, weil der Montessori-Pädagogik und auch der Wiener Montessori-Schule immer wieder die Vernachlässigung dieser Bereiche vorgeworfen wurde. Die Tatsache, dass in der Wiener Montessori-Schule mit Lisl Herbatschek (Musik), Trude Hammerschlag (Freies Zeichnen und Werken), Christine Baer-Frissell (Rhythmische Erziehung) anerkannte Fachleute aus dem musischen Bereich mit den Kindern arbeiteten, dürfte doch eine Erklärung für den nachhaltigen Eindruck bei den Kindern sein.

- **Fragestellung 2: Selbständigkeit, Freiheit, Selbstbestimmung**

– *Was trug besonders zur Selbständigkeit und Selbstbestimmung bei, und welchen Raum nahm die Freiheit ein?*

„Das Klassenzimmer war eine bunte Angelegenheit und überall war etwas, womit man sich frei beschäftigen konnte. Wir wurden zu nichts gezwungen. Das ging alles so von selber. Ich habe zum Beispiel über Wochen an einem Buch über ein Wunderauto geschrieben." (Herr B.)

„Wir konnten uns in der Klasse immer frei bewegen und die Art der Beschäftigung und des Lernens selbst wählen, es gab nicht fortwährend gemeinsame Unterrichtsstunden. Es bestand fast kein Zwang und Druck, dadurch waren die Kinder meistens gelöst, fröhlich und kontaktfreudig." (Frau Z.)

„Im Sommerheim wurde ich sehr selbständig. Da ich einer der ältesten war, wurde ich zu manchen Tätigkeiten herangezogen, z. B. Post täglich vom Postamt holen. Auf diese Tätigkeit war ich sehr stolz." (Herr S.)

„Wir durften machen, was wir wollten. Da hat es kein Muss gegeben und trotzdem haben wir Achtung gehabt und wir haben sehr selbständig gearbeitet. Ich könnt' es mir nicht besser vorstellen. Schon die Kleinen haben gelernt, sich in der Garderobe selbständig an- und auszuziehen." (Frau C.)

„Zur Selbständigkeit trug am meisten die Freiheit bei, den Großteil des Schultages machen zu können, was man wollte. Damit wurde einem auch eine gewisse Verantwortung auferlegt; und dann die Tatsache, dass man sehr vollwertig genommen wurde. (...) Wer einmal an einem Tag gar nichts mit sich anzufangen wusste, dem wurden von der Lehrerin verschiedene Anregungen geboten, aus denen er wählen durfte. ... Ich fühlte mich in der Montessori-Schule sehr frei, es gehörte diese Zeit zu den wenigen Zeiten meines Lebens, wo ich ich selbst sein konnte." (Frau G.)

Um „Meister seiner selbst zu werden", fordert Montessori die Freigabe des jungen Menschen zur freien Arbeit, die folgende Freiheiten beinhaltet:

– Freiheit der Bewegung in der vorbereiteten Umgebung („konnten uns in der Klasse frei bewegen", „Klassenzimmer war eine bunte Angelegenheit"),

– Freiheit des Interesses und der Wahl der Gegenstände („sich frei beschäftigen", „Art der Beschäftigung wählen", „konnten machen, was wir wollten")

– Freiheit der Zeit („habe über Wochen an einem Buch über ein Wunderauto geschrieben", den „Großteil des Schultages" selbst gestalten können)

Auch die Kooperation (Sozialform) und die Zuordnung zu Lerngruppen verschiedenen Alters konnte frei gewählt werden.

Dass diese gewährte Freiheit nicht mit Beliebigkeit verwechselt wurde, drückt Frau G. aus, wenn sie sagt, dass „einem auch eine gewisse Verantwortung auferlegt" wurde. Ein Kind, dem es noch nicht gelang, sein Lernen in die eigene Hand zu nehmen, wurde nicht einfach sich selbst überlassen und dadurch im Stich gelassen, sondern es wurden ihm „von der Lehrerin verschiedene Anregungen geboten, aus denen es wählen konnte".

- **Fragestellung 3: Sozialerziehung**

– *Wie erlebten Sie die Beziehung zur Lehrerin?*

„Wenn sie mit uns gesprochen hat und wie sie mit uns gespochen hat. Für mich war die Nuschi alles, wie eine Mutter."

„Für mich und die anderen Kinder war Emma Plank nur unter dem Namen Nuschi bekannt. Ich weiß ihren Namen nur deswegen, weil wir ja zu Abschluss nach diesen vier Jahren eine Prüfung in einer öffentlichen Schule ablegen mussten, und auf dem Zeugnis stand dann auch der Name meiner Lehrerin. Wir waren ja sozusagen Freunde, ein bisschen ältere, aber per Du." (Herr B.)

„Eine äußerst korrekte, tolle Frau. Sie hat uns Kinder als gleichwertige Menschen behandelt." (Herr Ch.)

„Sehr freundschaftlich und doch (trotz gemeinsamer Spiele und gemeinsamen Sports) von einer gewissen gesunden Distanz. Die Lehrerinnen waren an all unseren Fortschritten interessiert, ermunternd, wenig tadelnd, wirklich kameradschaftlich, ohne zur Respektlosigkeit zu ermuntern." (Frau Z.)

„Also die Nuschi war für mich alles. Sie war wie eine Mutter. Ich erinnere mich an einen Sommer, als wir wieder auf dem Land waren. Wenn ein Kind nicht schlafen konnte, da ist die Nuschi am Bett gesessen, hat so die Augen gestreichelt und vorgelesen, bis das Kind geschlafen hat." (Frau C.)

„Sehr freundschaftlich, hilfsbereit und kameradschaftlich." (Herr. S.)

„Mit unserer Lehrerin konnte man über jedes Thema von Politik bis Kunst und anderen Lebensfragen sprechen. Außerdem verkehrten die Lehrpersonen eigentlich wie mit Erwachsenen mit uns. Sie waren stets höflich, doch wussten sie sich sehr wohl ihrer Haut zu wehren, wenn man etwas tat, was ihnen nicht recht war. Im Allgemeinen waren die Beziehungen sehr gut; die Lehrerinnen gaben uns alle gleich das Duwort, was wir noch lange nicht als Recht empfanden, frech zu ihnen zu sein." (Frau G.)

Diese Aussagen geben ein recht deutliches Bild von der Beziehung der Montessori-Lehrerinnen zu ihren Kindern und lassen Schlüsse auf das Verständnis des pädagogischen Bezugs zu. Frau Z. beschreibt das Verhältnis als „freundschaftlich und doch von einer gewissen gesunden Distanz" bzw. „kameradschaftlich, ohne zur Respektlosigkeit zu ermuntern". Herr Ch. hebt hervor, dass „die Kinder als gleichwertige Menschen" behandelt wurden. Die zugesprochenen Eigenschaften wie „höflich", „hilfsbereit", „an all unseren Fortschritten interessiert", „ermunternd", „wenig tadelnd" weisen auf jene Liebe und Achtung vor dem Kind hin, die Montessori als Voraussetzung für die Entwicklung der geistigen Potentialität des Kindes sieht und vom „neuen Erzieher" fordert.

– *Wie verlief das Gemeinschaftsleben?*

„Ich kann mich erinnern, wir sind mit der Lehrerin auf dem Podium in der Klasse gesessen, haben über verschiedene Dinge diskutiert und bei manchen Fragen dann auch abgestimmt. Sie legte viel Wert darauf, dass man dabei Respekt für die Meinung des anderen hat." (Herr Ch.)

„Einen besonderen Beitrag hatte die gerechte, gleichmäßig gütige und verständnisvolle Erziehung, viel gemeinsames Spiel, einfühlsames Vorlesen, Gruppenerlebnisse, gerechtes

Verteilen (z. B. von Süßigkeiten und Obst). Wir haben auch viel miteinander unternommen: waren Eis laufen, im Hallenbad, im Prater, auf Ausflügen und (damals erlaubt) frei baden – besonders schön war das Weihnachtsfest. (...) Wir wurden zu natürlichem, ungezwungenem Gemeinschaftsleben geführt; unsere Erziehung war auch eine gute Abwehr gegen Vermassung." (Frau Z.)

„Wir machten sehr viele Ausflüge und Wanderungen gemeinsam. Einmal waren wir auch mehrere Tage auf der Hohen Wand, das war besonders schön und lustig, wie in einer Familie. Es gab auch gemeinsame Spiele, Musik und Sport, und auch Diskussionen über Weltanschauung (für Kinder zugeschnitten). ... Im Sommerheim war es sehr lustig und schön, gab viel anregende Beschäftigung. (...) Es wurden alle Geburtstage gemeinsam gefeiert. Das große gemeinsame Weihnachtsfest gehört noch heute zu meinen schönsten Jugenderinnerungen." (Frau G.)

„Die Zusammengehörigkeit wurde besonders gefördert durch die Art, wie wir zueinander gesprochen haben. ‚Sei so lieb, kann ich das haben?'; ‚Bitte', ‚Danke', das war selbstverständlich. ... Da war einer für den anderen jederzeit da." (Frau C.)

„Das Zusammenleben und das soziale Verhalten wurde besonders beim Sommeraufenthalt in Altaussee gefördert. ... Die meisten Kinder in der Grünentorgasse waren jüdischer Herkunft. Wir haben freundschaftlich zusammengelebt." (Herr B.)

Diese Erinnerungen geben Einblick in das Schulleben („gemeinsames Spiel", „es wurden alle Geburtstage gemeinsam gefeiert", „gemeinsames Weihnachtsfest", „Ausflüge und Wanderungen", „Sommeraufenthalt in Altaussee", „Musik und Sport") der Montessori-Schule.

Die Schilderungen zeigen, dass diese Aktivitäten keineswegs eine nutzlose, dekorative Zugabe zum eigentlichen Lernen waren, sondern die Schule erst zu jener Lebensstätte für Kinder werden ließen, an die man sich gerne erinnert.

- **Fragestellung 4: Halten Sie es für möglich, dass der Besuch der Montessori-Schule Ihr späteres Leben beeinflusst hat? Wenn ja, wie?**

„Ja, sicher; ich hatte eine sehr glückliche Kindheit, woran der Aufenthalt in der Montessori-Schule einen erheblichen Anteil hatte, da ich ja den größten Teil des Tages dort verbrachte. ... Der Einfluss der Schule: phantasieanregend, selbständiges Denken, ich kenne keine Langeweile. ... Weltanschaulich bin ich demokratisch eingestellt, weil diese Richtung schon in der Montessori-Schule gepflegt wurde. Vielleicht hat sich meine eigene Schulzeit auch auf den Umgang mit meinem Sohn ausgewirkt. Er war schon als Kind sehr intelligent, aber auch schwierig. Ich habe ihn, wenn es ging, ernst genommen und bis zum heutigen Tag bin ich davon überzeugt, dass Kinder viel öfter unterschätzt werden, als wir glauben, und dass es manchem Erwachsenen gar nicht schaden könnte, einmal auch einen Ratschlag von einem Kind anzunehmen. Es urteilt unbefangener als er; mehr vorurteilsfrei." (Frau G.)

„Ja, ich bin Demokrat, Pazifist." (Herr S.)

„Ja, ich finde, dass ein Montessori-Kind ein ganz anderes Leben hat. Es hat gelernt, mit Menschen umzugehen." (Frau C.)

„Ja, mein Verhältnis zu den Angehörigen der jüdischen Religion ist ein anderes als vom Durchschnittsmenschen hier, weil ich wirklich unter ihnen aufgewachsen bin. Ich habe dort liebe Freunde kennen gelernt. Mein dickster Freund war jüdischer Herkunft. Also das Wort Antisemitismus passt auf mich sicher nicht. Ich erinnere mich auch, dass wir oft im Chor sprachen: ‚Nie wieder Krieg.'" (Herr B.)

„Ich habe die Montessori-Schule sehr geliebt und verdanke den engagierten, außergewöhnlich begabten und idealistischen Lehrerinnen sehr viel. Die Montessori-Schule hat mich außerordentlich beeinflusst – alle Fähigkeiten zu Humanität und Kultur wurden geweckt und gefördert, das Lebenswerk des Lebens betont. Ich habe meine eigene Kindheit nicht vergessen, ebenso wie die Erlebnisse mit meinen Montessori-Lehrerinnen und versuche, das Positive weiterzugeben." (Frau Z.)

Den Menschen stärken, damit er als Individuum mit Selbstbewusstsein seine Aufgabe in der Gemeinschaft erfüllen kann; dies ist ein wesentliches Ziel der Montessori-Pädagogik.

Die Äußerungen der ehemaligen Schüler weisen sowohl auf die individuelle Entfaltung als auch auf die gesellschaftliche Komponente hin. Die Stärkung des Menschen als Individuum wird sowohl von Frau C. („ein Montessori-Kind hat ein ganz anderes Leben") als auch von Frau G. angesprochen, wenn sie vom „selbständigen Denken" spricht und darauf hinweist, dass sie „keine Langeweile kenne", also mit sich selber stets etwas anzufangen weiß. Sie meint auch, dass die Schulzeit Einfluss auf das spätere Erzieherverhalten als Mutter hatte (hat ihren Sohn, „wenn es ging, ernst genommen", so wie das die Erzieherinnen der Montessori-Schule versuchten vorzuleben).

Die Verantwortung für die Gemeinschaft, eine engagierte demokratische Grundhaltung kommt sowohl bei Herrn S. („bin Demokrat, Pazifist") als auch bei Frau G. („weltanschaulich bin ich demokratisch eingestellt") und Herrn B. („mein Verhältnis zu den Angehörigen der jüdischen Religion ist ein anderes als vom Durchschnittsmenschen hier") deutlich zum Ausdruck. Diese Gesinnung wurde zweifellos von den Lehrerinnen der Montessori-Schule (die meisten waren jüdischer Herkunft und vertraten sozialdemokratische Grundsätze) vorgelebt und hatte prägende Wirkung.

Anmerkungen

1 Emma Plank starb im März 1990 in Wien. Eine Schülerin erzählt: „Sehen Sie, und bis heute geh' ich, wenn sie Geburtstag hat, zu ihr auf den Friedhof, und da steh' ich dann und red' mit ihr."

3 Worliczek, E.: Das pädagogische Konzept Maria Montessoris und dessen Realisierung in Österreich. Dissertation, Salzburg 1981, S. 135–144

4 Worliczek befragte zwei ehemalige Schüler der Montessori-Schule, Troststraße (Frau Graf und Herrn Skalla) sowie eine Schülerin, die bei Emma Plank die Montessori-Klasse in der Grünentorgasse besuchte (Frau Zobetz). Die Antworten dieser ehemaligen Schüler werden in der vorliegenden Arbeit durch jene von Herrn Bartunek (Interview am 5.10.1994), Frau Czech (Interview am 9.11.1994) und Herrn Chaimovicz (Interview am 3.2.1995) ergänzt.

5 Holtstiege, H.: Montessori-Pädagogik und soziale Humanität. Freiburg 1994, S. 45

13. Bibliographien von Lili Roubiczek und Emma Plank

Vom Kreis der Montessori-Arbeitsgemeinschaft waren es in erster Linie Lili E. Peller-Roubiczek und Emma N. Plank, die in verschiedenen Fachzeitschriften eine Vielzahl an Beiträgen publizierten. Diese sollen hier zusammengefasst werden. Auf einzelne Beiträge anderer Mitglieder wird in der Arbeit hingewiesen.

13.1 Veröffentlichungen von Lili E. Peller-Roubiczek

Die von Lili E. Peller-Roubiczek vorliegenden Publikationen lassen sich in zwei Abschnitte teilen:

- Das Schaffen in Wien (1921–1934) mit dem Arbeitsschwerpunkt Montessori-Pädagogik.
- Das Schaffen in Amerika (1935–1966) mit dem Arbeitsschwerpunkt Kinderpsychotherapie.

Als Quellen für die vorliegende Bibliographie wurden die Montessori-Bibliographie von Winfried Böhm[1] und eine Publikationsliste, die Emma Plank im Buch „Lili E. Peller. On Development & Education of Young Children[2]" anführt, herangezogen und durch eigene Recherchen ergänzt. Die Publikationen von Lili E. Roubiczek erschienen bis 1933 unter ihrem Mädchennamen, ab 1932 unter dem Namen Lili E. Peller-Roubiczek.

1921

Roubiczek, L. E.: Die Montessori-Schule in Wien. In: Times Educational Supplement. 23.7.1921

1924

Roubiczek, Lili: Aus dem Tagebuch einer Montessori-Lehrerin. In: Soziale Arbeit, 22. Jg., H. 5/6, 1924, S. 62–67

- Über die Montessorimethode. In: Schulreform, 3. Jg., H. 4, 1924, S. 164–168
- Die Arbeitsgemeinschaft der Montessori-Schule Wien X. In: Call of Education, H. 3/4, 1924, S. 232–237

1925

- Über einige Grundsätze der Montessori-Methode. In: Die Quelle. 75. Jg., H.2/3, 1925, S. 301–304, 396–398
- Das Wiener „Haus der Kinder". In: Schulreform, 4. Jg., H. 4, 1925, S. 197–203
- Fröbel – Montessori (Auszug aus einem Referat Roubiczeks und der anschließenden Diskussion am 23.1.1925). In: Zeitschrift für das Kindergartenwesen, 44. Jg. H. 5/6, 1925, S. 35–46
- Die Grundsätze der Montessori-Methode. (Vortrag vom 23.1.25) In: Die Mutter, 1. Jg., April Nr. 9, Nr. 10

1926

- Montessori-Methode und Kindergartenreform. In: Neue Erziehung, 8. Jg., 1926, S. 257–262
- Das Kinderhaus. Montessori-Grundsätze und Architektur. In: Der Aufbau, 1. Jg., H. 8/9, 1926, S. 140–144

– Montessori-Erziehung. Selbstverlag der Montessori- Schule, Wien X

1927

– Das Lesenlernen in der Montessori-Schule. In: Schulreform, 6. Jg., H. 10, 1927, S. 534–537
– Willenserziehung. In: Die Quelle, 77. Jg., 1927, H. 2, S. 229–233

1928

– Die Grundsätze der Montessori-Erziehung: In Zeitschrift für psychoanalytische Pädagogik, 2. Jg., 1928, S. 317– 322
– Aus der Praxis der Montessori-Schule. In: Die Quelle, 78. Jg., H. 6, 1928, S. 668–689
– Betätigungsweisen der frühen Kindheit. In: Neue Erziehung, 10. Jg., 1928, S. 883–888
– Über die Umwelt des Kindes. In: Die Quelle, 78. Jg., H. 7, 1928, S. 766–768
– Die Montessori-Schule. In: Favoriten. Ein Heimatbuch des 10. Wiener Gemeindebezirkes, 1928, S. 191–195
– Allgemeines über Hausarbeit. In: Die Quelle, 78. Jg., H. 9, S. 911–914
– Aus der Wiener Montessori-Klasse. In: Schulreform, 7. Jg., H. 12, 1928, S. 661–664
– Das Haus der Kinder. In: Neues Wiener Abendblatt, vom 13.6.1928

1929

– Hg.: Aus dem Arbeitskreis der Wiener Montessori- Schule. 1. Folge, Selbstverlag der Montessori Schule, Wien X

1930

– Montessori Material for the Development of Mental Functions. In: Towards a New Education, edited by William Boyd London – New York 1930, S. 141–144

1931

– Bemerkungen zur Kritik an der Montessori-Pädagogik. In: Die Quelle, 81. Jg., 1931, S. 127–129
– Sensitive Perioden. In: Die Quelle, 81. Jg., 1931, S. 255–260

1932

– Die wichtigsten Theorien des Spiels. In: Zeitschrift für psychoanalytische Pädagogik, 6. Jg., H. 6, 1932, S. 248–252
– zusammen mit Franz Schuster: Ein Haus der Kinder. Maschingeschriebenes Manuskript mit handschriftlichen Ergänzungen, Fotos und Skizzen, Wien 1932. Kopie in Besitz von Franz Hammerer.

1933

– Der Eintritt der Kinder in den Kindergarten. In: Die Quelle, 83. Jg., H. 3, 1933, S. 252–254
– Der Erzieher im Kleinkinderheim. In: Die Quelle, 83. Jg., H. 1, 1933, S. 96–99
– Peller-Roubiczek, Lili: Gruppenerziehung des Kleinkindes vom Standpunkt der Montessori-Pädagogik und der Psychoanalyse. In: Zeitschrift für psychoanalytische Pädagogik, 7. Jg., H. 3/4, 1933, S. 93–121
– Das Haus der Kinder. In: Schweizer Erziehungsrundschau, 5. Jg., H. 1 , 1933, S. 278–280

1934

- zusammen mit Hilde Fischer: Eingewöhnungsschwierigkeiten im Kindergarten. In: Zeitschrift für psychoanalytische Pädagogik, 8. Jg., H. 1/2, 1934, S. 33–36

1935

- Pädagogische Bemerkungen zum Beitrag von Franz Schuster „Ein Haus der Kinder". In: Moderne Bauformen. Monatshefte für Architektur und Raumkunst. Stuttgart, 34. Jg., 1935, Heft 2., S. 61 – 80.

(Die folgenden Beiträge sind der von Emma Plank zusammengestellten Publikationsliste entnommen; es fehlen Heftnummer und Seitenangaben. Die mit * gekennzeichneten Beiträge hat Emma Plank im Buch „Lili E. Peller. On Development & Education of Young Children" veröffentlicht.)

1936

- Zur Kenntnis der Selbstmordhandlung. In: Imago, 22. Jg.

1939

- Psychological Implications of Institutional Life for Children. In: The Family, 20. Jg.
- The Child's Approach to Reality. In: American Journal of Orthopsychiatry. 9. Jg.

1941

- Some of the Needs of Children. In: Children's Institutions

1942

- The Roots of Discipline. In: Child Study, 19. Jg.
- Institutions Must Be Good. In: Survey Graphic

1943

- For Better Institutions. In: Survery Midmonthly
- Eating in Groups in Wartimes. In: Mental Hygiene, 27. Jg.

1944

- Early Conflicts and Triumphs. In: Child Study, 21. Jg.

1946

- Nursery School Readiness. In: Childhood Education, 23. Jg.*
- Significant Symptoms in the Behavior of Young Children: A Check List for Teachers. In: Mental Hygiene, 30. Jg.
- Incentives to Development and Means of Early Education. In: The Psychoanalytic Study of the Child, II.

1947

- The Child's Need to Anticipate. In: Childhood Education, 23. Jg.

1948

– Character Development in Nursery School. In: Mental Hygiene, 32. Jg.*

1952

– Models of Children's Play. In: Mental Hygiene, 36. Jg.*

1954

– Libidinal Phases, Ego Development, and Play. In: The Psychoanalytic Study of the Child, IX. (übersetzt von G. Bittner und E. Schmid-Cords in: Erziehung in früher Kindheit. Piper, München 1976).*
– He Learns Through Activities and Toys. In: Your Young Child (Childcraft). Chicago: Field Enterprises

1955

– Libidinal Development as Reflected in Play. In: Psychoanalysis, 3. Deutsche Übersetzung in Biermann, G. u. a.: Handbuch der Kinder-Psychotherapie. Reinhart, München 1969

1956

– The School's Role in the Promoting Sublimation. In: The Psychoanalytic Study of the Child, XI. Jg.*

1958

– Reading and Daydreams in Latency-Boy-Girl Differences. In: Journal of the American Psychoanalytic Association, 6. Jg.*
– The Development of the Child's Self. New York, Early Childhood Education Council*

1959

– Daydreams and Children's Favorite Books. In: The Psychoanalytic Study of the Child, XIV. Jg.*

1961

– About Telling the Child of His Adoption. In: Bulletin of the Philadelphia Association for Psychoanalysis, 11. Jg.*

1963

– Further Comments on Adoption. In: Bulletin of the Philadelphia Association for Psychoanalysis, 13. Jg.*

1964

– Language and Its Pre-Stages. In: Bulletin of the Philadelphia Association for Psychoanalysis, 14. Jg.*

1965

– Sex Education of the Young Child. In: Journal of Sex Research, 1. Jg.
– Comments on Libidinal Organization and Child Development. In: Journal of the American Psychoanalytic Association, 13. Jg.

– Biological Foundations of Psychology: Freud versus Darwin. In: Bulletin of the Philadelphia Association for Psychoanalysis, 15. Jg.

1966

– Freud's Contribution to Language Theory. In: The Psychoanalytic Study of the Child. XXI. Jg.*

– /u.a.: Lili E. Peller – Memorial. Unveröffentlichte Gedenkschrift (Kopie in Händen F. H.). New York 1966

1967

– Psychoanalysis and Public Education. In: Reiss–Davis– Clinic Bulletin. 4. Jg.*

1972

– The Children's House. In: Man–Environment Systems. 2. Jg.*

13.2 Veröffentlichungen von Emma N. Plank (bis 1932 unter ihrem Mädchennamen Emma Nuschi Spira)

1925

Spira, Nuschi: Das Sommerheim der Wiener Montessorischule. In: The Call of Education, 2. Jg. Nr. 3, S. 220–226

1927

– Aus der Praxis der Montessori-Schule. Das Elternbuch. In: Die Quelle, 77. Jg., H. 11, S. 1084–1086

1929

– Versuch einer Verbindung von Kindergarten und Elementarschule. In: Die Quelle, 79. Jg., H. 12, S. 1202–1204

– Schriftliche Ausdrucksformen von 6 bis 8jährigen Kindern. In: Aus dem Arbeitskreis der Wiener Montessori-Schule. Selbstverlag der Montessori-Schule Wien X. S. 32–45

1931

– Bericht über den ersten internationalen Montessorikongress. In: Die Quelle, 81. Jg., S. 255 f.

– Das Kind und seine lebende Umwelt. Versuche zur Gestaltung des naturkundlichen Unterrichts an der Wiener Montessori-Schule. In: Die Quelle, 81. Jg., H. 8, S. 877–879

– Beobachtungen über geistige Arbeit bei Fünfjährigen. In: Die Quelle, 81. Jg., H. 9., S. 947–95

1932

– Einführung in das Rechnen im Montessori-Kinderhaus. In: Die Quelle, 82. Jg., H. 1, S. 138–140

1933

Plank, N. Emma: Die Montessoripädagogik in der Volksschule. In: Schweizer Erziehungsrundschau, 6. Jg., H. 2, S. 35–38

– Affektive Förderung und Hemmung des Lernens. In: Zeitschrift für psychoanalytische Pädagogik, 7. Jg., H. 3/4, S. 122–128
– Herbert in der Schule. In: Zeitschrift für psychoanalytische Pädagogik, 7. Jg., H. 2, S. 83–88

1937

– (unter dem Pseudonym Emma Berner) Eine Einschlafstörung aus Todesangst. In: Zeitschrift für psychoanalytische
Pädagogik. 11. Jg., H. 1, S. 44–53

1947

– Montessori's Contribution to the Development of the Concept of Number. Unpublished Master's thesis, Mills College, Oakland (Calif.)

1948

– Entwicklungsstufen der kindlichen Persönlichkeit – vom Kindergarten aus gesehen. In: Österreichisches Wohlfahrtswesen, Juli
– Das Landschulheim – ein Beitrag zur Persönlichkeitsentwicklung. In: Erziehung und Unterricht. Oktober

1950

– Beiträge zur Kleinkindpädagogik. (3 Hefte) Jungbrunnen, Wien
– Observations on Attitudes of Young Children Towards Mathematics. In: Mathematics Teacher, 43. Jg., S. 252–263

1953

– Memories of Early Childhood in Autobiographies. In: The Psychoanalytic Study of the Child, 7. Jg.

1954

– /Plank, R.: Emotional Components in Arithmetical Learning, as seen through Autobiographies. In: The Psychoanalytic Study of the Child. 8. Jg.

1961

– /Horwood, C.: Leg Amputation in a Four-Year-Old. Reactions of the Child, Her Family and the Staff. In: The Psychoanalaytic Study of the Child. 33. Jg.

1962

– Reflections on the Revival of the Montessori-Method. In: The Journal of Nursery Education. 27. Jg., H. 3
– Working with Children in Hospitals. A guide for the professional team. The Press of Western Reserve Universituy, Cleveland, Ohio

1978

– /Plank, R.: Children and Death. As seen through Art and Autobiographies. In: The Psychoanalytic Study of Child. 33. Jg.

– Lili E. Peller. On Development & Education of Young Children. Selected Papers, edited by Emma N. Plank. Philosophical Library, New York

Anmerkungen

1 Böhm, W.: Maria Montessori und Prinzipien ihres pädagogischen Denkens. Bad Heilbrunn 1991, S. 219–359

2 Plank, Emma N.: Lili El Peller. On Development & Education of Young Children. Philosophical Library. New York 1978

14. Literaturverzeichnis

Aussprache über das Montessori-System. In: Zeitschrift für das Kindergartenwesen, 44. Jg., 1925, Nr. 7/8, S. 54–63

Baer-Frissell, Ch.: Die Bewegungsmöglichkeiten des Kindes im begrenzten Raum. In: Aus dem Arbeitskreis der Wiener Montessori-Schule. Selbstverlag der Montessori-Schule Wien, Troststraße, 1929, o. Seitennummerierung

Baer-Frissell, Ch.: Bunte Reifen in einer Rhythmikstunde. In: Das werdende Zeitalter. Eine Monatszeitschrift für Erneuerung der Erziehung, 9. Jg., 1930, S. 334–340

Benko, M.: Fröbel oder Montessori? In: Zeitschrift für das Kindergartenwesen, 43. Jg., 1924, H. 5/6, S. 25–28

Berger, M.: Lili Esther Peller-Roubiczek – Ihr Leben und Wirken für die Montessori-Pädagogik. In: Das Kind. 2. Halbjahr 1996, H. 20, S.85–98

Berenyi, L.: Die Montessori-Erziehung. In: Berenyi, L: Die Erziehung des Kinder. Wien (Tagblatt-Bibliothek N. 450–453) 1929, S 21–39

Bittner, G.: Montessori und das Unbewusste. In: Fuchs, B./Harth-Peter, H. (Hg.): Montessori-Pädagogik und die Erziehungsprobleme der Gegenwart. Würzburg 1989

Böhm, W.: Maria Montessori. Hintergrund und Prinzipien ihres pädagogischen Denkens. Bad Heilbrunn/Obb. ^{2}1991

Braun, E.: Eine Kinderfreundschaft. In: Zeitschrift für psychoanalytische Pädagogik, 10. Jg., 1936, H. 2, S. 84–92

Braun, E.: Music for Active Children. Stephen Daye Press. New York 1957

Braun Barnett, E.: Westward Through the Orient. Jaico Publishing House, Bombay 1966

Braun Barnett, E.: The Montessori Approach to Music. In: The Piano Quarterly, 15. Jg., 1966/67, H. 58

Braun Barnett, E.: Montessori & Music. Rhythmic Activities for Young Children. Schocken Books, New York 1973

Braun Barnett, E.: Recollections of Lili, my Friend and Montessori Mentor. Manuskript (Kopie in Händen F. H.), New York o. J.

Braun Barnett, E.: Daily Concerts and Didactic Material. Manuskript (Kopie in Händen F. H.), New York o. J.

Braun Barnett, E.: Talk Given at Hunter College at Dr. Roberta Graziano's Class – „Human Behaviour". Manuskript (Kopie in Händen von F. H.), New York 1990

Braun Barnett, E.: Eleven Years in India. Manuskript (Kopie in Händen von F. H.), New York 1991

Braun Barnett, E.: My personal contacts with Dottoressa Maria Montessori. Manuskript (Kopie in Händen von F. H.), New York o. J.

Bremer, H.: Mit Ohr und Stimme – mit Auge und Hand. Die Musik in der Montessori-Pädagogik. In: Montessori Werkbrief, 23. Jg., 1985, H. 4, S. 125–133

Buchholz, F.: Versuch einer kritschen Betrachtung des Montessori-Systems. In: Zeitschrift für psychoanalytische Pädagogik, 26. Jg., 1925, S. 442–448

Buxbaum. E.: Analytische Bemerkungen über die Montessori-Methode. In: Zeitschrift für psychoanalytische Pädagogik, 6. Jg., 1931, S. 324–333

Csendes, P.: Geschichte Wiens. Wien 1981

Copei, F.: Der fruchtbare Moment im Bildungsprozess. Heidelberg ^{8}1966

Das Kind in der Familie. In: Neue Freie Presse, Wien, 27. Nov. 1926

Die Kindergärten der Gemeinde Wien. In: Die Wirksamkeit des Stadtschulrates für Wien während des Schuljahres 1928/29. V. Amtlicher Bericht, S. 73

Die Kindergärten der Gemeinde Wien. In: Die Wirksamkeit des Stadtschulrates für Wien während des Schuljahres 1930/31. VII. Amtlicher Bericht, S. 78

Die Montessori-Schule. In: Die Mutter, 2. Jg., 1926, Nr. 41, S. 12 f.

Drücke, P.: Kunst und Kunsterziehung in der Montessori-Pädagogik. Montessori Werkbrief, Organ der Montessori-Vereinigung e. V., Sitz Aachen, 2. Beiheft 1988

Eichelberger, H.: Die Geschichte der Montessori-Bewegung in den Jahren 1922–1938 in Wien. In: Haberl, H. (Hg.): Montessori-Pädagogik. Beiträge zu Theorie und Praxis. Wien 1994, S. 67–72

Elsner, H./Esche, J.: Das Kölner Montessori-Zentrum. In: Scheid, P./Weidlich, H. (Hg.): Beiträge zur Montessori-Pädagogik. Stuttgart 1977, S. 27–49

Elsner, H.: Der Geologie-Baukasten. In: Montessori Werkbrief. Sonderheft der Montessori-Vereinigung e. V., Sitz Aachen. 20. Jg., 1982, H. 1

Elsner, H.: „Erzählstoff" zur „Kosmischen Erziehung". In: Montessori Werkbrief. Organ der Montessori-Vereinigung e. V., Sitz Aachen, 28. Jg., 1990, H. 3, S. 120 f.

Engelbrecht, H.: Geschichte des österreichischen Bildungswesens. Band 5. Wien 1988

Erikson, E.: Kindheit und Gesellschaft. Stuttgart 1974

Esser, B./Wilde, Ch.: Montessori-Schulen. Zu Grundlagen und pädagogischer Praxis. Reinbek bei Hamburg 1989

Feuerstein, G.: Raum- und Wandgestaltung. In: Niederle, Ch. (Hg.): Methoden des Kindergartens. 1. Sonderdruck der Fachzeitschrift Unsere Kinder, Linz 1985, S. 23–32

Fischer, H.: Sehnsucht und Selbstbefriedigung. In: Zeitschrift für psychoanalytische Pädagogik, 7. Jg., 1933, H. 3/4, S. 140–144

Fischer, H./Peller, L.: Eingewöhnungsschwierigkeiten im Kindergarten. In: Zeitschrift für psychoanalytische Pädagogik, 8. Jg., 1933, H. 1/2, S. 33–36

Frankowski, Ph./Liederer, R.: Die Kindergärten der Stadt Wien. Wien 1932

Freinet, C.: Die moderne französische Schule. Paderborn ^{2}1979

Freud, A.: Einführung in die Psychoanalyse für Pädagogen. Vier Vorträge. Stuttgart 1930

Freud, A.: Die Erziehung des Kleinkindes vom psychoanalytischen Standpunkt aus. In: Zeitschrift für psychoanalytische Pädagogik, 7. Jg., 1934, H. 1/2, S. 17–25

Freud, S.: Briefe 1873–1939. Frankfurt 1968

Fröbel – Montessori. In: Zeitschrift für das Kindergartenwesen, 44. Jg., 1925, Nr. 5/6, S. 35–46

Fuchs, H.: Das Bild im Kindergarten. Eine Betrachtung über „Kunsterziehung“ im Kindergarten. In: Die Quelle, 81. Jg., 1931, H. 1, S. 129–133

Goldbaum, H.: Der Wiener Kindergarten von heute. In: Kindergarten, 67. Jg., 1926, S. 133–134

Haberl, H. (Hg.): Montessori-Pädagogik. Beiträge zu Theorie und Praxis. Wien 1994

Halbfas, H.: Lernen als räumliche Erfahrung. In: Halbfas, H.: Religionsunterricht in der Grundschule. Lehrerhandbuch 1. Düsseldorf 1991, S. 30–35

Hammerer, F.: Freie Lernphasen in der Grundschule. Wien 1994

Hammerer, F.: Die „Vorbereitete Umgebung“ – ein wesentliches Element der Montessori-Pädagogik. In: Haberl, H. (Hg.): Montessori-Pädagogik. Beiträge zu Theorie und Praxis. Wien 1994, S. 77–86

Hammerschlag T.: Corso nazionale Montessori. Ein Bericht. In: Die Quelle, 76. Jg., 1926, S. 1097–1099

Hammerschlag, T.: Werkunterricht. In: Aus dem Arbeitskreis der Wiener Montessori-Schule, 1. Folge. Selbstverlag der Wiener Montessori-Schule Wien, Troststraße, o. S. 1928

Hammerschlag, T.: Sinn und Widersinn in der Handfertigkeit. In: Die Quelle, 79. Jg., 1929, H. 2, S. 248–249

Hammerschlag, T.: Werkunterricht in der Montessori-Schule. In Quelle 79. Jg., 1929, S. 123–126

Hammerschlag, T.: Zur Methodik des Zeichnens und der Handfertigkeit im Kindergarten. In: Die Quelle, 79. Jg., 1929, H. 5., S. 555–557

Hammerschlag, T.: Eine Erwiderung auf die Entgegnung Frau Professor Köhlers. In: Die Quelle, 79. Jg., 1929, H. 3., S. 346–348

Hammerschlag, T.: Die Kinderwerkstatt. In: Die Quelle, 80. Jg., 1930, H. 3, S. 425–428

Hauser, R.: Die Montessori-Bewegung in Österreich. In: Vierteljahreszeitschrift für wissenschaftliche Pädagogik, 6. Jg., 1930, S. 588–594

Heiland, H.: Maria Montessori. Reinbek bei Hamburg 1991

Heller, A.: Wie frei ist freie Arbeit? In: Montessori Zeitschrift für Montessori-Pädagogik. Montessori-Vereinigung e. V., Sitz Aachen, 32. Jg., 1994, H. 2, S. 54–66

Helming, H.: Montessori-Pädagogik. Freiburg ^{14}1992

Herbatschek, L. (verh. Braun Barnett): Aus dem Leben großer Pädagogen. Dr. Maria Montessori. In: Die Mutter, 2. Jg., 1926, Nr. 36, S. 5

Hift-Schnierer, I.: Begegnung mit Dr. Maria Montessori. In: Die Mutter, 1. Jg., 1925, Nr. 9, S. 2

Historisches Museum der Stadt Wien: Cizek. Pionier der Kunsterziehung 1865–1946. Ausstellungskatalog, Wien 1985

Hochschule für angewandte Kunst: Franz Singer. Friedl Dicker. Ausstellungskatalog. Wien 1989

Holtstiege, H.: Montessori-Pädagogik. In: Hemmer, K.P./Wudtke, H.: Erziehung im Primarschulalter. (Enzyklopädie Erziehungswissenschaft, Band 7) Stuttgart 1985, S. 425–435

Holtstiege, H.: Maria Montessori und die reformpädagogische Bewegung. Freiburg 1986

Holtstiege, H.: Maria Montessoris Neue Pädagogik: Prinzip Freiheit – Freie Arbeit. Freiburg 1987

Holtstiege, H.: Erzieher in der Montessori-Pädagogik. Freiburg 1991

Holtstiege H.: Montessori-Pädagogik und soziale Humanität. Perspektiven für das 21. Jahrhundert. Freiburg 1994

Holtstiege, H.: Modell Montessori. Grundsätze und aktuelle Geltung der Montessori-Pädagogik. Freiburg [7]1994

Jaksch, B.: Fröbel und Montessori. Eine kritische Auseinandersetzung. In: Österreichische Pädagogische Warte, 24. Jg., 1929, H. 4, S. 89–93, H. 5, S. 115–120

Kasper, H.: Erfahrung und Lernen im Raum. In: Halbfas, H./Maurer, F./Popp, W. (Hg.): Neuorientierung des Primarbereichs. Band 5: Lernwelten und Medien. Stuttgart 1976

Key, E.: Das Jahrhundert des Kindes. Berlin 1905

Köhler E.: Werkunterricht in der Montessori-Schule. Eine Entgegnung auf den Artikel Dr. Trude Hammerschlags. In: Die Quelle, 79. Jg., 1929, S. 341–346

Kramer, R.: Maria Montessori. Leben und Werk einer großen Frau. München 1977

Kükelhaus, H.: Organismus und Technik. Frankfurt/Main 1979

Lasset die Kindlein vor das Mikrofon kommen: Kopie (in Händen F. H.) eines Beitrags (Zeitschrift nicht mehr eruierbar) über den Besuch Montessoris im „Haus der Kinder". Dezember 1930

Lenz, A.: Die Bedeutung der Stille in der Montessori-Pädagogik. In: Haberl, H. (Hg.): Montessori-Pädagogik. Beiträge zu Theorie und Praxis. Wien 1994, S. 157–172

Löwy, M.: Montessori-Schulkind und Normalschulkind. In: Die Quelle, 86. Jg., 1936, S. 452–460

Maccheroni, A. M.: Developing the Musical Scenes. The Montessori Approach to Music for the Ear, Voice, Eye and Hand. Greenwood Press, New York o. J.

Marum, O.: Montessori-Schule oder Fröbelkindergarten. In: Die Quelle, 75. Jg., 1925, S. 298–301

Mical, S.: Sinnesübungen und ihr Wert für das Kleinkind, In: Die Quelle, 75. Jg., 1925, S. 975–978

Montessori, M.: Il metodo della pedagogia scientifica. Rom 1918

Montessori, M.: Montessori-Erziehung für Schulkinder. Stuttgart 1926

Montessori, M.: Ratschläge für die Montessori-Lehrerinnen (übersetzt von Lili Roubiczek). In: Die Quelle, 78. Jg., 1928, S. 584–587

Montessori, M.: Bewegung und Bewegungsspiel als Erziehungsmittel bei Kindern. In: Die Blätter für Laien- und Jugendspieler, H. 4., 1928, S. 7–9

Montessori, M.: Mein Handbuch. Grundsätze und Anwendung meiner neuen Methode der Selbsterziehung der Kinder. Stuttgart 1928

Montessori, M.: Das Kind in der Familie. Wien 1928

Montessori, M.: Die Montessori-Erziehung. In: Favoriten. Ein Heimatbuch des 10. Wiener Gemeindebezirks. Wien 1928, S. 187–190

Montessori, M.: Selbsttätige Erziehung im frühen Kindesalter. Stuttgart 1930

Montessori in Vienna. Interview. In: Living Age, 340 (July, 1931) S. 510

Montessori, M.: Über die Bildung des Menschen (hg. u. eingel. v. P. Oswald u. G. Schulz-Benesch). Freiburg – Basel –Wien 1966

Montessori, M.: Von der Kindheit zur Jugend (hg. u. eingel. v. Oswald, P.). Freiburg – Basel – Wien 1966

Montessori, M.: Grundgedanken der Montessori-Pädagogik (zusammengest. v. P. Oswald u. G. Schulz-Benesch). Freiburg 1967

Montessori, M.: Frieden und Erziehung (hg. u. eingel. von P. Oswald u. G. Schulz-Benesch). Freiburg 1973

Montessori, M.: Spannungsfeld Kind – Gesellschaft – Welt. Auf dem Wege zu einer „Kosmischen Erziehung“ (hg. v. G. Schulz-Benesch). Freiburg 1979

Montessori, M.: Kinder sind anders. Frankfurt – München – Berlin – Wien 1981 (Stuttgart 1952)

Montessori, M.: „Kosmische Erziehung“. (hg. u. eingel. v. P. Oswald u. G. Schulz-Benesch). Freiburg – Basel – Wien 1988

Montessori, M.: Grundlagen meiner Pädagogik (besorgt u. eingel. v. B. Michael). Heidelberg – Wiesbaden ^{7}1988

Montessori, M.: Schule des Kindes. Montessori-Pädagogik in der Grundschule (hg. u. eingel. v. P. Oswald u. G. Schulz-Benesch). Freiburg ^{3}1989

Montessori, M.: Das kreative Kind. Der absorbierende Geist (hg. v. P. Oswald u. G. Schulz-Benesch). Freiburg ^{7}1989

Montessori, M.: Die Entdeckung des Kindes (hg. u. eingel. v. P. Oswald und G. Schulz-Benesch) Freiburg ^{10}1991

Montessori, M.: Dem Leben helfen (hg. u. eingel. v. G. Schulz-Benesch). Freiburg 1992

Montessori, Mario: Erziehung zum Menschen. Montessori-Pädagogik heute. München 1977

Montessori-Schule Wien: Informationsblatt für Eltern, 1925 (Kopie in Händen F. H.)

Montessori-Vereinigung e. V., Sitz Aachen: Handbuch für Lehrgangsteilnehmer. Montessori-Material, Teil 1. Zelhelm 1986

Oswald, P.: Der anthropologische Ansatz der Erziehungskonzeption Montessoris. In: Montessori Werkbrief. Organ der Montessori-Vereinigung e. V. Sitz Aachen. 29. Jg., 1991, H. 1, S. 3–12

Peller, S.: Not in my Time. Library of Congress. New York 1979

Peters, U. H.: Anna Freud. Ein Leben für das Kind. München 1979

Petersen, P.: Führungslehre des Unterrichts. Braunschweig 1963

Plank, Emma (siehe Bibliographie Emma N. Plank, S. 218 ff.)

Prager OSB, M.: Das Buch meines Lebens. Graz 1984

Rand, H.: Hundertwasser. Katalog. Köln 1991

Roubiczek, Lili E. (siehe Bibliographie Lili E. Peller-Roubiczek, S. 215 ff.)

Scheid, P./Weidlich, H. (Hg.): Montessori-Pädagogik 1977. Stuttgart 1977

Schmaus, G.: Kind und Umwelt. In: Die Quelle, 81. Jg., 1931, S. 359–360; ebd. 1932, S. 843–844

Schmaus, G.: Kindliche Produktivität und „ganzheitliches Erleben“ und die Montessori-Methode. In: Die Quelle, 82. Jg., 1932, S. 842–844

Schulz-Benesch, G.: Über „Freiarbeit“ im Sinne Montessoris. In: Montessori Werkbrief. Organ der Montessori-Vereinigung e.V. Sitz Aachen, 22. Jg., 1984, H.3/4, S. 97–115

Schulz-Benesch, G.: Zur Pädagogik von Maria Montessori. In: Hellmich, A./Teigeler, P. (Hg.): Montessori-, Freinet-, Waldorfpädagogik. Weinheim 1994, S. 61–75

Schuster, F./Roubiczek, L. E.: Ein Haus der Kinder. Maschingeschriebenes Manuskript mit Fotos, Skizzen und handschriftlichen Ergänzungen. (Kopie in Händen von F. H.) Wien 1932

Schuster, F.: Ein „Haus der Kinder“. In: Moderne Bauformen. Monatshefte für Architektur und Raumkunst. Stuttgart 1935, H. 2, S. 61–80

Schwarz, H.: Zur Eröffnung des ersten städtischen Montessori-Kinderhauses in Wien. In: Die Quelle, 77. Jg., 1927, S. 536–540

Schwarz, H.: Die Grundlagen der Montessori-Erziehung. In Schulwart, 24. Jg., 1927, S. 237–241

Schwarz, H.: Die Aufgaben einer Montessori-Lehrerin. In: Die Quelle, 78. Jg., 1928, S. 235–239

Schwarz, H.: Über einen Montessori-Kurs für städtische Kindergärtnerinnen. In: Die Quelle, 80. Jg., 1930, S. 886–891

Schwarzwald, E.: Dottoressa Montessori. In: Neue Freie Presse, 29.3.1925

Seliger, M./Ucakar, K.: Wien – Politische Geschichte 1740–1934. Entwicklung und Bestimmungskräfte großstädtischer Politik, Teil 2: 1896–1934. Wien – München 1985

Simonic, A: Kindergartenpädagogik. Ein Lern- und Arbeitsbuch für Kindergärtnerinnen–Bildungsanstalten. Wien–Leipzig 1931, S. 116–123

Sommer, H.: Franz Schuster und die Gestaltung der Umwelt. In: Franz Schuster. Ausstellungskatalog der Hochschule für angewandte Kunst. Wien 1976

Spiel, W./Spiel, G.: Kompendium der Kinder- und Jugendneuropsychiatrie. München 1987

Spira, N. (siehe Bibliographie Plank Emma, S. 340 ff.)

Standing, E. M.: Maria Montessori. Leben und Werk. Oberursel/Ts. o. J.

Steenberg, U.: Kinder kennen ihren Weg. Ulm und Münster 1993

Steiner, H.: Käthe Leichter. Leben und Werk. Wien 1973

Suffenplan, W.: Was wurde bewegt in den Arbeitskreisen zur Bewegung? In: Montessori Werkbrief. Organ der Montessori-Vereinigung e. V., Sitz Aachen. 23. Jg., 1985, H. 1/2, S. 43–47

Tesarek, A.: Aus der Praxis des Kindergartens. In: Die Quelle, 78. Jg., 1928, S. 342

Walk, A.: Der Erwerb der Schriftsprache – Montessori-orientierter elementarer Lese- und Schreibunterricht im Kontext neuerer Forschung. In: Haberl, H. (Hg.): Montessori-Pädagogik. Beiträge zu Theorie und Praxis. Wien 1994, S. 123–174

Weinhäupl, W.: Der Mathematikunterricht in der Montessori-Klasse. In: Haberl, H. (Hg.): Montessori-Pädagogik. Beiträge zu Theorie und Praxis. Wien 1994, S. 107–122

Wien braucht Montessori-Schulen. In: Die Mutter, 2. Jg., 1926, Nr. 36, S. 10

Wittenbruch, W./Werres, W.: Innenansichten von Grundschulen. Weinheim 1991

Worliczek, E.: Das pädagogische Prinzip der Montessori-Pädagogik und dessen Realisierung in Österreich. Dissertation. Salzburg 1983

Young-Bruehl, E.: Anna Freud. A Biography. New York 1988